U0382463

■ 兰州大学'985'建设项目资助

马克思主义理论与政治理论学术著作丛书
丛书主编：王学俭

灾害政治学

ZAIHAI ZHENGZHIXUE

丁志刚　著

中国社会科学出版社

图书在版编目(CIP)数据

灾害政治学／丁志刚著．—北京：中国社会科学出版社，2015.2
ISBN 978 – 7 – 5161 – 5568 – 4

Ⅰ.①灾…　Ⅱ.①丁…　Ⅲ.①灾害学 – 政治学　Ⅳ.①X4②D0

中国版本图书馆 CIP 数据核字(2015)第 032600 号

出 版 人	赵剑英
责任编辑	任 明
特约编辑	乔继堂
责任校对	闫 萃
责任印制	何 艳

出　　版	中国社会科学出版社
社　　址	北京鼓楼西大街甲 158 号（邮编 100720）
网　　址	http://www.csspw.cn
	中文域名：中国社科网　　010 – 64070619
发 行 部	010 – 84083685
门 市 部	010 – 84029450
经　　销	新华书店及其他书店

印　　装	北京市兴怀印刷厂
版　　次	2015 年 2 月第 1 版
印　　次	2015 年 2 月第 1 次印刷

开　　本	710×1000　1/16
印　　张	18.5
插　　页	2
字　　数	292 千字
定　　价	65.00 元

凡购买中国社会科学出版社图书，如有质量问题请与本社联系调换
电话：010 – 84083683

目　录

第一章

灾害与灾害政治学

人类在漫长的文明演进中，始终面临着各种自然灾害的不断侵袭，认识和研究自然灾害也就成为人类一项重要的活动。从古至今，人们就一直在记录与研究自然灾害，并在现代科学发展的基础上形成了系统的灾害学知识。中国是一个自然灾害频发的国家，我们的祖先十分重视对灾害的研究，留下了大量的文献资料。进入现代社会，自然科学和人文社会科学工作者利用现代科学知识和方法研究灾害问题，形成了灾害学庞大的学科体系。但是，灾害政治学依然是灾害学、政治学学科中的缺席者。基于重大自然灾害的严重后果和国家强大力量的现实，灾害政治学对灾害研究有重要意义。探索灾害政治学的研究对象、研究特点、研究任务、研究目的、研究内容与研究方法，是灾害政治学的入门课题，建立和发展起一门"灾害政治学"也是我国政治学界义不容辞的职责。

一 灾害与灾害问题研究

我们生活的地球，既是人类生存发展的家园，也是人类灾难深重的坟墓，各种重大自然灾害不断挑战和考验着人类的生存智慧和能力。每年，世界范围内旱灾、洪涝、台风、风暴潮、冻害、雹灾、海啸、地震、火山、滑坡、泥石流、森林火灾、农林病虫害等重大突发性自然灾害都给人类带来重大损失。2004 年 12 月 26 日印度洋强震引发海啸，对东南亚及南亚地区造成巨大伤亡。此次地震引发的大海啸造成近 30 万人死亡，是世界近 200 多年来死伤最惨重的海啸灾难。英国著名救援组织乐施会 2007 年 11 月 25 日发表报告称，在过去 20 年内，全球发生的自然灾害数量增加 3 倍多。报告显示，受灾人口数量在过去 20 年内增加了 68%。1985—1994 年，全球平均每年受灾人口数量为 1.74 亿人；而 1995—2004 年，平均每年受灾人口数量增至 2.54 亿人。仅洪灾和风暴数量就从 1980

年的 60 次增加到 2006 年的 240 次，其中洪灾的数量翻了 6 倍。据联合国机构公布的统计数据，仅 2008 年上半年，全球就有约 23 万人在各类自然灾害事件中丧生，直接经济损失达到了 350 多亿美元。

由于特殊的自然环境和社会经济条件，中国是世界上自然灾害最严重的国家之一。据统计，1949 年以来，我国因自然灾害造成的年均直接经济损失达 1000 亿元以上。我国 70% 以上的大城市、半数以上人口、75%的工农业产值，分布在气象、地质和海洋等灾害严重的地区，灾害对社会经济发展的制约影响非常严重。我国在 1976 年 7 月 28 日发生的唐山大地震死亡了 24.2 万余人，重伤 16.4 万余人，轻伤者不计其数。1998 年发生在我国的特大洪水，灾害的影响范围广、持续时间长，洪涝灾害严重。全国共有 29 个省（自治区、直辖市）遭受了不同程度的洪涝灾害。江西、湖南、湖北、黑龙江、内蒙古、吉林等省（区）受灾最重。据各省统计，农田受灾面积 2229 万公顷（3.34 亿亩），成灾面积 1378 万公顷（2.07 亿亩），死亡 4150 人，倒塌房屋 685 万间，直接经济损失 2551 亿元。2007 年国务院办公厅印发的《国家综合减灾"十一五"规划》指出，近 15 年来，我国平均每年因各类自然灾害造成约 3 亿人次受灾，倒塌房屋约 300 万间，紧急转移安置人口约 800 万人，直接经济损失近 2000亿元。2008 年 5 月 12 日发生在我国四川的汶川大地震，"四川汶川特大地震是新中国成立以来破坏性最强、波及范围最广、救灾难度最大的一次地震，震级达里氏 8 级，最大烈度达 11 度，余震 3 万多次，涉及四川、甘肃、陕西、重庆等 10 个省区市 417 个县（市、区）、4667 个乡（镇）、48810 个村庄。灾区总面积约 50 万平方公里、受灾群众 4625 万多人，其中极重灾区、重灾区面积 13 万平方公里，造成 69227 名同胞遇难、17923名同胞失踪，需要紧急转移安置受灾群众 1510 万人，房屋大量倒塌损坏，基础设施大面积损毁，工农业生产遭受重大损失，生态环境遭到严重破坏，直接经济损失 8451 亿多元，引发的崩塌、滑坡、泥石流、堰塞湖等次生灾害举世罕见"。2010 年 8 月，甘肃省甘南藏族自治州舟曲县突降强降雨，引发特大泥石流下泄，造成沿河房屋被冲毁，泥石流阻断白龙江、形成堰塞湖。舟曲"8·8"特大泥石流给群众的生命财产和生产生活造成了巨大的损失。灾害中遇难 1463 人，失踪 302 人。此次灾害共造成经济损失 16.57 亿元，其中间接经济损失高达 2.42 亿元，直接经济损失

14.15 亿元。[①]

全球频发的自然灾害给人类社会造成了巨大的生命和财产损失，自然灾害成为各国面临的共同挑战。1987 年 12 月 11 日第 42 届联合国大会通过"国际减轻自然灾害十年"倡议，决定 1990—1999 年开展"国际减轻自然灾害十年"活动，规定每年 10 月的第二个星期三为"国际减少自然灾害日"（International Day for Natural Disaster Reduction）。面对自然灾害的侵袭，许多国家也纷纷采取应对措施。美国 1964 年遭受过海啸袭击，随后迅速建立了海啸预警机制。1965 年起，美国倡导成立太平洋海啸预警系统，由美国、中国、日本、澳大利亚等 26 个环太平洋国家参与。1979 年，卡特政府组建美国联邦应急管理署（FEMA）将原本分散在不同部门的救灾机构整合起来。日本早在 1978 年便制定了《大规模地震对策特别措施法》，规定一旦预测到大地震，在发生前两三天，将由首相亲自发表《警戒宣言》，政府随即启动全面避难救援措施。1996 年 5 月，日本政府在首相官邸设立了"内阁情报集约中心"，并设立了"官邸危机管理中心"（2002 年 4 月开始运转）。日本"重大自然灾害制度"规定，当发生对国民经济生活产生深刻影响的灾害时，政府将提高中央财政对受灾地区的补助额度，以减轻地方公共团体的财政负担。

中国政府积极响应联合国的"减灾十年倡议"，于 1989 年 4 月成立了国家级委员会——中国国际减灾十年委员会，后来根据我国开展减灾工作的需要和联合国有关决议的精神更名为国家减灾委员会，其工作取得了显著成就，初步形成了全民综合减灾的运行机制和工作体制。中国政府坚持以人为本，始终把保护公众的生命财产安全放在第一位，加强环境保护，将减灾作为实现可持续发展的重要保障纳入经济和社会发展规划。近年来，中国政府全面贯彻落实科学发展观，进一步加强自然灾害研究，利用技术进步积极干预自然灾害的发生，加强减灾的法制、体制和机制建设，努力推进减灾各项能力建设，大力倡导减灾的社会参与，积极开展减灾领域的国际合作，不断推进减灾事业发展。

从一定意义上讲一部人类史就是人类认识自然、利用自然和应对自然灾害的历史。在严酷的自然灾害面前，人类并没有退缩，而是想尽各种办

---

① 刘冰、宋玉玲、邓祥征："Evaluation of the Economic Loss Caused by Zhouqu Debris Flow"，"*Agricultural Science & Technology*"，2012（5），p. 1081。

法试图求得生存与发展的机会。应当说科学发展到今天，人类对自然的认识已经有了很大的提高，许多自然灾害已经能够被预防，自然灾害对人类的威胁比之过去已有所下降。但是，人类对一些重大的自然灾害如地震、火山爆发、海啸、飓风等的认识和预防，受主客观条件所限，依然是世界性的难题。这就要求人类一方面要进一步加强对自然科学的研究，探究自然灾害发生、发展和演变的规律，提高对自然灾害的防御水平和减灾能力；另一方面要利用自己的聪明才智，加强社会科学研究，借助人类社会组织的集体力量，通过人类自身努力，强化防灾减灾意识，提高抗灾救灾能力，将自然灾害造成的损失尽可能降到最低程度。灾害学就是人们系统化、专业化研究灾害问题的科学。"灾害学就是研究灾害发生的原因，探求灾害的规律性，预测灾害可能发生的时间和空间，并提出如何使灾害发生的影响减少到最低程度的一门科学。"①

自从灾害学产生以后，因其研究对象的复杂性、综合性，就呈现出明显的多学科交叉、科际结合的特点，灾害科学走过了一条从单学科到多学科合作、从多学科向跨学科发展的轨迹，并发展成一个庞大的学科群。从学科类别来看，灾害学的形成和发展演变主要有两大轨迹：一是基于自然科学、技术科学而建构、发展起来的，如灾害物理学、灾害地理学、地质灾害学、地貌灾害学、气象灾害学、天文灾害学、生物灾害学、环境灾害学、灾害监测学、灾害预报学等；二是基于人文社会科学建构、发展起来的，如灾害管理学、灾害经济学、灾害社会学、灾害法学、灾害伦理学、灾害历史学、灾害军事学、灾害保险学、灾害心理学等。在世界范围内各国学者的共同努力下，上述学科都取得了不同程度的成果，其中一些学科取得了突破性进展，对人类防灾、减灾发挥了重要作用。相比较而言，基于自然科学技术科学建构、发展起来的灾害学学科要比基于人文社会科学建构、发展起来的灾害学学科发展速度快，成果丰富。就人文社会科学性质的灾害学而言，各学科也不平衡，如灾害经济学、灾害社会学、灾害管理学、灾害历史学等学科相对起步早、发展快，而其他如灾害法学、灾害心理学、灾害伦理学等则起步晚、发展慢。

灾害学的发展趋势一是向纵深方向发展，研究越来越深入，分类越来越细，专业化程度越来越高；二是各分支学科之间的综合性、交叉性研究

①　罗祖德：《要十分重视灾害学的研究》，《城市规划》1990 年第 3 期，第 37 页。

越来越多，重要性越来越突出，特别是自然科学与人文社会科学的结合，将使灾害学研究向更科学的方向发展。"所谓自然灾害，顾名思义，即是自然力量的异常变化给人类社会带来危害的事件或过程。如果只有自然力量的变化（成灾体）而没有人类和人类社会（承灾体），也就无法形成一个完整的灾害过程。而且自然力量的变化，一方面固然导源于自然界本身的运动或演替过程——这种过程长期以来就是自然生态环境发生变化的不可忽视的突出因素；另一方面又是人类的活动所引起或加剧的，越趋晚近，这种活动对自然生态环境的改变作用也越来越大。自然灾害实际上就是这两种因素作用于人类社会时分合交错的产物，体现了自然性与社会性的紧密结合。而对其造成的后果，也应作如是观。自然灾害的这种双重属性，本质上要求人们在对它进行研究时，只有将自然科学与人文社会科学有机地结合起来，才有可能透过灾害这一极端事件，对人与自然之间的相互关系及其演变趋势做出比较全面、准确的认识和把握。"① 我国著名的灾害专家谢礼立也一再呼吁"不能把自然灾害完全看作是自然界独立造成而社会本身无法控制或者躲避的自然现象"。②

　　在我国，人们对灾害问题的研究早已有之。然而作为系统科学，我国的灾害学研究起步很晚，就"灾害学"这一名词的明确提出才是 20 世纪 80 年代初的事。③ 1986 年我国国内唯一的综合系统研究灾害问题的自然科学期刊《灾害学》正式创刊。1987 年召开了全国第一次灾害学学术讨论会。此后，我国灾害学研究正式起步，并得到了快速发展。大致上，我国的灾害学研究也遵循基础理论研究、基于自然科学知识与人文社会科学而建构、发展起来的专门研究、运用研究，并取得了一些重要研究成果。在这方面，国内 20 世纪末由全国自然科学界和社会科学界数十位研究灾害问题的专家、教授共同努力下完成的《中国灾害研究丛书》（包括《灾害学导论》、《灾害经济学》、《灾害社会学》、《灾害管理学》、《灾害统计学》、《灾害医学》、《灾害保障学》、《灾害历史学》及有关主要灾种著作），坚持自然科学研究与社会科学研究相结合，对灾害问题进行了多角度、深层次的探讨。"这套丛书体现了认识灾害与减轻灾害相结合、理论

---

　　① 夏明方：《中国灾害史研究的非人文化倾向》，《史学月刊》2004 年第 3 期，第 16 页。

　　② 蒋涵箴：《中国灾害学的创始人——谢礼立》，《瞭望》1991 年第 27 期，第 31 页。

　　③ 章蓬、杨九龙、卜风贤：《中国灾害学研究的兴起与发展》，《西北农业大学学报》1998 年第 6 期，第 92—93 页。

探索与指导实践相结合的特点，填补了中国灾害问题理论研究的空白。因此，《中国灾害研究丛书》的出版，不仅是中国灾害理论研究深入的标志，而且对实现中国的减灾目标有着重要的价值。"①

但是，由于自然灾害形成机理的复杂性和人类认识水平的有限性，许多学科还没有达到人们期望的水平，一些学科还刚刚起步，有些学科至今还是一片空白。

灾害学具有重要的实践意义和广阔的发展前途，已引起人们的高度重视。1987 年联合国第 42 届大会通过"关于减轻自然灾害十年"的提案，决定从 1990 年起的未来 10 年定名为"国际减轻自然灾害十年"，试图通过一致的国际行动，以减轻由于自然灾害所造成的生命财产的损失。1989 年第 44 届联大还决定每年 10 月的第二个星期三为"国际减少自然灾害日"。我国政府积极响应联合国的号召，1989 年成立了中国国际减灾十年委员会（2000 年根据国务院决定将"中国国际减灾十年委员会"更名为"中国国际减灾委员会"），负责制定我国减灾活动的方针政策，组织协调有关部门和社会各界共同开展减灾活动，指导地方政府开展减灾工作，推进减灾国际合作。

二　灾害政治学的研究对象

我国的灾害学研究始于 20 世纪 80 年代。由于灾害问题既是自然问题，也是社会问题，因此，自然科学和社会科学都需要对之加以研究。在二十多年的灾害学研究中，我国灾害学形成了一个大的学科家族。但灾害政治学在灾害学、政治学的学科家族中都是缺席者，目前仍然是一个空白领域，迄今没有得到人们的重视。在互联网"百度"上进行搜索，没有一条关于"灾害政治学"的信息。在 CNKI 数据库中用关键词检索"灾害政治学"，也没有一条相关的记录。在国内出版的灾害学、政治学类的工具书中，都找不到关于灾害政治学的词条。1992 年出版的《中国大百科全书政治学》中，没有灾害政治学条目。在研究灾害问题的其他相关文献中，也没有检索到灾害政治学的相关信息，如中国劳动社会保障出版社2003 年 6 月出版的《安全科学技术百科全书》一书中，在对灾害学进行分类时，指出可按自然科学及社会科学做出划分，属于自然科学类的有灾

---

① 李贵鲜：《灾害理论研究的现实意义》，《光明日报》1999 年 4 月 5 日。

害物理学、灾害化学、灾害及救援医学、灾害地理学、生态灾害学、环境灾害学、灾害天文学、灾害信息学等；社会科学类的有灾害社会学、灾害心理学、灾害伦理学、灾害管理学、灾害经济学、灾害战略学、灾害法学等，没有将灾害政治学列入其中。

事实上，基于重大自然灾害的严重后果和国家强大力量的现实，灾害政治学对灾害研究的价值与意义要远远高于人文社会科学其他领域，灾害政治学在研究人们如何防灾、减灾、救灾和灾后重建方面所起的作用是其他学科无法比拟的。一方面，重大自然灾害由于其发生的很难预测性、造成后果的严重性、影响地域的宽泛性，所以要求国家、政府必须不惜一切代价投入到抗灾救灾的最前沿，甚至要举其国力进行抗灾救灾；另一方面，国家、政府因其意志的最高权威性、动员的有效性、行为的强制性、组织的严密性、实力的超强性，在重大自然灾害面前的反应和行动能力是其他非国家、非政府行为体望尘莫及的。因此，加强灾害政治学的研究，显然具有十分重要的意义。

灾害政治学的研究对象是什么？界定灾害政治学的研究对象，应当将灾害学研究的根本任务与政治学的研究对象相结合，立足于用政治学的理论和方法研究灾害问题。灾害学的根本任务是研究如何防灾减灾，政治学则是一门关于国家政权及其运用规律的科学。因此，灾害政治学就是运用人类社会政治组织的形式和优势，研究国家如何运用政权的力量对各类重大自然灾害进行预防、干预、抗灾救灾，将灾害损失降到最低程度，并对灾后进行重建的科学。

灾害政治学建立的事实基础与理论前提是：第一，自然灾害是人类无法回避且必须面对的自然现象，只要我们生存在地球上，自然灾害就始终会伴随着地球，伴随着人类，并对人类产生不利影响；第二，人类科学技术和物质工具尽管取得了长足进步，对自然灾害有了一定认识，也有一定的预防能力，但在一些重大的自然灾害面前，人类仍然是渺小无助的；第三，在重大的自然灾害面前，孤立个体乃至小规模团体的力量是极其有限的，人们的团体规模越大、组织化程度越高，抵御重大自然灾害的能力越强；第四，国家是人类社会中最强有力的组织形式，是抗御重大自然灾害的最有力行动者，任何组织的整体规模、力量、能力都无法与国家相企及；第五，在重大自然灾害面前，国家必须承担相关责任。"国家及其政府是为人的存在而存在的。正是因为充分认识到个人的弱小与无助，人们才交出了自己的一部分权利、自由和财富，组成了强大国家，共同抵御各种自然的和来自人类自身的危险和灾难。国家有责任穷尽一切办法保护个人的生命和财产安全，个人不再是听天由命自生自灭的个体。"① "自然灾害的发生在一定意义上是人力不可控制、不可避免的。国家再强大，也控制不了大气和地壳运动。在这个意义上，要求国家对自然灾害造成的损害承担法律上的赔偿责任，很难具备法理上的基础。但是，这并不意味着只要出现自然灾害，就可以笼统地将国家对国民的责任一笔勾销。恰恰相反，正因为自然灾害来临时个体的弱小和无庇护状态更为明显，国家需要承担更多的责任，为个体提供帮助、抚慰和庇护。大体而言，对于因为自然灾害而引致的损害，国家需要承担的责任可以分为两类：其一是法律意义上的赔偿责任；其二是政治意义上的帮助责任。"②

三　灾害政治学研究的任务与目的

灾害与政治的关系，早已有之。中国古人给我国留下了"大禹治水"、"女娲补天"、"后羿射日"的动人传说。中国传统的"荒政学"，其实就是今天所讲的灾害政治学。中国传统的"荒政学"源远流长。远在殷墟甲骨文文献中，已经发现迄今为止最早的有关灾荒的文字记载。此后的《竹书纪年》、《春秋》，也已有了比较专门的记录。从《汉书·五行志》起，以后的史书大都以相近的规范记载各个时期发生的各种灾荒。中国历代史书记载灾荒与荒政内容之翔实以及连续性之长久，在人类灾荒史和灾荒学史上均堪称非常稀见的珍贵文献。至南宋，中国"荒政学"已经大体形成关于防灾赈灾、应对灾害危机、维护社会稳定进而巩固政权的比较完整的思想体系。南宋绍熙四年（公元1193年）进士董煟对历代荒政做了系统研究，撰写出洋洋三大卷、堪谓中国历史上第一部荒政学专著的《救荒活民书》。中国历史上历代帝王无不从巩固政权的要求非常关注"荒政"问题，也涌现了诸如范仲淹、朱熹、徐光启、左宗棠、林则徐、沈葆桢、李鸿章、郑观应等一大批卓有成就的荒政学家。至当代，形成了以传统"荒政学"为深厚积淀并科学借鉴外来理论的现代灾害政

---

① 童大焕：《自然灾害管理中政府部门应承担什么责任》，《法制日报》2005年6月30日。
② 王锡锌：《面对自然灾害的个体与国家》，《南方周末》2008年2月14日。

治学。①

　　但是，灾害政治学注定是一门年轻而新兴的交叉学科，它是随着人类对灾害的认识以及政治学学科自身的发展而兴起的。

　　灾害政治学的研究任务是灾害预测、灾害控制和灾害善后中的政治问题。灾害政治学强调灾害不可完全避免，并将国家对灾害的预测、控制和善后作为学科的研究任务。因而，灾害政治学是站在更高的层次上研究灾害问题，尤其是对灾害中国家、政府职责的研究，使国家、政府能够更加科学、理性、全面、高效地指导国家的抗灾救灾工作，对于人们尽快地走出灾难、恢复正常生活，具有其他学科不可替代的作用。

　　灾害政治学研究的目的，就是要在人们对自然灾害的生成与演变规律掌握的基础上，通过对自然灾害中人类所遭受的各种痛苦、损失的认识，在国家政治层面进行相关的努力，以期尽最大可能防灾、减灾，尽可能将灾害的损失降到最低程度。20世纪以来人类所经历的重大自然灾害的历史一再表明，强大国家及其应对自然灾害能力的提高，是降低和减少自然灾害损失的关键。相反，积贫积弱的国家，自然灾害会雪上加霜，给国家和人民带来极大的损失和苦难，有些国家和民族或许从此一蹶不振。

四　灾害政治学的研究内容

　　灾害政治学的研究内容，始终围绕灾害与国家的互动关系，研究灾害对国家的影响和国家在灾害中的反应。就灾害对国家的影响而言，主要探讨灾害对国家的行为模式、组织特点、行政结构、权力关系、经济布局、人口政策、财政政策、军事政策等方面的影响；就国家在灾害中的反应而言，主要研究国家如何运用政权的力量防灾减灾。一般来讲，由于国家的自然特征如地理位置、气候状况、山川河流分布、地形地貌等要素是基本不变的，在这些基本不变的自然特征长期作用下，国家会逐渐形成一套与之较为适应和有效的组织结构、行为模式、制度规范和观念体系，所以，这方面的研究并不构成灾害政治学的研究重点。而灾害中国家的反应是一个不断变化的因素，同一自然状态下的国家，在不同的历史发展阶段，国家的性质、政权形式、实力构成、目标追求、政策取向、发展规划等各不

---

　　①　曲彦斌：《自然灾害研究的人文社会科学探索视点》，《文化学刊》2008年第4期，第6—7页。

相同，因此，这方面的研究应当成为灾害政治学研究的重点内容。具体讲，灾害政治学要重点研究以下问题：

一是要研究国家与灾害预防。这方面包括国家如何通过有效的方式，让公民掌握常见重大自然灾害发生、发展和演变的基本常识，知晓在重大自然灾害发生时的自救知识与技能；建立反应迅速、组织科学、运转高效的国家防灾应急机制；建立健全国家防灾投入体制和管理运营模式，建立经济有效的灾害管理和运营办法；国家根据本国的特点与发展实际，建立健全国家灾害保障与救助体系，建立健全与灾害有关的国家法律体系。

二是要研究国家与灾害干预。当自然灾害发生前，国家在综合分析各种信息的基础上，在基本确认灾害即将发生时，采取及时果断的干预措施，运用已经掌握的技术手段和人力能够企及的行为，阻止、延缓灾害的发生或降低灾害对人类的威胁。在当代工业经济条件下，国家特别要重视用科学发展观指导经济社会发展，切实加强环境保护，减少灾害发生的可能性。一切破坏生态平衡、掠夺消耗型的经济发展行为，都将对灾害发生起到推波助澜的效果。国家要教育公民尊重自然规律、维护生态平衡，并倡导全人类共同保护地球、保护环境，努力实现经济社会的可持续发展、人与自然的和谐共存。

三是要研究国家与抗灾救灾。重大自然灾害对人的生命与财产安全构成重大威胁，当这种威胁到来时，国家如何组织动员各种力量及时投入到抗灾救灾活动中，如何组织协调政府组织与非政府组织、各级政府组织和政府内各部门之间的关系，如何确保灾区基本设施的安全和基本物资的供给，如何调配抗灾救灾所需要的各种资源，如何保持灾区社会秩序与社会稳定，如何管理救灾物资和资金的使用，如何安置和抚慰受灾群众，从而尽最大可能抢救人的生命，保护财产安全，将自然灾害造成的损失降到最低。

四是要研究国家与灾后重建。在重大自然灾害已经发生并对人的身心、对人和社会赖以存在的家园造成重大破坏的情况下，国家应当规划、引导、组织、实施灾后重建工作，包括制定灾后重建的目标、任务，制定灾后重建规划和具体实施方案，明确不同部门和组织的职责，筹集重建资金，安排灾民生活，恢复生产，出台相关的扶持政策，妥善安排孤儿、孤老、孤残生活，等等。

五是要研究国家在重大自然灾害面前的国际行为。重大自然灾害给国家带来巨大灾难，造成重大创伤，通过向国际社会求助，获得国际社会的援助帮助一个国家渡过灾难，已成为当今世界的通行做法。因此，国家通过参与相关的国际组织和国际活动，通过签订双边或多边的国际协定，在遭受重大自然灾害时取得国际社会中包括国际组织、其他国家和地区、国际民间力量的支持和援助，从而减轻由自然灾害所造成的生命财产损失和社会经济的失调。当然也包括当他国发生重大自然灾害时，本国如何迅速有效地救援他国。

灾害政治学研究的这些问题，都是与重大自然灾害有关的国家行为，应当具体体现在国家相关的组织安排、制度设计、法律保障和政策应对上，这也正是灾害政治学研究的具体领域。

灾害政治学的研究任务、研究目的和研究内容，集中体现了现代国家政府的基本职责。现代政府是公共服务性政府。在重大自然灾害面前，应当最能集中体现政府的公共服务意识、公共服务精神、公共服务能力和公共服务质量。因为，大灾大难最能考验一个民族和国家的精神、智慧、意志、制度效能、组织水平和行为能力。

现代政府是公平公正的代言人。在重大自然灾害面前，应当最能集中体现政府的公平公正立场，最大限度地保护好社会大多数民众的利益，切实为失去家园、无依无靠的社会群体提供救助。因为，在大灾大难中最容易受到伤害的往往是那些社会"弱势群体"。

现代政府是法治政府。面对不时发生的重大自然灾害，政府应当将防灾减灾救灾工作纳入法制化轨道，通过法律方式明晰各职能部门职责，制定各种预案，在灾害形成、发生、演变的各个不同阶段，制定切实可行的办法，通过有效组织与动员，协调各方力量，将灾害损失降到最低程度。因为，迄今为止，人类对许多重大自然灾害是无法预知或很难预知的，政府必须未雨绸缪，依法治灾。

灾害政治学遵循灾害学原理和政治科学方法论，针对人类面临的各种危及人类生存的重大灾害问题，寻求国家层次的解决，其区别于一般政策研究和灾害科学研究的显著特征在于，它从政治上来认识和把握人类生存和社会发展的自然灾害问题，突出强调国家、政府在重大自然灾害面前的责任，并寻求国家、政府层面的解决之道。因此，灾害政治学主要是政治学的分支，主要运用政治学的学科规范和理论研究国家与自然灾害之间的关系，研究自然灾害中的国家行为。但是，这种国家行为必然是由自然灾害所规范的，所以，灾害政治学必须借助灾害学其他学科的理论与研究成果。因此，灾害政治学也是一门综合性、交叉性学科，需要进行跨学科研究，除政治学外，需要借助天文学、气象学、地质学、地理学、水文学、海洋学、地球物理学、工程学、建筑学、医学、心理学等学科的研究成果，进行综合系统研究。

五　灾害政治学的研究意义

任何一门学科的创立和研究既有其理论意义，也有其现实意义，灾害政治学也一样。

（一）灾害政治学研究的理论意义

灾害政治学研究的理论意义在于将其作为政治学的分支，将填补社会科学对灾害问题研究的一个空白领域，从而增加人类理性面对自然灾害、理性防治自然灾害的能力。自然灾害是一种不可抗拒的力量，但是，人类对灾害的防治却可以大大缓解灾害对人类造成的损失和危害。今天，人类自然科学、社会科学对灾害的研究已经达到了一定水准，在此基础上进一步推进科学对灾害的研究，对人类社会的生存与发展至关重要。就社会科学而言，诸如社会学、管理学、经济学、法学等学科都重视对灾害问题的研究，政治学作为一门重要的社会科学，也应当积极介入对灾害问题的研究之中，创建灾害政治学学科。

灾害政治学作为灾害学与政治学的交叉学科，专门研究基于国家、政府的力量如何防灾、减灾的理论与现实问题，从学科归属上应当是政治学的分支，只是面对众多自然灾害，它研究国家、政府在防灾、减灾中需要对灾害进行科学认识，因此也必须借助灾害学的理论与方法。人类面临大量自然灾害及其防治的历史一再表明，人类必须发挥自己的聪明才智和潜能，与自然灾害进行斗争。在这一过程中，除了运用自然科学知识外，人类还必须充分发挥社会科学的功用，用社会科学的力量去化解人类面对的各种矛盾。其实，社会科学在解决人类社会面临的问题和矛盾中具有不可替代的作用。特别是在人类社会高度成熟和现代化的今天，许多问题和矛盾都需要我们运用社会科学的力量去加以认识和解决。事实上人类今天面临的许多问题与矛盾是人与社会自身的问题与矛盾，人类必须将眼光聚集在自身上寻找解决矛盾与问题的办法，只靠自然科学、技术科学，或者放任自由的办法，人类必然无法解决生存与发展中的所有问题。灾害政治学研究，就是基于政治学的理论与方法，寻求人类以集体的方式，利用整体性智慧和力量，尽最大可能去认识自然灾害、防范自然灾害，从而将自然灾害的损失降到最低限度的学科。反过来讲，自然灾害对人类社会的影响是深远的，人类的组织结构、生活式样、分布格局、社会关系乃至文化、习俗，都隐含着自然灾害的印迹，人类也有智慧和能力，从自身社会出发，在防范自然灾害中有所作为。就我国而言，古有女娲补天、大禹治水、精卫填海、后羿射日的传说，今有"抗洪精神"、"抗震精神"，中华民族的历史、文化、社会结构、国家形式中，就包含着防灾、抗灾的因子，甚至有人认为中华民族的大一统国家形式就是基于大江大河的治理而形成的。因此，灾害政治学作为政治学的分支学科不仅是成立的，而且其研究是很有必要的。

创建灾害政治学学科不是赶时髦，而是政治学学科发展使然。今天的中国社会科学，各种分支学科纷纷建立，理论、范式、术语层出不穷，实有令人目不暇接、疲于应付之感。但是，真正有价值的也实在为数不多。就我国政治学而言，随着政治学理论体系的逐渐成熟，分支学科不断产生，建立灾害政治学，对政治学学科而言也顺理成章。

从学术渊源上讲，灾害政治学既与中国历史上的"荒政学"有关，也与现代学科体系中研究灾害问题的各门学科有关。但是，今天的国家早已不是历史上的国家，今天自然灾害对人类造成的损失也与过去有所不同。因此，建立灾害政治学，从现代国家的角度研究防灾、减灾、救灾、抗灾，也体现了政治学学科的学术自觉。同时，不同国家自然灾害发生的频率与特点不同，其内部制度、体制各异，因此，灾害政治学一定要体现不同国家的特点。就本书而言，我们始终以我国为模本，研究内容始终围绕我国灾害情况与国家特点，构建灾害政治学的基本理论内容。

（二）灾害政治学研究的现实意义

一切社会科学的创建，除了要符合学科自身的规范要求、体现学科特点外，最主要的是对现实社会的认识、指导、服务作用。一门社会科学如果不能在认识、指导、服务社会方面发挥作用，就不能称为社会科学，或者没有创建的必要。灾害政治学研究的现实意义在于如何运用国家政权的力量防灾减灾。

国家、政府是人类社会发展到一定阶段的产物，国家、政府至今也是人类社会最大、最有效的管理形式和管理主体。国家、政府对人类社会成员的管理如此权威与有效，以至于每当重大自然灾害发生的时候，人们会不由自主地寄希望于国家、政府来拯救自己。从现代国家、政府的角度讲，防灾、救灾本身是国家、政府的重要职责，一个不能直面自然灾害的国家和政府，就不是一个现代意义上合格的国家与政府，就是一个不称职的国家与政府，其合法性也会受到严重损害。反过来，面对重要自然灾害带来的损失，不同国家的不同表现，也成为人们评价国家和政府的重要指标。事实一再说明，人类发生过的重大自然灾害，其损失的大小与灾后重建状况的好坏，都直接与各国政府的能力与水平有关，与各国的防灾减灾意识与救援行动有关。远的不说，2004 年印度洋海啸对相关国家的伤害损失、2005 年卡特里娜飓风对美国的袭击、2010 年海地大地震对海地的巨大破坏，都与这些国家灾后救援不及时、低效率有关。2007 年印度尼西亚政府在广受民众诟病的情况下，出台《灾害管理法》，规定全国救灾管理中心升格为独立的政府机构，担负救灾指挥和执行功能。印度尼西亚政府还发起全国防灾减灾行动计划，该计划涉及地震灾害的监控、早期预警系统配置等内容，而且规定紧急救援所需资金全部来自中央和地方政府年度预算。相反，2008 年四川"5·12"大地震中中国政府的表现可圈可点，国内外媒体也给予高度评价。天灾往往伴随着人祸。天灾我们无法避免，而人祸则是可以避免的。但人祸能不能避免，主要取决于国家和政府的能力。因此，现代成熟国家都把灾害防治作为自己的重要职责，既体现在相关机构设置、物资与经费保障上，也体现在建章立制、科学应对上。灾害政治学研究就是要通过科学研究与分析，使国家与政府的灾害防治工作走上科学化、规范化、高效化轨道，从而尽最大限度将灾害的损失降到最低程度。

重大自然灾害带来的危害一再表明，国家和政府在灾害预防、灾害救助方面的力量是其他组织和力量无法企及的，但国家和政府并非天然就有这种能力。它需要进行科学设计、合理安排。最有准备的国家才是灾害中最有力量的国家。为此，灾害政治学就要严格按照科学要求，对国家针对灾害的观念、制度、行为等进行科学规划与设计，使国家、政府能够理性自觉地运用其力量进行灾害治理，即国家政权系统如何防灾、减灾、救灾和灾后重建。

六　灾害政治学与其他学科的关系

灾害政治学研究灾害与政治的关系，它最突出的特点是强调灾害中的国家与政府的行为，强调国家、政府在灾害预防、灾害干预、抗灾减灾、灾后重建方面的核心作用。灾害政治学的这一特点与灾害经济学、灾害社会学、灾害管理学等学科相比较，是十分明显的。

灾害经济学在我国起步较早，早在 20 世纪 80 年代我国著名经济学家于光远先生就倡议研究灾害经济学。"我认为，有必要也有可能建立和发展一门新的经济科学——灾害经济学。我的这个看法是 80 年代初形成的，也是我独立地进行思考、独立地进行分析综合作出的判断。"① 于光远先生认为，"一般经济学研究的是生产（包括直接生产、交换、分配和消费在内的生产，不仅是直接的生产），而灾害经济学研究的是已经获得的社会经济效益的破坏和损害，它研究的基本出发点和归宿是如何减少不可抵抗的灾害给社会经济效益带来的破坏和损害；如何在灾害已经造成之后，努力去谋取有所补偿"。② 还有学者指出"灾害经济学研究的问题是消极的、负面的，加上灾害不常见和难以预知，导致灾害研究成为不受重视的'冷门'。但灾害研究的目标是积极的、正面的，减灾实际上就是发展，就是贡献。我们现在重视对灾害的经济学研究，就是要更加准确地预测灾害发生的前兆，研究人类不良行为和环境状况可能造成的破坏和影响，研究防灾减灾的有效措施，当然也包括对灾害损失的评估，以及灾害可能引发的后续经济问题等"。③ 可见，灾害经济学主要研究灾害与经济的关系。

灾害社会学主要研究的是灾害与社会的关系，这一"社会"指的是除国家、政府以外的个人、团体、社区等。"20 世纪以来，社会学家在灾害研究中一直扮演着重要的角色，主要研究发生灾害之前、之中和之后个人、组织、社区和社会的行为以及灾害如何影响人的心理、行为、社会组织和文化生活。"④ 此次汶川大地震后，中国社会学会于 2008 年 5 月 15 日就向全体会员和全国社会学工作者发出紧急呼吁，要求紧急动员起来，在突发重大灾害面前，以社会学工作者的双重责任感和使命感投入到抗震救灾的行动中去。一方面积极参与捐款捐物，为灾区人民奉献爱心；另一方面，发挥自己的专业特长，从社会学、社会工作的角度，为抗震救灾提

---

① 于光远：《应当加强对灾害经济学的研究》，《光明日报》1999 年 4 月 5 日。

② 金磊、李沉：《研究灾害就是关心未来——记著名经济学家、灾害经济学的创立者于光远先生》，《劳动安全与健康》2000 年第 1 期，封二。

③ 许甫林：《要高度重视灾害经济学研究》，《长江日报》2008 年 5 月 23 日。

④ 黄育馥：《社会学与灾害研究》，《国外社会科学》1996 年第 6 期，第 19 页。

供有力的专业支持，发挥社会学工作者在抗震救灾活动中的独特作用。这反映了中国社会学界对灾害的专业敏感与科学态度，值得政治学界学习和借鉴。

灾害管理学是运用管理学的理论与方法研究灾害问题的科学。灾害管理学是利用灾害科学的理论研究如何通过行政、经济、法律、教育和科学技术等各种手段对破坏环境质量的活动施加影响，调整社会经济可持续发展与防灾减灾的关系，通过全面规划合理利用自然资源达到促进经济发展并安全少灾的目的。灾害管理学主要从宏观上、战略上研究灾害问题，包括灾害预测、灾害决策、防灾规划、减灾战略及经济政策研究等范畴。一般认为，灾害管理学主要研究国家行政部门、各个专业部门以及社会三个方面对灾害进行的管理。其中，灾害政治学研究的内容与灾害管理学中国家行政部门对灾害的管理大致相同，而对灾害的专业管理与社会管理则不是灾害政治学的研究对象。

可见，灾害政治学与其他社会科学研究灾害问题是不同的，其最大的区别就在于减灾防灾的主体不同，灾害政治学研究的是作为主体的国家、政府如何运用自身的优势和特长防灾减灾的问题。灾害政治学不能代替灾害经济学、灾害社会学、灾害管理学，这几门学科也无法代替灾害政治学。

第二章

国家与灾害预防

现代国家的社会管理职能，都是以保护公民的生命和财产安全为最基本限度。在灾害政治学的研究中，国家所承担的角色和作用，应该是一个最为重要的方面。自然灾害对人类生存与发展构成极大威胁，人类也不断地与灾害抗争，在这一过程中，国家的作用与能力应该贯穿于人类共同应对灾害的所有行为过程当中。自然灾害的发生、演变规律至今是人类难以完全掌握的领域，特别是个人、社会受各方面条件的限制，对自然灾害生成演变规律的研究和掌握是非常有限的。因而，国家作为人类最高级别的社会组织形式，其所拥有的先进科技水平、高效的动员强度和强大的人才队伍决定了其在灾害预防中所承担的重要功能作用。因此，灾害政治学首先要研究国家如何预防灾害的问题，包括国家如何通过有效的方式，让公民掌握常见重大自然灾害发生、发展和演变的基本常识，知晓在重大自然灾害发生时的自救知识与技能；建立反应迅速、组织科学、运转高效的国家防灾应急机制；建立健全国家防灾投入体制和管理运营模式，建立经济有效的灾害管理和运营办法；国家根据本国的特点与发展实际，建立健全国家灾害保障与救助体系，建立健全与灾害有关的国家法律体系，等等。

一 国家灾害知识教育

（一）灾害教育的内容

国家的灾害教育包含两个不可或缺而又相互支持的层面：一是灾害研究，主要是指由国家政策指导、国家资金投入而成立灾害研究机构，在高校、研究机构中开设灾害知识课程，并进行专业人才的招生和培养等；二是一般意义上的灾害教育，即对大众进行的灾害知识教育，也就是国家通过主动、积极的政府行为，在国家宏观政策、法律法规指导下，利用家庭教育、学校讲授和社会宣传等渠道对民众进行有关灾害问题方面的知识教育。前者是灾害知识教育的专业层面，通过专业设置、课程开设等，既传播了专业的灾害知识，又为灾害知识的生产提供了支撑，是面向大众开展灾害知识教育的基础；而后者是对前者的研究成果，是进行普及并产生实效性的社会实践功能的继续，虽具备受众广、普及率高等特点，但因非专业性所导致灾害知识社会化的深度不够。

从第一个层面上讲，这是整个国家进行灾害危机教育的基础，也是灾害研究中的专业化方向，该领域内的灾害知识更倾向于专业化、系统化的梳理与归纳；而第二个层面，因其对象的广泛性、普遍性，以及面对灾害的直接性，更具有实用性和直接的效能。

从预防灾害的功能分类来看，国家的灾害知识教育包括三个方面：一是灾害认知教育，即如何正确认识和看待灾害、抵御灾害；二是灾害常识教育，即向民众宣传普及有关灾害现象的基本常识，以使人们能够了解灾害的基本特征；三是灾害救助技能教育，包括灾害预防、避险、自救、互救、减灾等知识。

（二）加强国家灾害教育的作用

灾害教育作为一种特殊的知识教育，在提高防灾减灾意识、增强防灾减灾能力、提升应对灾害的水平等方面，具有积极的作用。

1. 灾害教育有助于灾害知识的普及

灾害教育是向广大公众宣传灾害知识的有效手段之一，通过灾害教育这一过程可以使公众了解和掌握灾害的类型、成因、分布、危害、防治等基本知识，理解自然灾害、环境与人类的关系。通过灾害教育使受教育者认识灾害发生的前兆与特征，从而增强减灾防灾的绩效。向公众讲清所在地区的灾害特性和灾害历史，公众就会对各种灾害的危害有着直接的感性认识，并和生活相联系，从而增加公众减灾抗灾的责任感和自觉行为。

2. 灾害教育有助于防灾减灾意识的增强

加强灾害教育使公众深刻地意识到，灾害在现代社会中造成的危害，是防灾减灾的必要前置手段。教育的功能就是政府通过正式的渠道与形式，从人的主观意识行为着手，让公众掌握一定的灾害知识，并使公众树立起防灾、抗灾、减灾的意识，认识到灾害的严重性和治理的必要性。正确的灾害意识，可以使人的主观能动性向着积极、主动的方向发展，从而避免消极、被动的行为，以为灾后应急做好准备。正确发挥人的主观能动性，增强公众防灾减灾的自觉性，将发挥出日益重大的作用。灾害防御需要全社会参与，其程度也取决于全体公众的灾害意识。

3. 灾害教育有助于降低国家救灾成本

灾害教育是一种"防患于未然"的使然，其最终目的是提高受教育者处理灾害的实际技能和能力，以应对复杂的灾情。通过灾害教育提高受教育者的认知能力和处理灾情的技能，从而做到灾害损失的最小化，降低或避免灾后次生灾害的发生。在灾害发生过程中，公民的自救和互救是减轻灾害损失和生命损失的有效手段。要做到这一点，必须强化防灾教育，进行灾害技能培训，定期进行演习、防灾训练。通过有效的灾害教育，公众在灾害中的自救能力会大大提高，能够避免慌乱、恐惧所带来的负面影响，这样就会大大减轻国家救灾的难度，从而节约救灾成本，提升救灾成功率。

4. 灾害教育能够增强国家凝聚力

灾害教育的开展，充分体现了国家社会管理的职能与义务。政府通过制度化的法定形式将灾害纳入国民教育体系中，不仅增强了国民的灾害认识、应对能力，而且有助于国家凝聚力、民族自信心的提升，实现国家权力社会管理职能的可信度和合法性。每当重大灾害发生后，政府在灾害救援中表现出来的强大组织能力、救援能力，以及通过广播、电视和互联网等媒介，大力宣传的英雄事迹等，会赢得公众的高度认可，从而有助于提升社会的政治认同感和政府的公信力。

灾害教育在经济社会层面涉及经济利益、社会安全等问题，但从政治学的角度来审视，灾害教育却蕴含着丰富的政治元素。政府在落实灾害教育的制度安排、资金保障及教材编撰等工作中，所发挥的职能将被社会视作衡量、评价政府行政的一个重要方面。

国家进行灾害知识教育是减轻灾害、保证安全的关键途径之一。对民众进行灾害知识教育是国家进行灾害预防首先要做的工作。一个国家如果没有一套完整的灾害教育体系，将被高度文明社会所拒绝。人类对灾害认识的缺失，对灾害教育的漠视，以及对防灾减灾措施的缺乏，都是灾害造成重大损失的主要原因。绝大多数国家和国际组织都非常重视灾害教育，不仅将灾害教育制度化、常态化，而且通过学校教育、社区教育、模拟演练、纪念活动等多种途径和多种方式，提高整个社会系统和广大民众的灾害认知水平，以此增强整个社会抗击灾害的能力。2005—2014 年，联合国在全球范围内开展"可持续发展教育 10 年计划"。为了推动这一计划的实施，联合国教科文组织、亚洲灾害预防中心以及部分东南亚国家，合作开展了"可持续发展教育背景下亚洲—太平洋地区自然灾害预防中的教育资源"项目，该项目旨在通过教育推动人们对自然灾害的预防、识别和应对能力，提高灾难教育在政府、社区和学校工作中的比重，以减少未来自然灾难发生后的人员损失。作为该项目的实践成果，联合国教科文组织于 2007 年发布了题为《自然灾害准备与可持续发展教育》的报告。2004 年印度洋海啸后，孟加拉国、泰国、斯里兰卡等国启动了"从学校减轻灾害风险"（Disaster Risk Reduction Begins at School）计划，对学生进行防灾减灾教育，以期让学生将防灾减灾意识传播到自己生活的社区中。该计划的措施包括，强化学生使用各种防灾工具的能力，教授学生识别灾害类型的知识等。

（三）我国的灾害教育状况

我国政府在灾害教育方面的工作已经逐步展开，积累了相对丰富和有一定应用价值的经验。1996 年我国设立了全国中小学生安全教育日，规定所有中小学开展减灾宣传主题活动；2008 年汶川地震以后，国家明确要求将灾害预防等科技知识纳入国民教育，并把"5·12"设为全国防灾减灾日。2008 年中小学暑假前一天和秋季开学第一天，通过各种渠道给全国 2.2 亿中小学生进行安全教育，要求中小学课后随即进行紧急疏散演练。但迄今为止，无论是各级政府机构，还是各类组织以及公民个人在灾害教育方面还处于相对落后的水平。我国近年来的南方雪灾、汶川地震等特大自然灾害中暴露出我国大部分群众灾害知识缺乏、灾害意识薄弱、应灾能力孱弱的问题，因而加强灾害教育、增强灾害意识，健全学校和社会灾害教育体系是我国灾害预防中的基础性工作。

从目前看，我国无论是学校灾害教育还是社会教育都存在这样那样的问题，灾害教育状况不容乐观。

1. 学校灾害教育存在的问题

在现代社会，由于每个人都要经过学校教育这一过程，所以说，学校的灾害教育是一个国家灾害教育的主渠道。随着科学技术的进步、社会的发展，以及灾害的频发性，都促使学校的灾害教育逐步得到重视。然而从对部分地区灾后的反思中，仍然看到一些学校的灾害教育存在着比较大的弊端和不足，主要表现在以下几个方面。

（1）学校对灾害教育的重视程度不够。长期以来，我国学校灾害教育工作一直没有得到足够的重视，绝大多数学校并没有开设有关灾难教育方面的课程。即使现有的安全教育一定程度上也仍停留在形式上，而对于安全教育内容、教育实施过程、安全目标实现的手段与策略的教育上未予以足够重视。在大多数学校，由于教育的功利性，对于具有明显价值倾向的教学内容相对重视，而对事关个体生存、规避危险的教育与训练等与升学无关的内容，几乎被边缘化。由于缺乏必要的自救、救护知识的学习，许多学生在灾害到来之时往往显得手足无措，甚至采用不合理的逃生方法，这样反而增加了学生受伤的概率。2008 年汶川地震后，我国青年报社调中心与腾讯网教育频道联合进行的一项在线调查（1232 人参加）结果显示，高达 94.1% 的人表示希望参加灾难应对及求生技巧类演习，但85.3% 的人从未参加过。[①]

（2）学校的灾害教育不均衡。我国灾害教育不均衡主要表现在两个层面：一是地域上城乡不均衡；二是灾害教育知识体系的不均衡。从第一层面上看，大中城市学校灾害教育过程中，教学手段的现代化，教师素质的相对较高，以及灾害安全演习、模拟情境训练等参与性活动较为丰富，这些都有助于灾害教育效果的实现。而在县、镇和农村学校的教学安排中，无论是灾害教育的知识性课程，还是预防灾害的实践活动，都明显少于城市学校。[②] 教师普遍缺乏安全教育的知识和技能，尤其缺乏应对自然灾害等方面的知识和技能。从第二层面上看，学校的灾害教育中存在着"注重认知目标，忽视行为矫正"的缺陷，缺乏促成学生心理机能完善和行为规范的机制。而且学校灾害教育普遍存在着灾害教育资源匮乏、制度缺失、实践不足等情况。

（3）学校灾害教育制度尚不健全。我国的学校灾害教育尚没有制度化，强制力较差。从宣传灾害教育的主体、客体和内容来看，均带有较强的不确定性，具有极大的随意性，这就大大降低了宣传教育的效果。各个基层教育单位由于没有统一的工作标准可以遵循，工作态度和积极性会受到一定的影响。纵向上不同层级的教育和教育管理单位之间，指导、沟通和管理等制度建设有待加强，从横向上看，同级教育单位之间的交流体系

---

① 《我们需要怎样的灾害教育》，《中国青年报》2008 年 6 月 2 日。

② 王涛、蔡德军、黄世祥：《农村学校灾害教育探析》，《沈阳大学学报》（社会科学版）2012 年第 5 期，第 105—107 页。

仍不畅通，每个基层单位都处在"各行其是"的状态。学校、家长关注孩子的成绩而忽略灾害教育，而教师传授的灾害知识又比较零碎，没有教材，也没有演练，缺乏科学性、技术性和系统性。在国外，如日本、墨西哥、罗马尼亚、新西兰等国，有关自然灾难的教育是中小学的必修课。因此，加强灾害教育的制度性建设刻不容缓，政府在该领域的潜能有待进一步挖掘，以为形成家庭教育、学校教育和社会教育"三位一体"的目标，提供制度性的安排。

（4）中小学应急教育基本处于空白状态。灾害教育不仅涉及对灾害的认识与辨别，而且重在灾害发生后的"应急"教育。专业灾害教育涉及对灾害发生、发展等深入研究，而家庭、学校和社会的灾害教育则应侧重识别与应急两个方面。然而，我国中小学的应急安全教育一定程度上仍停留在形式上，而对于应急教育内容、实施过程、应急目标实现的手段与策略的教育未予以足够重视。对于中小学学生而言，应轻灾害理论教育，重灾害"应急"教育。因此，政府在主导灾害教育实施的过程中，应区别地教育对待，对不同的人群采取差别化的灾害教育内容，以实现有限教育资源的最大化利用。这就需要政府结合不同地区的灾害类型及不同群体的特征，开展适宜的灾害应急教育。

（5）中小学教师缺乏灾害知识培训。灾害教育活动的实施，需要专业教师或者相关专业人士的指导。然而，在我国的教师培养课程设计方面，灾害教育却成了空白，迫使灾害教育很大程度上依赖于消防、地震、防洪、台风等职能单位的工作人员，而大多数学校教师却缺乏灾害教育的知识。虽然，近年来国家或学校都会组织各种教师培训，但大部分都仅仅涉及管理方法、教学经验、教学改革与教学科研等内容，有关灾害教育和安全教育的内容少之又少，造成了教师对于灾害来临的各种预兆现象，灾难中的逃生技巧，以及灾难发生后的心理辅导等方面的知识十分欠缺。

2. 社会灾害教育的现状与问题

我国学校灾害教育虽然尚存在诸多问题，但因学生群体的稳定与集中和学习生活的单一，还是便于在短期内开展灾害教育。然而，社会灾害教育因其客体的流动性强、事务繁多等，增加了社会灾害教育的难度。

（1）社会灾害教育严重依赖政府职能部门。在防灾减灾工作中，我国呈现出"重政府应急能力建设、轻全民危机教育和培养"的局面，导致整个社会的危机意识比较薄弱，自救意识和应对能力下降。防灾减灾是全人类的共同使命，"国际减轻自然灾害十年"指出：教育是减轻灾害计划的中心，知识是减轻灾害成败的关键。国际社会对灾害教育非常重视，相继开展了灾害教育的研究与实施，并取得了一定的成效。我国是世界上自然灾害最严重的国家之一，加强灾害社会教育、提高全民减灾意识的工作显得尤为迫切。

（2）城市灾害教育形式多样的效果有待提高。城市社区具有人口比较集中、文化素质较高、安全意识较强等优势，便于通过海报、传单及短信等形式，借助灾害主题日、社区活动等平台，进行灾害教育。而且，城市社区与各种职能部门（消防队、地震局、防洪办、气象局等）之间还具有便捷的地理优势，可以开展有针对性的灾害应急教育与演练。但目前，我国正处于转型期和城镇化快速推进的时期，城市主要的职能仍然集中于经济发展，政府对社会安全、灾害教育等公共事业的重视，有待进一步提高。

（3）农村灾害知识教育几乎处于空白状态。在广大农村地区，由于交通信息闭塞，农民群体整体科技文化素质的有限，灾害教育宣传人员的缺乏，以及繁重的农业生产活动等原因，致使农村灾害教育工作难以深入与铺开。虽然有关农村防灾减灾的科普读物已经不断上市[1]，但农村的经济水平、消费模式和村民的接受能力等，使得通过书籍、报纸等形式进行的宣传教育难奏其效。而依托灾害防御宣传队伍的讲解与宣传又存在距离远、成本高等问题，依托现代通信技术又面临着农村地区缺乏配套设施等问题。然而，在历次灾害中，损失最大最严重的几乎都是农村地区。因此，加强农村灾害教育的普及，就成为政府提供"公共产品"不可或缺的一部分。

（四）构建和完善我国灾害教育体系

早在2006年，"国际减灾日"确定的主题是"减少灾害从学校抓起"，学校灾害教育已经是一个世界性的课题。我国教育部在2006年就规定，全国学校减灾应急预案制定率要达到85%，100%的学校设有灾情信息员，学校减灾知识普及率达到70%，其中灾害高风险区学校达到90%

---

① 这方面的书籍如王杰秀主编的《新农村防灾减灾丛书》（15册），石油工业出版社2008年版。涉及农村风灾、冰冻灾害、农作物抗灾、农作物病虫害、动物疫情、人畜共患疾病、禽流感、灾难事故、灾害自救、灾害防控等多领域。

以上，全国80％的学校基本配备安全消防设施，有条件的在人口相对集中的地方设立应急避难场所。汶川地震后，国家非常重视灾害教育体系建设。胡锦涛在2008年"两院"院士大会上强调，要将灾害预防等科技知识纳入国民教育。事实一再证明，灾害意识和防范灾害知识的普及，能够降低灾害造成的损失，甚至可以避免一些次生灾害，而取得这种效果的最根本途径就是依托灾害教育。针对目前的灾害教育现状和问题，政府应进一步完善、落实灾害教育制度，打造横纵交叉的灾害教育体系。

1. 学校灾害教育体系的构建

学校是培养自然灾害预防意识的重要场所，任何公民在学生时代所接受的灾害教育往往也会为其将来在社会上接受灾害提供帮助。在学校教育中开展灾害教育，应该根据国家颁布的课程计划，合理地安排好各学科的教学进度和配置，将灾害教育融入日常教学工作中。

（1）依据相关政策制定学校灾害教育的指导纲要。学校灾害教育体系的搭建，应依据《中小学公共安全教育指导纲要》、《国务院关于实施国家灾害事件总体应急预案》和《教育系统灾害事件应急预案》等规定，制定适当的符合当地情况的灾害防救计划，主要内容包括灾害教育、灾害预防和灾害应对措施等方面，并且应该遵循因时施教、因地施教、注重实践等原则。另外，针对不同年龄、年级学生的具体情况，应在学校灾害教育中给予充分考虑。

小学低年级要侧重应对灾害的躲避、求生和求助等方面的方法、技能训练；小学高年级要侧重认识危险的危害，形成躲避危险的意识；掌握躲避危险的基本方法。初中侧重了解与安全有关的基本知识，强化自我保护意识；掌握确保安全的基本方法，兼顾公共安全。高中侧重了解与安全有关的基本方法，自觉抵制可能引发安全问题的事件，能够在保证自身安全的前提下救助别人，既强调个人安全，又强调公共安全和国家安全。大学生则应在增强自我应灾能力的同时，增强社会服务意识，掌握一定的应灾技能。

（2）整合不同学科资源，综合渗透且开设灾害必修课。学校灾害教育不拘泥一种单一的、专门的课程形式。在日常教学内容设置时，可采用渗透的方式，把灾害教育嵌入到相应学科的章节中。地理、自然、科学、物理、化学等学科，对于提供灾害教育是最有效的课程平台。这些课程提供了自然万事万物的一般机理、灾害的基础知识、发生机制、危害等内容。语文课程可以呈现与灾害相关的文章，加深学生对灾害的感性认识或理性认识；数学可以以数据的方式呈现灾害或与其相关内容的数据，使学生从数量上了解灾害对人类的危害、防灾工程和措施的效益等；生物学科可呈现生态系统、生物链、生物多样性、环境破坏对生物生存的影响等内容，让学生理解保护生态环境的重要性等；历史学科则可以呈现灾害相关的历史事实，使学生知道灾害对人类社会发展的制约作用。因此，通过综合交叉、适当推演，各门学科都可以以适当的方式，对学生进行灾害教育。

（3）运用多种途径开展中小学灾害教育活动。学校灾害教育应结合实际情况，运用多种渠道，创造性地开展形式活泼、内容丰富的灾害教育活动。要充分发挥课堂教学的主渠道作用，切实把灾害教育纳入到中小学课程体系中去，在德育课程、学科教学和综合实践活动课程中渗透灾害教育内容。要因地（校）制宜地在地方课程或校本课程中设立灾害教育专题。要利用班会活动、团（队）活动、校园文化活动有计划性地组织开展灾害教育活动，每学期至少组织1—2次集中性的公共安全主题教育活动。要突出实践性、实效性和趣味性，组织师生开展多种形式的公共安全事故预防演练，每学期至少进行1次以上针对洪水、地震、火灾等灾害事故的应急疏散演练，使师生掌握避险、逃生、自救的知识方法和技能，增强中小学生的安全意识和安全防护能力。

（4）增加灾害教育数字化资源库。学校灾害不但要充分挖掘潜藏在已有教材中的灾害信息，更补充现代通信技术可能提供的资源，形成家庭、学校与社会密切联系的网络教学。数字化资料库包括：网上资源、书籍资源、视频资源、多媒体系统、合作资源。此外，还可以建立以灾害教育为专题的网站。在运用灾害教育数字化资源库教学时，学生可直观地了解世界及我国发生的重大灾害事件的信息。通过灾害发生过程触目惊心的画面，将提高学生对灾害的重视，树立警惕的观念。在数字化灾害资源的开发过程中，应采用图片、视频和文字相结合的形式，以纪录片或电影片方式加以制作，内容方面要侧重介绍灾害发生前的自然现象，应对灾害的具体措施和经验，以及灾害自救和防止次生灾害等方面。

灾害教育是家庭、社会、学校和政府的共同责任，因此，灾害教育体系的构建也应彰显四种社会单位不同角色各自的功能，在充分发挥每一个社会单位功能的基础上，打通各方之间的工作壁垒，以期建构灾害教育承担角色明晰、沟通顺畅、协调合作的机制。

2. 社会灾害教育体系的构建

社会灾害教育是学校灾害教育的继续，但其在教育对象、教育途径、教育目的等方面又有别于学校灾害教育。社会灾害教育主要指对社会普通群众的灾害教育，通过广泛的宣传，让每个人积极参与到防灾减灾实践中，使防灾减灾成为一项全民战略。社会公众既是灾害直接的受害者，又是灾害第一时间救助的主体，因此，社会灾害教育建设是灾害教育的一个重要部分。各级政府职能单位应充分发挥各自的职能，提升社会灾害教育的水平。

（1）政府应该将灾害教育纳入职权范围。政府拥有的社会管理职能及相关权力，是开展社会灾害教育和灾害演习的有效保障。鉴于社会灾害教育的困难性、复杂性和重要性，政府应该每年定期举行特定灾害的宣传、演练等活动，将灾害的防治和处理纳入到政府日常工作范围之内，制定符合当地灾情的应急预案，完善灾害教育体系等。灾害教育作为国民教育体系中必要的一个组成部分，政府在组织开展灾害教育的过程中，不能厚此薄彼、以偏概全，既不能避重就轻，选择性地开展灾害教育，更不能推卸责任，推脱灾害教育的应尽之责，而应当结合当地灾害情况，积极肩负起相应的管理职能，并使之制度化、规范化和机制化。

（2）政府应采取多种形式开展灾害宣传教育。政府要充分加强对灾害教育重要性的认识，特别是应急管理中心、教育部、交通、消防、公安等各个部门要各司其职、各负其责，加强协作和配合，认真制订宣传计划，利用电视、广播、网络、宣传单等各种手段，开展灾害宣传教育，使社会灾害教育工作得到不断的改进与提高。各地政府应该因地制宜，结合实际情况采取适当的宣传方法。在广大农村，由于农民的文化水平普遍不高，应该采用图片展示、专门人员讲解，以及广播、电视节目等形式开展；而对文化程度和人口相对密集的城市来讲，政府可以建立官方灾害防治网站，提供各种灾害的前兆、危害、预防及自救等方面的内容。例如：日本每个家庭都有一张标明该地区发生洪水、台风、山崩、海啸和台风时的避难场所的地图，并且避难所的铭牌上面用日文、韩文和中文写明了用途和联络电话，为灾害来临时人员安全提供了极大便利。

（3）政府有计划地组织灾害预警演习。实战演习是预防灾害的最有效的途径之一，尤其是对于社会来讲，组织大规模的灾害预防演习能够直接提高社会成员的防灾、抗灾、自救等方面的能力。我国政府发布的《国家突发公共事件总体应急预案》明确要求：各地区、各部门要结合实际，有计划、有重点地组织相关部门对相关预案进行演练。心理学经过测试证明，一个没有经过专门抗灾训练的人，面对突如其来的灾难必然产生恐惧和惊慌，是很难逃过一劫的。因此，通过演练不仅掌握了技能，而且提高了心理素养，当灾难发生时，由于经过实战演练，少了慌乱和恐惧，可以理性、科学地应对灾难，就有更多的求生机会。为此，必须加强预案的培训和演练，加强预案的实施和管理。防灾意识很强的日本，其灾害演习范围很广，不光包括专业救援队的救援演习，还包括大规模的避难演习，中小学生的集体上下学演习，甚至还有一种上班族的回家演习。

（4）扩展灾害知识传播的渠道。灾害知识传播在现代社会，渠道更加多元，形式更加多样。灾害教育网站是广大公众实现信息共享、在线信息交流的服务平台，这一平台既是各种灾害知识交流传递和充分共享的基本载体，也是广大公众掌握各种灾害信息资源的重要途径。灾害教育网站应该具有友好性和开放性的特点，使得任何个体在任何时间、地点能够查询到有关应急知识的内容，最大限度地方便广大受宣传对象。我国政府应该高度重视，设置专门的岗位负责管理更新网站信息，通过传统的媒体、公益广告和与众多门户网站的链接来提高网站的知名度，以取得更好的宣传效果。

开展全民灾害教育，是提升社会应对灾害水平的根本所在，而这一任务的实施，必须依赖于政府有组织、有计划和有制度性的安排加以保障，是各级政府不可推卸的重要职责。

总之，灾害知识教育是整个国民教育体系的重要组成部分。对公民的防灾意识与危机意识的培养应当予以高度重视。政府应通过制定相关制度、法规，开展相应的抗灾宣传活动，以及组织参与性较高的实战演练等丰富多彩的形式开展防灾减灾宣传普及活动。通过对民众的教育增加防灾知识，提高防灾意识，在灾害来临的时候，能够冷静处理、灵活自助，最大限度地减少灾害所造成的生命和财产损失。随着我国《国家突发公共事件总体应急预案》与《中华人民共和国突发事件应对法》的贯彻实施，灾害知识教育已经引起了全社会的广泛重视，我国的灾害知识教育正在走向制度化、常态化轨道。

二　国家灾害管理体系

在灾害政治学中，灾害管理可以作如下界定：一个国家的政府为应对自然灾害的侵袭与破坏，基于最大限度地减小灾害所带来的影响，同时维护公共利益并保护其国民的人身及财物安全而在灾前、灾中、灾后的全程中更多地采取行政、法律、经济等手段而进行的宣传、教育、规划、组织、指挥、协调、技术指导等管理与控制行为。灾害管理体系是有关灾害事件管理工作的组织指挥、职责、预防、预警机制、处置程序、应急保障措施、事后恢复与重建措施以及应对灾害事件的有关法律、制度的总称。

灾害管理体系是国家管理体系的重要组成部分，国家构建的成熟的灾害管理体系一方面能够积极应对发生中的各种自然灾害；另一方面，在灾害没有发生时它本身就具有积极的预防功能。构建国家级的灾害管理体系，是灾害政治学的重要研究内容。

（一）构建国家灾害管理体系的必要性

灾害管理是政府的职能之一，统一规划政府在灾害管理中的职能和职责，确定依法应对灾害的法制原则，有利于增强政府执政能力、提高政府公信力和权威性。因此，构建健全、完备的灾害管理体系将有利于防灾减灾的实践，也是服务型政府不可或缺的重要职能。

1. 灾害管理体系的构建将更加有效地降低灾害造成的危害

灾害管理体系构建的完备程度，将直接影响到灾害发生时政府和群众应对灾害事件的能力，与灾害造成的损失密切相关。灾害管理依据时间可以分为灾前管理、灾中应急和灾后管理，每一个阶段的管理重点不同，灾前管理的重点在于对可能发生灾害的预防、演练、预案制定、物资储备等方面；灾中管理的重点主要集中在政府的响应速度，即救援力量的集结速度、救灾物资的调配以及灾害信息的汇总等方面；灾后管理的重点主要是灾后重建、居民安置、经济建设等方面。完备的灾害管理体系，将使得政府的管理行为有章可循，灾前做好预防准备，灾中能够快速反应，灾后能够科学合理地展开重建工作，使整个应灾工作井井有条，以达到防灾减灾的最大效果。

2. 灾害管理体系的构建进一步明确了政府的角色

作为管理者的政府不能只注重经济权益，作为所有者的政府不能忘记其管理职能，作为投资者的政府要服从服务于作为管理者的政府。认清政府在安全减灾管理中的三维空间，明确其应履行的职能，这不但有利于其管理准确到位，还有利于精确地把握其度。政府作为管理者，是人们感知得比较多的，也是从计划经济向市场经济转变过程中正在逐渐规范的方面。在市场经济条件下，作为管理者的政府，追求的是社会的整体利益和长远利益。政府灾害管理的基本职能是依法行政，政府的行政权力就是依法维护作为所有者的政府的收益实现，同时保护所有其他经济实体的合法权益。因此，政府要有自觉地维护公平的机制，不能仅仅以收益的最大化为根本目的，而是要以资源和保障经济发展的双重目标为目的。

3. 灾害管理体系的构建重新界定政府防灾减灾组织的职能

在现有政府行政管理职能中，增加应对灾害的管理职能符合国际惯例。在目前各国政府组织系统中，多以管理各种灾害事件为主要职能的机构如警察局、消防局、民政与民防、安全减灾其他部门等。现在强调的"政府减灾行政"是要按"应急"与"常态"两大方面再去评估一下政府各部门的职能，进一步明确各自在灾害面前的作为、责任及义务，形成一个有效管理的政府型全危机（或全灾害）的管理系统及机构。如纽约市以国家危机命令指挥系统为模块组建，有明确的定位；华盛顿特区的危机管理由 15 个分项职能支撑，分别由一个具体的部门负责。在常态下，它们各自承担相应的日常管理，遇到灾害时，几乎所有部门都划归到特定的危机管理职能之下，服从于主管机构；波士顿市则根据不同的减灾救灾职能，将行动系统划分为 16 个子系统，形成了一个职责较为明确和全面的综合减灾网络。

4. 灾害管理体系的构建及科学运转是维持政府自身合法性的现实需要

政府的合法性是指政府存在并进行统治与管理的正当性与合理性，它是一个政府能够获得民众认可并长久维持其合理存在的重要基础。我国作为社会主义国家，人民民主专政的国家体制已经决定了全民共同的普遍意识形态价值形式。虽然说自然灾害作为"天灾人祸"，国家作为对灾民进行赔偿与补偿的法理基础具有不确定性，但从国家层面上讲，灾害管理科学而有效的运转必定会增加国民对政府的进一步依赖与认可，形成政府合法性的积累。相反，如若政府每次救灾行动迟缓与低效，灾区中长期的社会紊乱与秩序失序也必定会造成民众的失望，进而导致政府合法性相对丧失。

（二）国家灾害管理体系的层次、过程、原则与方式

国家灾害管理体系可以分为静态与动态两个层面：静态层面是指为应对灾害的发生而事先制定的法律、制度、规则、措施等方面；动态层面则指的是整个的管理行为机制的动性运转，也就是选择性地激活静态的法律、制度、规则、措施等，直至管理职能的成功实现。

从行动过程上讲，灾害管理是政府及其他公共机构在灾害事件的事前预防、事发应对、事中处置和善后管理过程中，通过建立必要的应对机制，采取一系列必要措施，保障公众生命财产安全，促进社会和谐发展的有关活动。灾害管理是对突发事件全过程的管理，根据突发事件的预防、预警、发生和善后四个发展阶段，灾害管理可分为预防与灾前准备、监测与预警、应急处置与救援、事后恢复与重建四个过程。

国家灾害管理又是一个动态管理，包括预防、预警、响应和恢复四个阶段，均体现在灾害管理的各个阶段。也有学者认为，灾害管理应当包括灾害的事前、事中、事后的管理。虽然专家学者对灾害管理这一学术概念的定义、界定存在差异，但各种概念都体现了灾害管理的紧迫性与实用性，因此，灾害管理是政府工作的重要组成部分。

灾害管理的目的主要是为了成功实现政府对灾害的干预，减轻人们在灾害中的软弱性和无助状态，控制、减缓自然灾难事件对人员和财产造成的损失，维护正常生产和人民生活秩序，减轻人们受灾后所承受的困苦。国家的灾害管理应当坚持下列三个原则：

第一，权威性原则。灾害管理是政府主导下的行动，由于国家的政府层面本身具有权威性特征，所以灾害管理的行为必然具有一定程度的权威性。整个管理行为要在统一的领导与指挥下发挥作用，特别是在灾害发生的管理行为更需要国家层面的法律、制度等强制性作用来维持灾难中区域的正常化秩序及其救援工作的开展。

第二，系统性原则。灾害管理并非是任何一个单一部分的单一行动，虽然国家和政府处于主体性地位，但管理职能的有效发挥与开展则需要具体的部门、机构以及各行为体组织包括个人的行动紧密配合。在行动中的协调性与整体系统性是极为重要的指导思想，既要做到横向的技术、信息交流，又要强调纵向的人员、物资配合，否则管理行为将难以施展。

第三，兼容性原则。灾害管理虽然是在特殊时期里所进行的特殊管理行动，但其在行动原则和行动后果上也必然与其他有关的社会管理融合起

来。灾害管理也需兼顾到人们的生产与生活、社会的状态与发展。①

灾害管理是一个复杂的整体系统，针对灾难不同的时段、不同的地域特征，灾害管理也将表现为不同的方式与形式。灾害管理的行为方式主要有②：

（1）法律管理：首先，通过法律强制性地限制与杜绝人们的致灾行为，保护减灾行为；其次，通过法律和制度保证灾害发生的救援行动效用最大化；最后，以法治、法规形式约束和控制灾害中人们的行为，确保正常的生活秩序和社会稳定。

（2）行政管理：即通过权威性和强制性的行政手段指挥与协调减灾行为。

（3）条件控制性间接管理：即通过经济手段或其他非强制性手段创造一个有利于减灾而不利于致灾行为的环境，并鼓励人们积极参与减灾。

（4）引导型管理：包括新闻引导、心理引导、自觉引导、减灾知识培训等。

（5）商业性管理：如关于灾害或减灾科技资料、通信线路、能源的有偿使用的管理等。

（6）协调、协助或指导性管理：政府在灾害管理中积极发挥主导性作用，对参与灾害救助行为中的各行为体进行协调与指导。

（7）科技制约型管理：利用国家的技术垄断正确处理灾害中国家与社会的适度关系，这是灾害管理中科学性与整体性的结合。例如，大型抗灾工程的位置、规模、投资，城市减灾规划中的土地利用，动植物的检疫，地震短临预报的发布，虽最终表现形式为行政或法律管理，但其前期的科学研究与论证对有关决策以及管理方式都具有决定性的作用。

（三）构建我国科学的国家灾害管理体系

自然灾害风险管理应该是一项综合性的工作，是一个操作流程和体系。由于灾害事件潜在性、突发性和危害性的特征，政府必须将灾害管理纳入日常的管理和运作中，使之成为政府日常管理的重要组成部分，而不能仅仅当作是临时性的应急任务。

1. 加强灾害管理机构建设

根据我国国家结构形式的设置情况，灾害管理结构可以确立为纵向与

---

① 刘波、姚清林、卢振恒：《灾害管理学》，湖南人民出版社 1998 年版。

② 贤武：《灾害管理的 7 大方式》，《新东方》2003 年第 Z2 期，第 10 页。

横向相结合的应急管理体制。

纵向应急管理机构可设为国家、省、地级市和县四级，包括各级人民代表大会及常委会、政府和军事机关三个层次上。为了更好地体现应急机制的权威性和高效性，有必要建立应急指挥分级负责的机制，即国务院和地方政府的主管领导兼任国家和地方级应急指挥和协调机构的负责人，并对应急活动负总责；各级公众政府职能部门的负责人对本部门的应急行政任务负全责；军事机关的首长对军队的应急任务负全责。

横向灾害管理机构主要指跨区域的人大及其常委会、地方政府、同一行政区域内或不同行政区域间的相关行政主管部门之间在灾害管理方面的合作。一个完备的灾害管理机构应当具有指挥决策机构、职能组织体系、信息参谋咨询组织体系、综合协调部门和其他辅助部门五大系统构成。

2. 国家自然灾害预警管理体系

灾害预警指的是以先进的信息技术为平台，通过预测和仿真等技术对灾害态势进行有效的动态监测，做出前瞻性分析和判断，及时评估各种灾害的危险程度，并给出参考性对策建议，提高政府灾害管理的效率和科学性。预警的任务是在平时进行监测、收集信息，及时进行信息传递、处理分析，如发现某些指标达到预警系统的临界值则需要发出警报。因此，要建立完善的预警机制需要具有良好的信息监测系统、信息处理分析系统和信息传递报告系统，保障对信息及时准确地监测、科学合理地分析处理和畅通地传递。

完善灾害预警机制应当做好信息监测工作，对灾害的监测应基于常规化、动态化和适时化的原则。我国发射的光学小卫星和雷达卫星，已形成对我国大部分地区灾害与环境的及时动态监测预报能力，这大大地改变了我国灾害监测方式，实现了对灾害与环境的全天时、全天候监测。

3. 国家自然灾害指挥管理体系

为应对灾害不仅仅需要统一的指挥决策机构，还需要统一的灾害管理综合协调部门。应对灾害需要的往往是多个部门的共同参与，在目前我国分部门、分灾种的灾害管理体系下，应急机制中各个部门是相互独立的，这些部门之间应当进一步加强配合，充分发挥自身作用。因此，应当强化对灾害事件应急处置的统一指挥、综合协调，建立一个常设的、相对独立的用于协调灾害管理各个职能部门和机构的综合协调机制，使我国灾害管理应急机制进一步提高应对灾害的效率。

同时，还要积极开展灾害管理培训。各地区、各有关部门要制定灾害管理的培训规划和培训大纲，明确培训内容、标准和方式，充分运用多种方法和手段，做好灾害管理培训工作，并加强培训资质管理。积极开展对地方和部门各级领导干部应急指挥和处置能力的培训，并纳入各级党校和行政学院培训内容。加强各单位从业人员安全知识和操作规程培训，负有安全监管职责的部门要强化培训考核，对未按要求开展安全培训的单位要责令其限期整改，达不到考核要求的管理人员和职工一律不准上岗。各级灾害管理机构要加强对灾害管理培训工作的组织和指导。

4. 国家自然灾害物资储备管理体系

综合我国灾害发生特点、区域人口分布、交通状况、地区经济密度等因素，适当拓展政府物资储备库布局，合理增加中西部地区的中央级储备库数量，通过财政转移支付、物资调配、政府采购等方式和途径，促进完善省以下救灾物资储备库建设，加快完善物资储备数据系统，逐步形成覆盖合理、辐射有效、物流发达的物资储备库网络。经过多年的积累，中央和地方的储备仓库已经储备了一定量的救灾物资，为专项用于遭受特大自然灾害地区灾民救济工作发挥了重要作用。按照《国家综合减灾"十二五"规划》，以统筹规划、合理分布和资源整合为原则，综合利用国家和社会现有储备仓库，新建或改扩建一批中央生活类救灾物资储备库。多灾易灾地区的省、市、县各级人民政府按照实际需要建设本级生活类救灾物资储备库，形成分级管理、反应迅速、布局合理、种类齐全、规模适度、功能完备、保障有力、符合我国国情的中央—省—市—县四级救灾物资储备网络。完善受灾群众生活救助、医疗卫生防疫、交通应急保障、森林防火等方面的物资储备，特别加强中西部救灾物资储备和信息管理能力，优化救灾物资管理与使用。逐步建立运力集结、资源补给、车辆维修的全国救灾物资交通运输网络，提高物资投送能力。

5. 国家自然灾害恢复重建管理体系

灾后的恢复重建主要是指对灾区在灾情基本稳定后所进行的对于各类受损设施尤其是居民住房和学校等公共设施所进行的恢复性的建设，其中，对居民的住房因倒塌或严重损害而需要重新建设和修缮的工作是其基本的内容。

我国灾后恢复重建的行政管理，是政府统一领导下的以民政系统为主、各个部门互相配合、多种社会力量共同参与的工作体制。其中，民政部门主要负责恢复重建的综合协调工作，并重点负责落实灾民住房的恢复重建，发展改革委员会系统主要负责基础设施包括学校、医院和基层政府办公室的重建工作，交通部门负责道路的修复等。

三　国家灾害应急机制

应急机制是指应对一些突发性事件而拟采取的制度性措施和安排，也就是应对危机的系统性制度安排。此概念在灾害政治学中，主要是指以政府为主导的，应对自然灾害而做出的各种预防、救援等措施。

（一）建立国家灾害应急机制的意义

自然灾害特别是重大自然灾害的发生，必然会影响国家的经济建设、社会发展和环境安全等，所以，建立健全国家灾害应急体系，形成统一指挥、功能齐全、反应灵敏、运转高效的应急机制，提高国家处置重大灾害的能力，是政府全面履行社会管理职能、加强社会管理和公共服务职能的一项重要任务。

1. 有助于灾害救援的开展

由政府牵头、组织专业科研人员编撰的应急预案，具有很强的科学性、指导性和可操作性。灾害发生后，应急预案的及时启动，能够提高灾害救援的能力、速度和效果，可谓"未雨绸缪、事半功倍"。

2. 有助于社会稳定与秩序恢复

天灾必然带来人祸，严重的自然灾害对社会整体的破坏力无疑是巨大的，甚至可能使灾区成为"孤岛"，完全处于无政府状态。在这种情况下，国家应急机制的有力实施就成为维持社会稳定的"利器"，特别是受到灾害整体破坏的地区，更需要政府及时的介入，以恢复灾区的社会稳定、正常秩序、物价稳定、安全保证，思想统一等，以便更好地开展灾害救援工作。

3. 有助于最大限度地降低灾害损失

自然灾害威胁着人类的生命安全和财产安全，地震、台风、海啸、冰冻、沙尘暴和火山等，不仅严重威胁着生命与财产的安全，而且影响着整个社会的经济建设。然而，政府主导下的应急预案，前瞻性地预设了各种灾害的破坏类型、程度和规避措施等，这就为应对灾害提供了指导，致使在灾害面前，能够做到从容、从细和从快的应对措施，减低损失、保障生命。

（二）我国灾害应急机制存在的问题

从防治禽流感到应对多发频发的矿难，从应对 2008 年南方雪灾到组织汶川大地震抗震救灾，我国的应急体系建设接受了全面的检验，使得该体系在实践中不断丰富和完善。目前，各级政府部门对构建灾害应急机制十分重视，各地灾害应急工作有条不紊地展开，并取得了一定的成果。2005 年 3 月，温家宝在全国人大十届三次会议上宣布："我们组织制定了国家突发公共事件总体应急预案，以及应对自然灾害、事故灾难、公共卫生和社会安全等方面 105 个专项和部门应急预案，各省（区、市）也完成了省级总体应急预案的编制工作。建设法治政府，全面履行政府职能，取得突破性进展。"但是，从近年自然灾害造成的严重损失相比，我国的灾害应急机制仍然存在诸多问题：如应急体制、机制和法制建设有待加强；应急救援体系不够完备，救援应急保障能力比较薄弱；对一些重大自然灾害形成机理和预测预报的研究不够深入，运用科技防灾减灾方面有待提升；城乡防灾减灾基础设施建设相对滞后，防范应对各类突发事件的基础能力仍待提高；一些地方和部门风险防范意识不强，社会公众防灾避险意识和自救互救知识不足等。

1. 应急指挥系统的时效性有待进一步提高

我国一般将应急指挥中心当作组织机构建设，配备专职应急指挥人员，承担应急指挥和资源调度职能，受理普通公众报警、求助的电话等事宜。我国应急指挥中心主要是分类、分部门建设，即每类灾害或几种相关灾害由一个或几个相关的部门负责。并且，根据灾害产生、发展和结束等各个环节，参照各职能部门的功能实行分阶段、分层次管理。这种灾害指挥系统的不足主要有：各种灾害应急的相互独立，缺少统一的整体协调，经常出现各种灾害间重复建设的情况，特别是在地理信息、通信网络、救灾设备和队伍的建设方面，低水平重复建设的情况相当普遍，这影响了国家在减灾方面投入的有效性和合理性。[①] 因此，综合性的、协调顺畅的、专业分工明确的、统一的灾害指挥系统，有待提上建设的日程。

---

① 李吉伟、张志彪：《中美灾害应急救援指挥体系探析》，《武警学院学报》2007 年第 6 期，第 14 页。

2. 应急机制在具体实施中缺乏灵活性与操作性

我国是一个灾害种类较多、灾害地域差异明显的国家,同一地区常常存在多种灾害发生的可能性,不同地区又存在灾害差异较大的事实。因此,不仅建立所有可能灾害应急预案显得尤为迫切,而且各种预案的可操作性也同样重要。目前,我国中央政府建立的主要灾害应急预案有:国家自然灾害救助应急预案、国家防汛抗旱应急预案、国家地震应急预案、国家突发地质灾害应急预案、特大森林火灾害应急预案等。而在中央制定的灾害应急预案之下,一些地方政府的灾害应急预案却没有充分考虑当地实际情况,更谈不上长远的操作性和可行性,各级政府应该明确,应急不是应付,灾害应急工作既有通则,又必须因地制宜,用科学态度、务实精神和具体措施,切切实实、一砖一瓦地构筑我国灾害应急的坚固体系。

3. 灾害应急法律建设不足

灾害管理虽有政府主导,但政府的行政权力不能代替司法的地位,法治是灾害教育、应急和善后等工作最为重要的依据。灾害应急机制构建的法律意义更是重大,它能确保应急机制的正常运行和有效实施,更能增强机制的建设。我国灾害防御协会副秘书长金磊表示,我国有关防灾减灾的法律还有待完善。他认为目前我国减灾立法虽开始步入法律轨道,但差距颇大,如缺乏国家减灾的根本大法《国家减灾基本法》;现行的单灾种法律如防震减灾法、防洪法等多数覆盖面单一,而且没有综合减灾思路;由于缺少防灾减灾意识,国家《城市规划法》中的主要条款也基本未涉及城市综合减灾规划及预案等内容。对于防灾减灾法律的完善,我国科学院减灾中心主任王昂生也提出,我国应尽快起草完成《紧急事务法》与《综合防灾减灾法》,为灾难应急体制提供法制保障。灾害领域内的法律空白是制约灾害应急的瓶颈,依法行政不能没有法律的支撑,而我国目前该领域的法律建设情况不容乐观,亟待加强。

4. 国家重点储备单位所储备灾害应急必需品不足

灾害应急物资储备是应急机制建设中的重要“硬件”,特别是救援急需品、生活必需品等物质,直接关系着灾害救援的成效。我国初步建立了国家救灾物资储备体系和灾害救助资金应急拨付制度。“国家救灾物资储备体系由10个中央直属储备库、31个省级储备库和多灾地县储备点构成，基本保证了灾后 24 小时首批救灾物资运送到灾区。"① 按照商务部《突发事件生活必需品应急暂行办法》的规定，商务应急应建立包括大米、面粉、食用油、蔬菜、食盐、饼干、方便面、矿泉水、帐篷、毛毯、毛巾被、蚊帐、发电机、应急灯、对讲机、净水器、清洁用品 17 个品种的应急商品在特殊情况下的紧急调运制度。但从我国最近几次大的自然灾害来看，发现有的商品储备严重不足，如饮用瓶装水、食用油、照明用蜡烛等，其原因是重点储备单位大多为民营和个体，有的商品在未发生自然灾害时根本用不上，也挤占了库存资金，如汶川大地震帐篷严重储备不足，导致在全球范围内筹集帐篷。

5. 中央和地方政府之间的灾害应急机制协调不畅

我国灾害应急的各个职能部门存在协调配合脱节的问题，主要体现在两个层面：从纵上来看，下级单位汇报、上级单位指导，上级下级之间存在协调环节；从横向上来看，不同职能部门之间的协调存在一定混乱。从国务院、省、市及县等行政级别的灾害应急预案来看，自然灾害中商务应急体系由商务部门牵头，各职能部门协调配合，各职能部门包括除商务外还有宣传、粮食、物价、公安、财政、交通、农业、卫生、工商、质监、药监等。但到目前为止，在历次大的自然灾害应对工作中，生活必需品应急调控的实际情况不容乐观，各部门之间的协调阻力较大。

6. 综合防灾决策的科学性不够完善

目前，我国防灾管理各个部门之间缺乏统一的协调机制，在行政运作上缺乏统一有效的科学性程序，政府防灾决策的透明度和民主决策公开化程度也不高，影响了政府防灾决策的效能。尤其，政府灾害应急决策大多数是行政首长制定，而不是专家制定，这就可能导致灾害应对中因指导方针与思路的失当、失实，而出现救援不力、效果不佳及引发其他灾害等问题。因此，灾害决策的科学化和程序的合法性，将直接涉及防灾救灾的成效。

7. 基层单位灾害应急能力薄弱

突发事件的第一反应多发生在基层行政组织。经验表明，基层第一时间的处置方式对减少伤亡和损失最为关键。但目前，部分基层单位的预案

---

① 《中国减灾卓有成效》，2005 年 9 月 23 日，人民网，http：//www. people. com. cn/GB/pa-per39/15776/1395501. html。

只是抄袭上级文件，缺乏具体的可操作性，或者虽然制订了预案，但却不进行演练和落实。从近年应对雪灾和抗震救灾的实际情况来看，我国基层应急工作水平有所提高，但还不能满足灾害应急的需要，基层单位应急能力建设需要进一步加强。

8. 专业性的救援队伍建设亟待加强

我国救援队伍一般按灾害类别实行分类建设和管理，各类救援队伍均按各自管理部门的要求，配备装备和开展训练、演习工作。不同救援队伍的指挥机构、术语、装备和系统接口不统一，相互之间合作较少。但更多的灾害救援队伍，则是依赖于消防、公安和军队等综合类部门。汶川地震救灾中，专业救援队伍仅占总救援队伍的2%。现代减灾不同于传统的人海会战、突击队式的临时应急，而是特别强调科学性、系统性、程序性。目前，我国的应急体系建设迫切需要向专家治理型转变，加强专业应急和救援队伍建设，依靠科学技术防灾减灾。

9. 灾害应急信息系统建设迟缓

目前，我国灾害应急信息资源缺乏标准化的描述和定义，对应急信息系统框架及功能，尚未进行全面的规范。各行政管理部门一般根据自身的需要和惯例开展应急工作，建立适用于本行业领域的应急信息系统，不同系统之间的数据难以交换和流通，而且，灾害发生后通信中断成为普遍现象。

（三）构建我国高效的国家灾害应急机制

目前，我国灾害应急机制的建设虽然取得了一定的成就，但由于我国灾害应急机制建立起步晚、经验不足，造成在应急机制等方面存在诸多缺陷。同时，更应充分认识到我国灾害应急机制建设的特殊性、长期性和复杂性。

我国灾害应急机制的建设必须在共产党的领导下与我国的国体、政体相适应，必须在我国的根本法律制度框架下运行。毋庸置疑，灾害应急应从提高应急能力入手，推进公共服务和社会管理水准的全面提高，将是我国各级政府部门加强自身建设的重要工作。2007年11月1日颁布的《中华人民共和国突发事件应对法》是应急法制建设取得的重大成果，标志着我国灾害应急工作逐步走向法制化轨道。

1. 灾害应急指挥系统的建立

政府肩负的公共服务职能和自然灾害的大规模危害性，共同决定了政府必须将灾害应急管理纳入到日常的管理和工作之中，而不能仅仅是临时性的应急任务，其中最为关键的就是建立一个专门的自然灾害应急机构。虽然，自然灾害的发生具有间断性、周期性等特点，但应急机制的实施和组织机构的建立应该是机制化和制度化的。

灾害应急指挥体系的建立，应遵循统一领导、综合协调、分类管理、分级负责、属地管理等原则。政府灾害应急指挥系统是一个危机处理、集中指挥调度的体系，该系统的建设主要包括：

（1）领导机构：国务院是灾害事件应急工作的最高行政领导机构。在国务院总理领导下，由国务院常务会议和国家相关灾害事件应急指挥机构（以下简称"相关应急指挥机构"）负责灾害事件的应急工作；必要时，派出国务院工作组指导有关工作。

（2）办事机构：国务院办公厅设国务院应急办公室，履行值守应急、信息汇总和综合协调职责，发挥运转枢纽作用。

（3）工作机构：国务院有关部门依据有关法律、行政法规和各自的职责，负责相关类别灾害事件的应急工作。具体负责相关类别的灾害事件专项和部门应急预案的起草与实施，贯彻落实国务院有关决定事项。

（4）地方机构：地方各级人民政府是本行政区域灾害事件应急工作的行政领导机构，负责本行政区域各类灾害事件的应对工作。

（5）专家组：国务院和各应急机构建立各类专业人才库，可以根据实际需要聘请有关专家组成专家组，为应急提供决策建议，必要时参加灾害事件的应急处置工作。[①]

由于我国是一个单一制国家，在灾害应急机制的运行上，既要注重分级管理，又要注重横向平级单位的协调行动，纵向和横向相关部门要做到密切配合、协调一致。

目前，世界上政府应急体系建设方面取得突出成就的典型是日本、美国等国家。日本建立了以内阁首相为危机管理最高指挥官的危机管理体系，负责全国的危机管理。日本政府在首相官邸地下一层建立全国"危机管理中心"，指挥应对所有危机。再如，美国应急体系于20世纪70年代开始形成，其主要标志是"总统灾难宣布机制"的确立和联邦紧急事务署的成立。该机构集成了原先分散于各部门的灾难和紧急事件应对功

---

① 《国家突发公共事件总体应急预案》，中国政府网，http：//www.gov.cn/yjgl/2006 - 01/08/content_ 21048. htm。

能，可直接向总统报告，大大强化了美国政府机构间的应急协调能力。

2. 灾害应急物质储备系统的完善

我国政府已经建立了应急物资监测网络、预警体系和应急物资生产、储备、调拨及紧急配送体系，完善了应急工作程序，确保应急所需物资和生活用品的及时供应，并加强对物资储备的监督管理，及时予以补充和更新。

近几年来，我国相继建立了 10 个中央级救灾物资储备仓库。31 个省（区、市和新疆生产建设兵团）建立了省级救灾物资储备库，251 个地市建立了地级储备库（占地市的 75.3%），1079 个县建立了县级储备库（占县市的 37.7%）。[①] 全国救灾物资储备网络初步形成，主要涉及的部门有：发展改革部门、经贸部门、公安部门、民政部门、国土资源部门、建设部门、交通部门、水利部门、农业部门、卫生部门、环保部门、林业部门、海洋渔业部门、安全监管部门、通信管理局、地震局、气象局、海事局等，其他有关单位根据各自职能和需要储备相关应急物资。提倡全国各基层单位和居民家庭，根据当地实际和自身应对突发事件的需要，储备基本的应急救援物资和生活必需品。[②] 但是，我国幅员辽阔、人口众多，目前应急储备体系还有待进一步完善。

首先，要加强统筹领导，畅通协调渠道。国务院各部委应建立灾害应急物资储备工作联席会议制度。联席会议主要负责，审核全国应急物资储备规划及各有关单位应急物资储备方案，确定国家、省级应急物资储备资金总量及各有关单位应急物资储备的目录、数量、金额，并监督检查落实情况；统筹全国应急物资的使用调配；统筹规划全国应急物资仓储场地布局；指导各地方政府的应急物资储备工作。联席会议不设办公室，日常工作由部、省级经贸委专人负责，各地级以上市、各有关单位要参照国家、省的做法，建立健全相关机制。

其次，要高度重视救灾应急物资储备工作。灾害应急物资储备工作事关受灾群众基本生活保障，是灾害应急救助体系建设的重要组成部分，也是各级民政部门发挥其最大职能、履行救灾职责的重要任务。2008 年汶

---

① 史培军、李长安、邹民生、乐嘉春：《构建预防救助综合体系应对巨灾风险》，《财会研究》2008 年第 10 期，第 23 页。

② 《广东省人民政府办公厅关于进一步加强应急物资储备工作的意见》，广东省政府网，粤府办〔2008〕49 号，http：//www.gd.gov.cn/govpub/zfwj/zfxxgk/gfxwj/yfb/200809/t20080910_63803.htm。

川大地震帐篷严重短缺的事实证明，只有不断增强风险防范意识，大力加强救灾应急物资储备工作，才能有效应对各种突发灾害，保障受灾群众基本生活，维护经济社会的稳定和发展，最大限度减少灾害损失。各级政府部门要充分认识救灾应急物资储备工作的重要意义，切实抓紧抓好。

最后，要落实灾害应急体系的资金保障。灾害应急体系物质储备的资金保障，事关该体系的运行和职能的发挥。各级财政要按照现行事权、财权划分原则，分级负担应急物资储备资金，并纳入本级财政年度预算。应急物资储备资金主要用于应急物资的购买、储备管理、调配补贴等，对企业承储的应急物资要实行合理的动态补贴、税收减免等制度。当承储物资价格调整、贷款利率变动时，要适当调整补贴额度，切实保障承储企业的利益和积极性、主动性。要充分发挥社会力量，开展志愿服务，为应急救援捐款、捐物。

3. 应急信息系统的建立

灾害应急信息系统是指在出现自然突发性紧急情况时，为应对紧急情况而综合利用各种通信资源实现通信的机制。[①] 灾害信息系统建设的情况，直接影响着灾害信息的发布和救灾工作的顺利实施。建立完善的信息体系是灾害应急机制的重要构成。

我国现有的紧急救助服务系统大致分为三类：第一类是紧急救助电话（包括110、119、122、120等），其功能主要以紧急救助为主；第二类是以"长电话"为龙头，由政府有关部门和单位的值班电话或服务电话组成，其主要功能是接受群众的汇报等；第三类是互联网信息救助平台，如QQ、微信和微博等平台，在灾害发生后成为灾情信息产地的重要渠道。

政府灾害应急必须依托统一的信息系统，在获得对灾害总体认识的基础上，制定应急的对策。从美国的"9·11"事件，到我国汶川的特大震灾，政府通信、公众通信乃至部队通信网络都受到极大的挑战，灾害发生之后信息中断、信息不统一，成为救灾的最大瓶颈。信息通信网络决定了应急指挥、救灾、广播等重要部门的通信。在这方面国外的做法值得借鉴，日本已基本建立起防灾通信网络体系，如中央防灾无线网、防灾互联通信网等；德国紧急预防信息系统提供了一个开放的互联网平台，提供各种危急情况下的防护措施。

---

① 万晓榆、孙三山、卢安文：《我国特大自然灾害下的应急通信管理探讨》，《重庆邮电大学学报》（社会科学版）2009年第1期，第29页。

　　完善灾害应急通信网络的建设，在灾害应急体系中显得尤为重要，为提高信息应急系统的安全应该做到：

　　（1）建设防灾通信网络。可以借鉴日本的公众通信网络和应急防灾网络。由于自然地理的原因，加上无线通信技术的广泛普及，日本的防灾通信网络基本依托无线通信技术，还专门建成了"防灾互联通信网"，可以在现场迅速让警察署、海上保安厅、国土交通厅、消防厅等各防灾相关机关彼此交换各种现场救灾信息，以便更有效地进行灾害的救援和指挥。

　　（2）主动宣传引导公众合理使用公众通信网络。首先，信息的获取以广播、政府的通告为主；其次，在突发灾难发生后，用户可以优先使用短信进行沟通和联系；再次，打通电话后尽量长话短说，以留出更多的通信资源；最后，通信的方式上，可以借助互联网等新型通信手段，如通过QQ、MSN、Email 等方式传递信息。

　　（3）多路接入系统，跨越不同运营商的通信网络。日本信息通信研究院设计开发出了一种多路接入系统，使因基站中断所影响的通话通过使用其他运营商的基站进行传输，保障应急通信，使人命关天的重要通信能够畅通，从而减轻自然灾害的损失。

　　（4）充分发挥广播网络的作用。信息技术实现了更高效、更方便的基于手机为综合媒介的灾害信息传播。例如，让移动通信的协议支持广播功能，当灾害发生后，移动通信网可以广播及时、准确的灾害短信，且几乎不占用无线资源。再如，通过制定标准，让所有的手机均支持收音机功能，当灾害发生后，手机中的收音机模块自动打开，接收最新的灾害信息。另外可以借鉴世界上关于灾害信息网络建设的经验和方法。①

----

　　①　20 世纪 80 年代以来全球逐步建立了若干个以灾害信息服务、灾害应急事务处理为目标的灾害信息系统。灾害信息系统主要有：（1）全球危机和应急管理网络，由加拿大应急管理署主持，主要内容包括建立全球应急准备、响应，提供减灾和恢复方面的信息；（2）全球应急管理系统，由美国联邦应急管理署主持，主要业务包括同国际系统连接，进行灾害管理、减灾、风险管理、救助搜索、灾害科研等；（3）国际灾害信息资源网络，由联合国国际减灾十年办公室主持，主要开发了一个国际自然和技术灾害的信息网络原型；（4）拉丁美洲区域灾害准备网络，由泛美洲健康组织管理，主要负责同六个拉丁美洲和加勒比国家的灾害管理机构进行联络；（5）紧急响应联系，由美国联邦应急管理署主持；（6）模块化紧急管理系统，由挪威、法国、芬兰、丹麦四国共同开发，主要开发了一个包括环境信息、公众保护、在线培训和遇灾反应的集成平台；（7）日本灾害应变系统。上述的信息系统大都已开始工作，在灾害信息共享、协助各国政府制定减灾决策、对国民进行防灾教育、处理紧急灾情等方面，发挥了十分重要的作用。

4. 健全应急预案制度

应急预案是指承担突发事件应对职能的国家机关针对灾害事件的预防和准备、监测与预警、处置与救援、恢复与重建，以及应急管理的组织、指挥、保障等内容而制订的工作计划。[①] 应急预案是全国应急预案体系的总纲，明确了各类突发公共事件分级分类和应急预案框架体系，规定了国务院应对特别重大突发公共事件的组织体系、工作机制等内容，是指导预防和处置各类突发公共事件的规范性文件。国务院各涉灾部门的应急预案编制工作已基本完成，全国 31 个省、自治区、直辖市以及灾害多发市县都制定了预案，全国自然灾害应急预案体系已初步建立。2004 年制定、修订了包括自然灾害在内的各类公共突发事件应急预案。2005 年 1 月 26 日通过了《国家灾害事件总体应急预案》。

全国灾害应急预案体系包括：

（1）灾害事件总体应急预案：总体应急预案是全国应急预案体系的总纲，是国务院应对特别重大突发灾害事件的规范性文本。

（2）灾害事件专项应急预案：专项应急预案主要是国务院及其有关部门为应对某一类型或某几种类型灾害事件而制定的应急预案。

（3）灾害事件部门应急预案：部门应急预案是国务院有关部门根据总体应急预案、专项应急预案和部门职责为应对灾害事件制定的预案。

（4）灾害事件地方应急预案：省级人民政府的灾害事件总体应急预案、专项应急预案和部门应急预案；各市（地）、县（市）人民政府及其基层政权组织的灾害事件应急预案。上述预案在省级人民政府的领导下，按照分类管理、分级负责的原则，由地方人民政府及其有关部门分别制定。

（5）企事业单位根据有关法律法规制定的符合本单位实际情况的灾害应急预案。

5. 健全应急响应制度

灾害应急响应是一种准军事化的体制，一旦遇到灾害，及时启动灾害应急响应制度，将有助于井然有序的防灾减灾。

---

① 莫于川：《中华人民共和国突发事件应对法释义》，中国法制出版社 2007 年版，第 156 页。

2004 年，我国开始在卫生、公安及公用社会管理部门之间，建立公共应急反应机制，增强政府对公共事务和全社会抗御各种灾害的能力。然而，我国政府的快速反应机制，还远远不能适应自然灾害救治的要求，主要表现为各自然灾害管理部门相互独立、各自为政、相互间协调能力差，影响了效率。因此，加强各部门之间的协调配合是目前灾害应急响应制度的关键。

6. 明细应急财政体系

灾害是社会的非常态事件，政府应该尽力防范和化解公共风险，使其最小化。公共财政是防范和应对灾害的一个必不可少的手段。构建公共财政的应急反应机制是一个复杂的系统工程，应该列入灾害应急体系之中。

灾害应急财务制度应该具有：

（1）增强预备经费的稳定功能，预备费基金属于风险准备金，与银行的准备金功能类似。扩大预备费基金的来源，如预算盈余、预算超收收入，原则上应进入预备费基金，不应用于追加其他的预算支出。

（2）建立应急预算，其内容是应对灾害时公共收支安排，包括可能的灾害性支出和应急的收入来源。应急预算在性质上属于预案，不是在灾害危机到来的时候才编制，在形式上也属于滚动预算，每年编制，滚动修改。

（3）实施程序化管理。这分为两个层次：一是指目标—决策—执行（动员）—反馈—修正目标；二是指预备（平常）—危机—结束（平常）。在任何一个空间范围内，财政运行都是处于这样一个不断循环的程序化状态。该层次的程序化管理，意味着财政观念的转变，也是财政运作方式的一种变化。

7. 应急队伍建设

应急队伍是减灾、降低灾害影响的重要保障，灾前应急队伍的专业化建设将有利于应对突发性的灾害。自 2004 年 1 月起，卫生部和部分省、自治区、直辖市，开始实行公开透明的定期疫情信息发布制度。在各地组建卫生应急队伍的基础上，卫生部组建 10 支国家级救灾防病医疗救治队伍，及时指导支持地方处置突发事件。我国国务院办公厅于 2009 年出台了关于加强基层应急队伍建设的意见（国办发〔2009〕59 号），提出通过三年左右的努力，县级综合性应急救援队伍基本建成，重点领域专业应急救援队伍得到全面加强；乡镇、街道、企业等基层组织和单位应急救援队伍普遍建立，应急志愿服务进一步规范，基本形成统一领导、协调有序、专兼并存、优势互补、保障有力的基层应急队伍体系，应急救援能力基本满足本区域和重点领域突发事件应对工作需要，为最大限度地减少突发事件及其造成的人员财产损失、维护国家安全和社会稳定提供有力保障。此后，全国基层行政单位纷纷建立应急队伍，大大推进了我国应急队伍专业化、标准化建设。

8. 灾害应急能力评估

各级政府部门灾害应急能力的测评，也应建立统一的指标体系，通过科学评估使应急预案真正具有较强的针对性、操作性、科学性、实效性、完整性和经济性，使各级指挥员、广大群众的应急能力不断提高，使人力、财力、物资、基本生活、医疗卫生、交通运输、治安维护、人员防护、通信、公共设施等各种资源物尽其用。把对政府应急能力的评价列为各级政府绩效考核的重要内容，纳入人大、政协的监督范畴。制定"灾害行为反应状况评价"、"灾害社会控制效能评价"、"灾害紧急救援能力评价"等指标体系，构成科学的评价灾害应急能力的综合指标体系。根据各地实际情况，实施应急能力评价工作，为灾害应急提供科学基础。

附1：我国发布的各类灾害应急预案

国家突发公共事件总体应急预案

国家自然灾害救助应急预案

国家防汛抗旱应急预案

国家地震应急预案

国家突发地质灾害应急预案

国家气象灾害应急预案

国家森林火灾应急预案

风暴潮、海浪、海啸和海冰灾害应急预案

农业部草原畜牧业寒潮冰雪灾害应急预案

全国草原虫灾应急防治预案

全国草原火灾应急预案

附2：日本政府灾害应急体系①

一　政府灾害应急"四级"体系

中央政府灾害应急。日本中央政府在灾害应急工作中主要发挥指导作用，从灾害的预防、应急到灾后重建的各个环节，中央政府都扮演着"一家之长"的角色。中央防灾会议是日本政府灾害应急最高机构，由内阁总理大臣任会长，包括防灾担当大臣和所有其他内阁成员（17名以内）、4名指定公共单位负责人以及4名专家，主要负责制定《基本灾害管理规划》，并对《灾害管理运行规划》和《地方灾害管理规划》做出指导。灾害发生后的应急工作中，根据相关法律法规，日本中央政府中内阁信息采集中心负责灾害破坏信息采集与集中，并做出破坏规模的确定，内阁总理大臣负责召集官房副长官（事务）和各省局长召开紧急集合队伍会议，并设立灾害对策总部，决策确定今后方针，对地方政府的应急给予总体帮助。灾后重建工作主要由基层部门负责，中央政府只进行指导和资金的划拨。

地方政府灾害应急。地方的都道府县各级政府是连接决策中枢与基层执行机构的关键，在灾害应急工作中主要体现上令下行的特点，但拥有相当的灵活度，日本国灾害应急处置权力整体向地方倾斜。依据《地方防灾会议条例》成立地方防灾会议，为地方政府应急的最高权力机构，但需严格遵守中央防灾会议的决议与劝导。地方综合防灾部是常设的地方应急管理的综合协调机构，由危机管理总监领导，平日并不撤销，遇灾应急时负责对上令与下行进行协调，向上第一时间传递灾害情况，向下传达中央政府应急决策并组织具体拨付中央应急款，并且自主进行具体的灾害应急，完全享有应急处置权力。

社区灾害反应能力。市町村等社区各组织是距离民众最近的政府组织，是防灾救灾最为直接的执行者，它的灾害反应能力直接决定了防灾救灾的最终效果。有资料显示，1995年1月17日的日本阪神淡路地震救出人员77%为近邻救出，约为2.7万人，而只有约为8000人是被警察、消

① 潘墨涛：《日本政府灾害应急体系的借鉴意义》，《中国社会科学报》2011年6月23日第11版。

防员、自卫队等后续救援人员所救出。可见，即使被公认为世界灾害应急最及时有效的国家，社区邻里的互救自救仍然是救灾中最可信赖的。社区邻里的互救自救不仅挽救了绝大部分生命财产损失，也为上级政府的救援赢得了时间。

居民组织灾害教育与自救。日本政府教育机构始终把灾害忧患教育视为重点，并且从小做起。在日本经常会有政府组织的有规模有秩序的防灾救灾演习，无论男女老幼均投入其中，以普及灾害应急自救知识与技能。

二　政府灾害应急辅助系统

政府灾害应急辅助系统包括政府灾害应急防备体系、政府灾害应急信息系统、灾害应急政府与社会力量联盟体系。

日本政府根据《灾害对策基本法》以及灾害种类，对不同灾害都设定了不同的防备计划。如2001年依据"地方灾害预防基本操作计划"、"环境基本计划"、"溢油清除计划"、"石油工业灾害事故预防计划"等已订立计划，修正的《日本国家油污防备与反应应急计划》，对油污灾害防备应急有着相当细致的规划，确保对油污事故作出单独和足够的应急反应。

日本灾害应急信息系统目前包括早期评价系统和应急措施支持系统，分别对灾害的初期评估与应急机构信息进行分析，得出灾害与应急机构措施状况的初步判断。同时，内阁府灾害管理局正在开发"灾害信息系统"，该系统可快速确定破坏程度和范围，能使相关机构共享信息，能在实施应急对策时对快速、正确决策提供支持。另外更重要的是关键科技在政府灾害应急中的应用，最为典型的便是地理信息系统。GIS作为一种通用工具，能够有效整合各领域的知识和数据，快速提供综合防减灾应急方案，为日本政府的快速高效应急给予信息支持。

非政府组织在日本的灾害应急中扮演着极其关键的作用，已经成为日本政府灾害应急工作不可或缺的一部分。日本政府通过与非政府组织签订灾前合同、协议或共同制订应急计划，明确各自的责任义务、职责分工和工作程序，建立制度化的合作互助关系，同时为其参与应急提供必要的财政资助和安全装备、专业培训等。在灾害来临时，第一时间进入应急救灾状态的一定是受灾地的非政府组织、社区组织及其他个人，日本政府的救助往往略显迟缓，在这种状态下，非政府组织社会力量就成了日本政府危机管理中有力的支持者，为政府大规模援救争取了时间和经验。

四　国家灾害救助体系

（一）国家灾害救助的含义与特征

国家灾害救助是指为了让灾民摆脱生存危机，国家对灾民进行抢救和援助，在基本生活资料方面给予其最低生活水平的保障，同时使灾区的生产、生活各个方面尽快恢复正常秩序的一项国家救助制度。

国家灾害救助有利于降低灾害造成的损失。灾害救助是在灾害发生后，对受灾地区的群众进行生活必需品、心理治疗、房屋建设等方面的救助。由于灾害巨大的破坏性，使得单个行为体在灾害面前难以凭借自己的力量应对灾害。多数情况下，受灾群众处于一无所有的状态，而这个时候，可能还会有次生灾害和意想不到的灾害发生，如果没有政府的帮助，受灾群众的生活将面临严重的困难。因此，政府在灾害发生后及时的救助，将极大地减缓灾害造成的破坏程度，降低群众的财产损失，使受灾群众的基本生活有所保障，生命得到及时的救助。

国家灾害救助有利于社会的稳定。自然灾害救助是社会保障体制的重要组成部分，它关系到国家的安定和团结，是我国现阶段建设社会和谐社会的主要内容之一。灾害救助能够使受灾群众的生命、财产和基本生活得到保障，使灾民的心理得以稳定，生活基本安定，避免大量的灾民跨地区流动，减少给社会治安和稳定带来的负面影响，从而有利于社会的稳定与和谐。因此，政府加快完善社会保障体系、提高保障标准、扩大覆盖范围、做好灾后救助工作对维护社会和谐与稳定有重大的意义。

从灾害救助界定来看，灾害救助的内涵主要倾向于"救援"、"帮助"之意，但灾害救助并不是简单的体现在人员的救助和物品的分发层面上。相对来说，历史上灾害救助并不被统治者所重视，而灾害多发与救助不力的耦合，往往导致政权的合法性低落。现代国家灾害救助不但是人道主义的体现，更是以人为本的科学发展精神的表征。所以，随着人类社会的进步、科技的发展与文明的演进，现代国家灾害救助不但具有新的历史内涵，也有着不同以往的特征表现。

第一，救助对象的广泛性。现代社会人口的激增与分布密度的增加，只是自然灾害殃及的群体规模更大，即：每当自然灾害发生时，特别是在人口密度较大的地区，灾害所导致的受灾人数会大为增加，致使所需救援的对象也是成倍剧增。现代科学技术的发展使人类改造自然的能力有所提高，高楼叠起、拦河发电和填海造田等，便是例证。然而，一旦灾害来临，这些人类改造自然的成果，就可能造成巨大的破坏力，危害范围更加广阔，如 2011 年 3 月日本地震引发的福岛核电站泄漏事故，造成超过地震本身的巨大损失。

第二，政府角色的确定化。灾害发生后，政府必须作为责任的承担者行动，并最大效率地组织救助行动。当然，现代社会灾害救助主体的多元化是一个重要的特征，也是政府现代管理的重要方向。但政府在救助行动中的主体地位是绝对不能动摇的，也是不可取代的。政府必须是救助立法、政策制定和灾害应对的主要承担者，必须是救助体系、机制的设计规划者，必然是灾害救助行为体行动的协调者和监管者。现代社会，不应忽视政府承担的灾害管理职能，政府更不能将此责任转嫁给社会公益组织。

第三，灾害救助中的平等性。灾害救助是政府主导下进行的社会管理的"一角"，在整个行动中必然以个体的平等性为本，不应对受灾地区、民族与发展状况进行差别化对待。灾区均有享受国家救助的权利，任何人不能有丝毫的特权。

现代社会，享受灾害救助成为社会成员的一项基本权利，而提供灾害救助则是国家和社会应尽的责任和义务。因此，在灾害多发的我国，建立完善的救助体系十分必要。

（二）构建科学合理的灾害救助体系

目前，我国的灾害救助主要有两个方面：一是政府救助；二是慈善机构、社会救助团体等非政府组织和社会成员之间开展的社会互助。政府灾害救助主要由国务院和各级人民政府部门来承担，政府固然是第一责任主体，但非政府组织也是自然灾害救助的必要补充，随着社会的发展，非政府组织将扮演越来越重要的角色。

我国自然灾害救助应急体系逐渐形成，但也存在一些问题，主要表现在：应急指挥和协调机制还不尽完善和规范，许多工作程序还不够细密、不够具体而且操作性不够强；应急物资储备还只是初具规模，先进的装备在救灾中还没有被普遍应用；职能单一的应急救援力量并存且相互之间协调性差；救助资金紧张，救助工作中存在着重复救助、救助缺位等问题。

2006 年 1 月 10 日，《国家自然灾害救助应急预案》的颁布及各级地方政府应急预案的出台，使我国的自然灾害救助应急制度开始逐步健全，具有中国特色的自然灾害救助体系也初步确立，2010 年 9 月 1 日起施行的《自然灾害救助条例》，进一步明确和规范了我国自然灾害救助体系。主要体现在以下几个方面：

1. 明确灾害救助的目标

灾害救助的目标，从计划经济体制下强调减少经济损失，转向现代社会的"以人为本"。在相当长的时期内，面对自然灾害，社会的习惯就是强调尽量减少国家财产的损失，甚至出现牺牲个人生命来保护国家财产的现象。随着国家进入常态化时期，政府执政理念开始由"建设"转向"服务"，首先强调努力确保人的生命安全，致使应急救助的着眼点和落脚点都发生了彻底改变。救助的扎根点是要解决好灾民的基本生活所需，要从制度上能够保证"不救不活"人口的基本生活，尤其是对于灾后形成的孤儿，要给予特别的救助，使其真正能够维持基本生活。

2. 确定灾害救助的内容

救济工作在时间上由灾害后救济转向全方位救助，特别是应急救助和灾后持续的心理救助被列为重点。在相当长的历史时期内，救灾工作主要是进行事后的救济，通过一定时间的查灾、核灾，然后再确定政府的救济数量并进行恢复重建。而建立应急救助体系，首要的就是要在第一时间内对于受灾影响而产生的困难人口进行及时的救助。《灾害应急救助工作规程》指出确保 24 小时之内将各项救灾措施落实到位，确保灾民的基本生活条件得到满足。灾害救助是一个系统的过程，从紧急转移开始一直到完成恢复重建，灾害救助应当具有全程立体救助的性质，政府的行政能力亟待大幅度提升。

3. 完善灾害救助的指挥系统

在国家层面上，应急救助的领导系统主要是由国务院统一领导下的国家减灾委员会承担。国家减灾委员会为国家自然灾害救助应急协调机构，负责研究制定国家减灾工作的方针、政策和规划，协调开展重大减灾活动，指导地方开展减灾工作，推进减灾交流与合作，组织、协调全国抗灾救灾工作。该委员会的办公室设在民政部，所以，在各级政府系统中，管理自然灾害应急救助的行政部门主要是民政部、省级的民政厅、地区和县级的民政局。另外，灾害救助正从过去依靠行政人员的个体经验，转向系统的预案与应急行动。组织机构的建设尽管很重要，没有制度就不可能产生规范的组织，但仅仅有了制度还往往不够，主要是缺乏更为细致的程序，来进行具体的行为规范。而建立灾害救助体系，就须对细小的工作程序进行十分详尽的规范。

4. 增强灾害救助的组织过程

灾害救助的组织过程，开始从封闭转向全方位透明。工作要透明，灾情的数据也要透明，特别是死亡人口的统计更要透明。在相当长的时期中，因灾死亡人口不是立即公开，往往带有神秘色彩。为了强调公开性，2005 年，国家保密局和民政部专门就因灾死亡人口的解密问题发出通知，要求及时向社会公开。这样，因灾死亡人口的报道也就日益规范和透明起来，政府部门如果不及时报道，还会产生较大的负面影响。

5. 细化灾害救助的标准

灾害救助的标准，开始从传统的低标准转向保证基本生活并与国际接轨。救灾的标准在较长的时期内一直偏低，政府努力的目标是不饿死人、不冻死人等。而随着经济的发展，现在的标准已经转变为保证灾民有饭吃、有水喝、有衣穿、有住处、有病能医、有学能上等。这样的救助标准，已经远远高于传统的救助要求。例如，1998 年以前，救灾过程中一直没有大量地使用帐篷，救灾部门也没有生产救灾帐篷的系统。而在1998 年以后，政府部门已经开始系统地储备救灾帐篷，同时在救灾过程中也大量地使用帐篷保证灾民的居住。

6. 转变传统的灾害救助方针政策

根据我国的实际，中央政府于 1950 年就制定了"生产自救、节约度荒、群众互助，辅之以政府必要的救济"的救灾工作方针，后来修订为"依靠群众，依靠集体，生产自救，互助互济，辅之以国家必要的救济和扶持"。但就特大灾害的破坏程度而言，社会成员的力量显得尤其微不足道，政府的职能与作用，在灾害救助中的作用正成为主要力量。因此灾害救助的政策是"以人为本、政府主导、分级管理、社会互助、灾民自救"的原则。在政府发挥最大作用的同时，积极鼓励灾区的自救。

7. 国家自然灾害救助应急预案系统

国务院于 2006 年颁布了《国家自然灾害救助应急预案》，民政部印发了《灾害应急救助工作规程》。全国县以上各级政府均制定了相应的救灾预案，并确定了不同的灾害救援响应等级，建立了灾害的应急机制。每当灾害发生以后，有关的政府首长都能够比较及时地启动灾害应急机制，调度有关方面的力量，协调各种资源，投入救灾行动。根据国务院颁发的

《国家自然灾害救助应急预案》，按照灾害损失情境，将应对突发性自然灾害的工作设定为四个响应等级，其中一级响应为最高响应。

8. 国家自然灾害救助应急响应系统

根据国家的响应等级，各级政府也都制定了相应的响应等级和预案，从而形成了我国的灾害应急响应等级体系。以国家的应急响应为例，针对各类灾害的应急救助，国家的应急响应主要包括：

24 小时内中央救灾工作组到达灾区。这是一条极为特殊的规则，即在启动应急响应以后，国家必须派出相应的工作组在第一时间到达灾区。四级响应是国家减灾办派出工作组，而到了三级响应就由国务院派出联合工作组并且 24 小时内救灾物资到位。需要中央支持的救灾物资要开始调度，地方的救灾物资要立即到达灾区；24 小时内要对灾民的救助到位，以使灾民及时得到政府的救助信息。在国家的层面上，还设立有全国灾害应急联络系统，建立有统一的电话及电子联络系统，可以与县级民政局长、主管救灾的副局长以及救灾股长进行及时的联络。①

9. 健全和完善灾害救助的法律

政府应该是自然灾害救助立法的推动者和参与者、自然灾害救助政策的制定者和实施者。政府要制定《救灾法》，使国家的救灾行为规范化、法治化。灾害应急救助是国家行政管理能力的一个重要体现。建立健全发达的灾害应急救助体系，具有十分重要的政治和社会意义。应该看到，我国社会对这项工作还比较陌生，因而不可避免地还需要一个过程，还需要许多大量细致而艰苦的工作完善自然灾害应急救助体系，实际上是政府行政管理适应市场经济和社会公众需求而进行的重要改革。这样的改革，不仅直接面对最为急需救助的困难群体，而且还直接面对十分透明的公众舆论，客观上促进了政府行政工作质量的提高。

附：国家自然灾害救助应急预案（2011 年 10 月 16 日修订）

一　总则

（一）　编制目的

建立健全应对突发重大自然灾害救助体系和运行机制，规范应急救助

---

① 王振耀、田小红：《中国自然灾害应急救助管理的基本体系》，《经济社会体制比较》2005 年第 6 期，第 30 页。

行为，提高应急救助能力，最大限度地减少人民群众生命和财产损失，维护灾区社会稳定。

（二）编制依据

《中华人民共和国突发事件应对法》、《中华人民共和国防洪法》、《中华人民共和国防震减灾法》、《中华人民共和国气象法》、《自然灾害救助条例》、《国家突发公共事件总体应急预案》等。

（三）适用范围

本预案所称自然灾害，主要包括干旱、洪涝灾害，台风、冰雹、雪、沙尘暴等气象灾害，火山、地震灾害，山体崩塌、滑坡、泥石流等地质灾害，风暴潮、海啸等海洋灾害，森林草原火灾和重大生物灾害等。

发生自然灾害后，地方各级人民政府视情启动本级自然灾害救助应急预案。达到本预案响应启动条件的，启动本预案。

发生其他类型突发事件，根据需要可参照本预案开展应急救助工作。

（四）工作原则

（1）坚持以人为本，确保受灾人员基本生活。

（2）坚持统一领导、综合协调、分级负责、属地管理为主。

（3）坚持政府主导、社会互助、灾民自救，充分发挥基层群众自治组织和公益性社会组织的作用。

二　组织指挥体系

（一）国家减灾委员会

国家减灾委员会（以下简称国家减灾委）为国家自然灾害救助应急综合协调机构，负责组织、领导全国的自然灾害救助工作，协调开展特别重大和重大自然灾害救助活动。国家减灾委成员单位按照各自职责做好全国的自然灾害救助相关工作。国家减灾委办公室负责与相关部门、地方的沟通联络，组织开展灾情会商评估、灾害救助等工作，协调落实相关支持措施。

（二）专家委员会

国家减灾委设立专家委员会，对国家减灾救灾工作重大决策和重要规划提供政策咨询和建议，为国家重大自然灾害的灾情评估、应急救助和灾后救助提出咨询意见。

三　应急准备

（一）资金准备

民政部、财政部、发展改革委等部门，根据《中华人民共和国预算法》、《自然灾害救助条例》等规定，安排中央救灾资金预算，并按照救灾工作分级负责、救灾资金分级负担、以地方为主的原则，建立和完善中央和地方救灾资金分担机制，督促地方政府加大救灾资金投入力度。

1. 县级以上人民政府应当将自然灾害救助工作纳入国民经济和社会发展规划，建立健全与自然灾害救助需求相适应的资金、物资保障机制，将自然灾害救助资金和自然灾害救助工作经费纳入财政预算。

2. 中央财政每年综合考虑有关部门灾情预测和上年度实际支出等因素，合理安排中央自然灾害生活补助资金，专项用于帮助解决遭受特别重大、重大自然灾害地区受灾群众的基本生活困难。

3. 中央和地方政府应根据经济社会发展水平、自然灾害生活救助成本及地方救灾资金安排等因素适时调整自然灾害救助政策和相关补助标准。

4. 救灾预算资金不足时，中央和地方各级财政通过预备费保障受灾群众生活救助需要。

（二）物资准备

1. 合理规划、建设中央和地方救灾物资储备库，完善救灾物资储备库的仓储条件、设施和功能，形成救灾物资储备网络。设区的市级以上人民政府和自然灾害多发、易发地区的县级人民政府应当根据自然灾害特点、居民人口数量和分布等情况，按照合理布局、规模适度的原则，设立救灾物资储备库。

2. 制定救灾物资储备规划，合理确定储备品种和规模；建立健全救灾物资采购和储备制度，每年根据应对重大自然灾害的要求储备必要物资。按照实物储备和能力储备相结合的原则，建立救灾物资生产厂家名录，健全应急采购和供货机制。

4. 制定完善救灾物资质量技术标准、储备库建设和管理标准，完善全国救灾物资储备管理信息系统。建立健全救灾物资应急保障和补偿机制。建立健全救灾物资紧急调拨和运输制度。

（三）通信和信息准备

1. 通信运营部门应依法保障灾情传送的畅通。自然灾害救助信息网络应以公用通信网为基础，合理组建灾情专用通信网络，确保信息畅通。

2. 加强中央级灾情管理系统建设，指导地方建设、管理救灾通信网络，确保中央和地方各级人民政府及时准确掌握重大灾情。

3. 充分利用现有资源、设备，完善灾情和数据产品共享平台，完善部门间灾情共享机制。

（四）装备和设施准备

中央各有关部门应配备救灾管理工作必需的设备和装备。县级以上人民政府应当建立健全自然灾害救助应急指挥技术支撑系统，并为自然灾害救助工作提供必要的交通、通信等设备。

县级以上地方人民政府的应当根据当地居民人口数量和分布等情况，利用公园、广场、体育场馆等公共设施，统筹规划设立应急避难场所，并设置明显标志。

（五）人力资源准备

1. 加强自然灾害各类专业救援队伍建设、民政灾害管理人员队伍建设，提高自然灾害救助能力。培育、发展和引导相关社会组织和志愿者队伍，鼓励其在救灾工作中发挥积极作用。

2. 组织民政、国土资源、水利、农业、商务、卫生、安全监管、林业、地震、气象、海洋、测绘地信等方面专家，重点开展灾情会商、赴灾区的现场评估及灾害管理的业务咨询工作。

3. 推行灾害信息员培训和职业资格证书制度，建立健全覆盖中央、省、市、县、乡镇（街道）、村（社区、居委会）的灾害信息员队伍。村民委员会、居民委员会和企业事业单位应当设立专职或者兼职的灾害信息员。

（六）社会动员

准备完善救灾捐赠管理相关政策，建立健全救灾捐赠动员、运行和监督管理机制，规范救灾捐赠的组织发动、款物接收、统计、分配、使用、公示反馈等各个环节的工作。

完善非灾区支援灾区、轻灾区支援重灾区的救助对口支援机制。

（七）科技准备

1. 建立健全环境与灾害监测预报卫星星座、环境卫星、气象卫星、海洋卫星、资源卫星、航空遥感等对地监测系统，发展地面应用系统和航空平台系统，建立基于遥感、地理信息系统、模拟仿真、计算机网络等技术的"天地空"一体化的灾害监测预警、分析评估和应急决策支持系统。开展地方空间技术减灾应用示范和培训工作。

2. 组织民政、国土资源、水利、农业、卫生、安全监管、林业、地震、气象、海洋、测绘地信、中科院等方面专家开展灾害风险调查，编制全国自然灾害风险区划图，制定相关技术和管理标准。

3. 支持和鼓励高等院校、科研院所、企事业单位和社会组织开展灾害相关领域的科学研究和技术开发，建立合作机制，鼓励减灾救灾政策理论研究。

4. 利用空间与重大灾害国际宪章、联合国灾害管理和天基信息平台等国际合作机制，拓展灾害遥感信息资源渠道，加强国际合作。

5 开展国家应急广播相关技术、标准研究，建立国家应急广播体系，提供灾情预警预报和减灾救灾信息的全面立体覆盖。加快国家突发公共事件预警信息发布系统建设，及时向公众发布自然灾害预警。

（八）宣传和培训组织

开展全国性防灾减灾救灾宣传活动，利用各种媒体宣传灾害知识，宣传灾害应急法律法规和预防、避险、避灾、自救、互救、保险的常识，组织好"防灾减灾日"、"国际减灾日"、"全国科普日"、"全国消防日"和"国际民防日"等活动，增强公民防灾减灾意识。积极推进社区减灾活动，推动减灾示范社区建设。

组织开展地方政府分管领导、灾害管理人员和专业应急救援队伍、非政府组织和志愿者的培训。

四 信息管理

（一）预警信息

气象局的气象灾害预警信息，水利部的汛情、旱情预警信息，地震局的地震趋势预测信息，国土资源部的地质灾害预警信息，海洋局的海洋灾害预警信息，林业局的森林火灾和林业生物灾害信息，农业部的草原火灾和生物灾害预警信息，测绘地信局的地理信息数据及时向国家减灾委办公室通报。

国家减灾委办公室根据有关部门提供的灾害预警预报信息，结合预警地区的自然条件、人口和社会经济情况，进行分析评估，及时启动救灾预警响应，向国务院有关部门和相关省（区、市）通报。

（二）灾情管理

县级以上人民政府民政部门按照民政部和国家统计局制定的《自然灾害情况统计制度》，做好灾情信息收集、汇总、分析、上报工作。

1. 对于突发性自然灾害，县级人民政府民政部门应在灾害发生后 2 小时内将本行政区域的灾情和救灾工作情况向地市级人民政府民政部门报告；地市级和省级人民政府民政部门在接报灾情信息 2 小时内审核、汇总，并向上一级人民政府民政部门报告。

县级人民政府民政部门对于本行政区域内造成死亡人口（含失踪人口）10 人以上或房屋大量倒塌、农田大面积受灾等严重损失的自然灾害，应在灾害发生后 2 小时内同时上报省级人民政府民政部门和民政部。民政部接到灾情报告后，在 2 小时内向国务院报告。

2. 特别重大、重大自然灾害灾情稳定前，地方各级人民政府民政部门执行灾情 24 小时零报告制度；省级人民政府民政部门每天 12 时之前向民政部报告灾情。灾情稳定后，省级人民政府民政部门应在 10 日内审核、汇总灾情数据并向民政部报告。

3. 对于干旱灾害，地方各级人民政府民政部门应在旱情初露、群众生产和生活受到一定影响时，进行初报；在旱情发展过程中，每 10 日续报一次，直至灾情解除后上报核报。

4. 县级以上人民政府要建立健全灾情会商制度，减灾委或者民政部门要定期或不定期组织相关涉灾部门召开灾情会商会，全面客观评估、核定灾情数据。

五　预警响应

（一）启动条件

相关部门发布自然灾害预警预报信息，出现可能威胁人民生命财产安全、影响基本生活，需要提前采取应对措施的情况。

（二）启动程序

国家减灾委办公室根据有关部门发布的灾害预警信息，决定启动救灾预警响应。

（三）预警响应措施

预警响应启动后，国家减灾委办公室立即启动工作机制，组织协调预警响应工作。视情采取以下一项或多项措施：

（1）及时向国家减灾委领导、国家减灾委成员单位报告并向社会发布预警响应启动情况；向相关省份发出灾害预警响应信息，提出灾害救助工作要求。

（2）加强值班，根据有关部门发布的灾害监测预警信息分析评估灾害可能造成的损失。

（3）通知有关中央救灾物资储备库做好救灾物资准备工作，启动与交通运输、铁路、民航等部门应急联动机制，做好救灾物资调运准备，紧急情况下提前调拨。

（4）派出预警响应工作组，实地了解灾害风险情况，检查各项救灾准备及应对工作情况。

（5）及时向国务院报告预警响应工作情况。

（6）做好启动救灾应急响应的各项准备工作。

（四）预警响应终止

灾害风险解除或演变为灾害后，国家减灾委办公室决定预警响应终止。

六　应急响应

根据自然灾害的危害程度等因素，国家减灾委设定四个国家自然灾害救助应急响应等级。Ⅰ级响应由国家减灾委主任统一组织、领导；Ⅱ级响应由国家减灾委副主任（民政部部长）组织协调；Ⅲ级响应由国家减灾委秘书长组织协调；Ⅳ级响应由国家减灾委办公室组织协调。国家减灾委各成员单位根据各响应等级的需要，切实履行好本部门的职责。

（一）Ⅰ级响应

1. 启动条件

（1）某一省（区、市）行政区域内，发生特别重大自然灾害，一次灾害过程出现下列情况之一的：

a. 死亡 200 人以上；

b. 紧急转移安置或需紧急生活救助 100 万人以上；

c. 倒塌和严重损坏房屋 20 万间以上；

d. 干旱灾害造成缺粮或缺水等生活困难，需政府救助人数占农牧业人口 30% 以上，或 400 万人以上。

（2）国务院决定的其他事项。

2. 启动程序

灾害发生后，国家减灾委办公室经分析评估，认定灾情达到启动标准，向国家减灾委提出进入Ⅰ级响应的建议；国家减灾委决定进入Ⅰ级响应状态。

3. 响应措施

由国家减灾委统一领导、组织自然灾害减灾救灾工作。

（1）国家减灾委主持会商，国家减灾委成员单位、国家减灾委专家委员会及有关受灾省份参加，对灾区抗灾救灾的重大事项作出决定。

（2）国家减灾委领导率有关部门赴灾区指导自然灾害救助工作。

（3）国家减灾委办公室组织灾情会商，按照有关规定统一发布灾情，及时发布灾区需求。有关部门按照职责，切实做好灾害监测、预警、预报工作和新闻宣传工作。必要时，国家减灾委专家委员会组织专家进行实时评估。

（4）根据地方申请和有关部门对灾情的核定情况，财政部、民政部及时下拨中央自然灾害生活补助资金。民政部为灾区紧急调拨生活救助物资，指导、监督基层救灾应急措施的落实和救灾款物的发放；交通运输、铁路、民航等部门加强救灾物资运输组织协调，做好运输保障工作。

（5）公安部负责灾区社会治安工作，协助组织灾区群众紧急转移工作，参与配合有关救灾工作。总参谋部、武警总部根据国家有关部门和地方人民政府的请求，组织协调军队、武警、民兵、预备役部队参加救灾，必要时协助地方人民政府运送、接卸、发放救灾物资。

（6）发展改革委、农业部、商务部、粮食局保障市场供应和价格稳定。工业和信息化部组织基础电信运营企业做好应急通信保障工作，组织协调救援装备、防护和消杀用品、医药等生产供应工作。住房城乡建设部指导灾后房屋和市政公用基础设施的质量安全鉴定等工作。卫生部及时组织医疗卫生队伍赴灾区协助开展医疗救治、卫生防病和心理援助等工作。

（7）民政部视情组织开展跨省（区、市）或者全国性救灾捐赠活动，呼吁国际救灾援助，统一接收、管理、分配国际救灾捐赠款物。外交部协助做好救灾的涉外工作。中国红十字会依法开展救灾募捐活动，参与救灾和伤员救治工作。

（8）灾情稳定后，国家减灾委办公室组织评估、核定并按有关规定统一发布自然灾害损失情况，开展灾害社会心理影响评估，并根据需要组织开展灾后救助和心理援助。

（9）国家减灾委其他成员单位按照职责分工，做好有关工作。

4. 响应终止

救灾应急工作结束后，由国家减灾委办公室提出建议，国家减灾委决定终止Ⅰ级响应。

5. 由国务院统一组织开展的抗灾救灾，按有关规定执行。

（二）Ⅱ级响应

1. 启动条件

（1）某一省（区、市）行政区域内，发生重大自然灾害，一次灾害过程出现下列情况之一的：

a. 死亡100人以上，200人以下；

b. 紧急转移安置或需紧急生活救助80万人以上，100万人以下；

c. 倒塌和严重损坏房屋15万间以上，20万间以下；

d. 干旱灾害造成缺粮或缺水等生活困难，需政府救助人数占农牧业人口25%以上，或300万人以上。

（2）国务院决定的其他事项。

2. 启动程序

灾害发生后，国家减灾委办公室经分析评估，认定灾情达到启动标准，向国家减灾委提出进入Ⅱ级响应的建议；国家减灾委副主任（民政部部长）决定进入Ⅱ级响应状态。

3. 响应措施

由国家减灾委副主任（民政部部长）组织协调自然灾害救助工作。

（1）国家减灾委副主任主持会商，国家减灾委成员单位、国家减灾委专家委员及有关受灾省份参加，分析灾区形势，研究落实对灾区的救灾支持措施。

（2）派出由国家减灾委副主任或民政部领导带队、有关部门参加的国务院救灾工作组赶赴灾区慰问受灾群众，核查灾情，指导地方开展救灾工作。

（3）国家减灾委办公室与灾区保持密切联系，及时掌握灾情和救灾工作动态信息；组织灾情会商，按照有关规定统一发布灾情，及时发布灾区需求。有关部门按照职责，切实做好灾害监测、预警、预报工作和新闻宣传工作。必要时，国家减灾委专家委员会组织专家进行实时评估。

（4）根据地方申请和有关部门对灾情的核定情况，财政部、民政部及时下拨中央自然灾害生活补助资金。民政部为灾区紧急调拨生活救助物资，指导、监督基层救灾应急措施的落实和救灾款物的发放；交通运输、铁路、民航等部门加强救灾物资运输组织协调，做好运输保障工作；卫生部门根据需要，及时派出医疗卫生队伍赴灾区协助开展医疗救治、卫生防病和心理援助等工作。

（5）民政部视情向社会发布接受救灾捐赠的公告，组织开展跨省（区、市）或全国性救灾捐赠活动。中国红十字会依法开展救灾募捐活动，参加救灾和伤员救治工作。

（6）灾情稳定后，国家减灾委办公室组织评估、核定并按有关规定统一发布自然灾害损失情况，开展灾害社会心理影响评估，并根据需要组织开展灾后救助和心理援助。

（7）国家减灾委其他成员单位按照职责分工，做好有关工作。

4. 响应终止

救灾应急工作结束后，由国家减灾委办公室提出终止建议，由国家减灾委副主任（民政部部长）决定终止Ⅱ级响应。

（三）Ⅲ级响应

1. 启动条件

（1）某一省（区、市）行政区域内，发生重大自然灾害，一次灾害过程出现下列情况之一的：

a. 死亡50人以上，100人以下；

b. 紧急转移安置或需紧急生活救助30万人以上，80万人以下；

c. 倒塌和严重损坏房屋10万间以上，15万间以下；

d. 干旱灾害造成缺粮或缺水等生活困难，需政府救助人数占农牧业人口20%以上，或200万人以上。

（2）国务院决定的其他事项。

2. 启动程序

灾害发生后，国家减灾委办公室经分析评估，认定灾情达到启动标准，向国家减灾委提出进入Ⅲ级响应的建议；国家减灾委秘书长决定进入Ⅲ级响应状态。

3. 响应措施

由国家减灾委秘书长组织协调自然灾害救助工作。

（1）国家减灾委办公室及时组织有关部门及受灾省份召开会商会，分析灾区形势，研究落实对灾区的救灾支持措施。

（2）派出由民政部领导带队、有关部门参加的联合工作组赶赴灾区慰问受灾群众，核查灾情，协助指导地方开展救灾工作。

（3）国家减灾委办公室与灾区保持密切联系，及时掌握并按照有关规定统一发布灾情和救灾工作动态信息。有关部门组织领导新闻宣传工作。

（4）根据地方申请和有关部门对灾情的核定情况，财政部、民政部及时下拨中央自然灾害生活补助资金。民政部为灾区紧急调拨生活救助物资，指导、监督基层救灾应急措施的落实和救灾款物的发放；交通运输、铁路、民航等部门加强救灾物资运输组织协调，做好运输保障工作；卫生部指导受灾省份做好医疗救治、卫生防病和心理援助工作。

（5）灾情稳定后，国家减灾委办公室指导受灾省份评估、核定自然灾害损失情况，并根据需要开展灾害社会心理影响评估，组织开展灾后救助和心理援助。

（6）国家减灾委其他成员单位按照职责分工，做好有关工作。

4. 响应终止

救灾应急工作结束后，由国家减灾委办公室提出建议，国家减灾委秘书长决定终止Ⅲ级响应。

（四）Ⅳ级响应

1. 启动条件

（1）某一省（区、市）行政区域内，发生重大自然灾害，一次灾害过程出现下列情况之一的：

a. 死亡30人以上，50人以下；

b. 紧急转移安置或需紧急生活救助10万人以上，30万人以下；

c. 倒塌房屋和严重损坏房屋1万间以上，10万间以下；

d. 干旱灾害造成缺粮或缺水等生活困难，需政府救助人数占农牧业人口15%以上，或100万人以上。

（2）国务院决定的其他事项。

2. 启动程序

灾害发生后，国家减灾委办公室经分析评估，认定灾情达到启动标准，由国家减灾委办公室常务副主任决定进入Ⅳ级响应状态。

3. 响应措施

由国家减灾委办公室组织协调自然灾害救助工作。

（1）国家减灾委办公室视情组织有关部门召开会商会，分析灾区形势，研究落实对灾区的救灾支持措施。

（2）国家减灾委办公室派出工作组赶赴灾区慰问受灾群众，核查灾情，指导地方开展救灾工作。

（3）国家减灾委办公室与灾区保持密切联系，及时掌握并按照有关规定统一发布灾情和救灾工作动态信息。

（4）根据地方申请和有关部门对灾情的核定情况，财政部、民政部及时下拨中央自然灾害生活补助资金。民政部为灾区紧急调拨生活救助物资，指导、监督基层救灾应急措施的落实和救灾款物的发放；卫生部指导受灾省份做好医疗救治、卫生防病和心理援助工作。

（5）国家减灾委其他成员单位按照职责分工，做好有关工作。

4. 响应的终止

救灾应急工作结束后，由国家减灾委办公室决定终止Ⅳ级响应，报告国家减灾委秘书长。

（五）信息发布

信息发布坚持实事求是、及时准确、公开透明的原则。信息发布形式包括授权发布、组织报道、接受记者采访、举行新闻发布会、重点新闻网站或政府网站发布等。

灾情稳定前，受灾地区人民政府减灾委或民政部门应当及时向社会发布自然灾害造成的人员伤亡、财产损失和自然灾害救助工作动态及成效、下一步安排等情况。

灾情稳定后，受灾地区县级以上人民政府或者人民政府的自然灾害救助应急综合协调机构应当评估、核定并按有关规定发布自然灾害损失情况。

（六）其他情况

对救助能力特别薄弱的地区等特殊情况，启动国家自然灾害救助应急响应的标准可酌情调整。

七　灾后救助与恢复重建

（一）过渡性生活救助

1. 重大和特别重大灾害发生后，国家减灾委办公室组织有关部门、专家及灾区民政部门评估灾区过渡性生活救助需求情况。

2. 财政部、民政部及时拨付过渡性生活救助资金。民政部指导灾区人民政府做好过渡性救助的人员核定、资金发放等工作。

3. 民政部、财政部监督检查灾区过渡性生活救助政策和措施的落实，定期通报灾区救助工作情况，过渡性生活救助工作结束后组织人员进行绩效评估。

（二）冬春救助

自然灾害发生后的当年冬季、次年春季，受灾地区人民政府为生活困难的受灾人员提供基本生活救助。

1. 民政部组织各地于每年9月下旬开始调查冬春受灾群众生活困难情况，会同省级人民政府民政部门，组织有关专家赴灾区开展受灾群众生活困难状况评估，核实情况。

2. 受灾地区县级人民政府民政部门应当在每年10月底前统计、评估本行政区域受灾人员当年冬季、次年春季的基本生活困难和需求，核实救助对象，编制工作台账，制订救助工作方案，经本级人民政府批准后组织实施，并报上一级人民政府民政部门备案。

3. 根据省级人民政府或民政、财政部门的请款报告，结合灾情评估情况，民政部、财政部确定资金补助方案，及时下拨中央自然灾害生活补助资金，专项用于帮助解决冬春受灾群众吃饭、穿衣、取暖等基本生活困难。

4. 民政部通过开展救灾捐赠、对口支援、政府采购等方式解决受灾群众的过冬衣被问题，组织有关部门和专家评估全国冬春期间中期和终期救助工作的绩效。发展改革、财政、农业等部门落实好以工代赈、灾歉减免政策，粮食部门确保粮食供应。

（三）倒损住房恢复重建

因灾倒损住房恢复重建由县（市、区）人民政府负责组织实施，尊重群众意愿，以受灾户自建为主。建房资金通过政府救助、社会互助、邻里帮工帮料、以工代赈、自行借贷、政策优惠等多种途径解决。重建规划和房屋设计要因地制宜，科学合理布局，充分考虑灾害因素。

1. 民政部根据省级人民政府民政部门倒损住房核定情况，视情组织评估小组，参考其他灾害管理部门评估数据，对因灾住房倒损情况进行综合评估。

2. 民政部收到受灾省（区、市）倒损住房恢复重建补助资金的申请报告后，根据评估小组的倒房情况评估结果，按照中央倒损住房恢复重建资金补助标准，提出资金补助建议，商财政部审核后下达。

3. 住房重建工作结束后，地方各级民政部门应采取实地调查、抽样调查等方式，对本地倒损住房恢复重建补助资金管理工作开展绩效评估，并将评估结果报上一级民政部门。民政部收到省级人民政府民政部门上报本行政区域内的绩效评估情况后，通过组成督查组开展实地抽查等方式，对全国倒损住房恢复重建补助资金管理工作进行绩效评估。

4. 住房城乡建设部门负责倒损住房恢复重建的技术支持和质量监督等工作。其他相关部门按照各自职责，做好重建规划、选址，制定优惠政策，支持做好住房重建工作。

5. 由国务院统一组织开展的恢复重建，按有关规定执行。

八　附则

（一）自然灾害救助款物监管

建立健全监察、审计、财政、民政、金融等部门参加的救灾专项资金监管协调机制。各级民政、财政部门对救灾资金管理使用，特别是基层发放工作进行专项检查，跟踪问效。各有关地区和部门要配合监察、审计部门对救灾款物和捐赠款物的管理使用情况进行监督检查。

（二）国际沟通与协作

积极开展国际的救灾交流，借鉴发达国家救灾工作的经验，进一步做好我国自然灾害防范与处置工作。

（三）奖励与责任

对在自然灾害救助工作中作了突出贡献的先进集体和个人，按照国家有关规定给予表彰和奖励；对在自然灾害救助工作中表现突出而牺牲的人员，按有关规定追认烈士；对在自然灾害救助工作中玩忽职守造成损失的，严重虚报、瞒报灾情的，依据国家有关法律法规追究当事人的责任，构成犯罪的，依法追究其刑事责任。

（四）预案演练

国家减灾委办公室协同国家减灾委成员单位制订应急演练计划并定期组织演练。

（五）预案管理与更新

本预案由国家减灾委办公室负责管理。预案实施后国家减灾委办公室应适时召集有关部门和专家进行评估，并视情况变化作出相应修改后报国务院审批。地方各级人民政府的自然灾害救助综合协调机构根据本预案修订本地区自然灾害救助应急预案。

（六）制定与解释部门

本预案由民政部制定，报国务院批准后实施，由国务院办公厅负责解释。

（七）预案生效时间

本预案自发布之日起生效。

五 国家灾害法律体系

法律是通过一种规则，使人们的行为按照一定的方向和轨迹行进，以期达到预定秩序，可以说法治是自由与秩序的保障。自然灾害的影响则是人们无准备的行为所产生的一种破坏性后果。为了避免破坏性后果的发生，或使破坏性后果减少到最小，就需要用法律规范人们的无准备行为。

自然灾害的突发性与破坏性，会使一个国家或地区处于一种特殊的状态，甚至严重时会导致人民的无助与政府的无奈。无论是对灾区的救助还是管理，法律都是最为重要的支柱。而国家和政府作为法律的制定者和执行者，也就确定了国家在灾害管理中的主体地位。

当今世界多数国家都把灾害立法作为实施灾害管理顺利进行的基础，例如：日本的《防灾基本计划》，土耳其的《紧急灾害救援组织计划方针》，泰国的《1991 年内务部民事灾害预防计划》，在这些计划中详细规定了灾前应采取的各种预防措施、减灾工程、灾时应采取的措施，使得整个国家的防灾工作有计划、按步骤、有条不紊地进行。

（一）灾害法律体系建设的意义

鉴于当前灾害对生态环境及社会安全造成的巨大威胁，各国政府都非常重视防灾减灾工作，而其中最为有效的手段就是法制，即通过完善法律建设，强化法治意识，规范政府主导下的灾害防治行为，确保在灾害事件发生前提下减灾行动有序进行。我国应在总结长期防灾减灾实践经验的基础上，尽快研究出台综合性的救灾基本法，以此来协调和规范应对灾害的具体措施，使国家的救灾行为减少应急行政化色彩，走向法制化轨道。因此，建立健全灾害教育、应急、管理与救助等方面的法律，具有十分重要的理论和现实意义。

1. 灾害法律体系建设有利于防灾减灾目标的实现

法律作为国家管理的主要方式，在国家事务的管理中起到了全方位的调控作用，在国家管理的任何一个环节都有法律的身影。同样灾害教育、应急、管理和救助等方面都需要法律的保障，才能使灾害工作的开展有据可依。反思几十年来的减灾历程，也必须认识到：倚重于采用临时政策措施及行政命令来应急防灾减灾，而忽视常态的灾害工作机制，尤其是在灾害管理的各个方面缺乏法律的保障和支撑，致使灾害管理工作中暴露出诸多问题。为了切实做到有效地防灾减灾，完备的灾害法律体系构建是必不可少的。只有健全的灾害法律体系才能保证灾害工作的顺利开展和高效实施，从而最大限度地减轻灾害造成的损失。

2. 灾害法律体系建设有利于明确政府的职责

在传统的救灾体制下，各级政府的救灾责任并不明确，关系并未理顺，长期存在"灾民找政府，下级找上级，全国找中央"，"等、靠、要"的问题。由于各级政府在救灾中的责任不明确，许多本不应该属于中央政府救灾责任范围的也包括在内了。因此，应建立政府救灾分级责任制，根据灾级的不同确定各级政府的责任范围，并对此加以法律形式的确定，这有利于明确政府在灾害事件中的责任。例如，小灾由省政府承担救灾责任，特大灾害由中央政府承担救灾责任；同时规定各级政府承担救灾责任的次数和上下级政府共同承担责任的条件。

3. 灾害法律体系建设有利于灾害管理工作的开展

灾害管理是指通过法律、行政、经济、宣传与教育等手段，控制、约束和引导人们对于灾害的反应和有关减灾的行为；协调有关减灾的各个区域、部门与环节；影响与改善人们的减灾观念；规划与调整减灾事业的发展目标与相应的背景条件；设计、组织、决策与指挥有关减灾的重要活动。与其他的一般性社会工作管理不同，灾害管理的效益是"隐性"的或后期显现的，假如没有规范的强制性要求，容易被人忽视或"慢怠"。因此，完备的法律规定了人们在防灾减灾活动中应当怎么做，用一定的强制手段约束人们这样去做，是人们行为的准则，使本人或者他人的人身财产、公共利益、国家利益达到高度统一的尺度和标准。

（二）我国灾害法律体系的现状

从1978年以来，我国的灾害立法工作开展较为顺利，颁布的关于防灾、减灾有关的法律、法令有近百件，尤其是 1997 年《防震减灾法》、2004 年《地质灾害防治条例》、2007 年 8 月 30 日《紧急应对法》、2006 年《国家自然灾害救助应急预案》与《国家地震应急预案》以及 2007 年出台的《紧急应对法》等，标志着我国防灾救灾法律体系正在形成，使得政府政策和行政手段在相当程度上和相当范围内代替法律功能的情况有所改变。我国灾害防治工作向法制化轨道的转向，克服了既往完全依靠政策协调、行政命令主导应急的做法，对调整灾害防治领域中的各种社会关系、规制人们的不安全行为、保护公众生命财产安全等方面提供了法律保障。"回顾我国灾害防治立法实践，一般可划分为专门性立法、专类规范和相关规范三类。"①

从总体上看，我国在构建灾害事件应急法律体系方面已经取得了一些成绩，但是由于我国自然灾害复杂多样，以及受计划经济的影响，我国救灾法律制度还有许多需要完善的地方，综观我国现有灾害法律制度，存在的不足之处主要有下列几方面。

1. 缺少灾害应急基本法律的制定

"初步统计，我国已经出台涉及突发事件应急法律 35 件、行政法规 36 件、部门规章 55 件，党中央、国务院及部门文件 113 件。"② "这些法律、行政法规、规章和文件建立了包括突发灾害事件在内的应急制度。主要包括：破坏性地震、洪涝灾害、环境灾害、地质灾害、海洋灾害、草原火灾、森林火灾、旱灾、突发性天气灾害等自然灾害方面的应急制度；突发公共卫生事件、重大动物疫情、重大植物疫情等人类和动植物疫病方面的应急制度。对这些共性问题，美国、英国、法国、俄罗斯等一些国家都是通过制定统一的突发事件应急法解决的。"③ "我国没有统一的灾害应急法，对这种共性问题缺乏统一规定。在发生紧急事件后，容易产生政府与社会成员、中央与地方的责任不清，行使权力与履行职责的程序不明，应急措施不到位等问题，影响及时有效应对突发事件。"④ 2007 年 11 月 1 日

---

① 王权典：《论环境安全视角下的我国灾害防治法制建设》，《自然灾害学报》2003 年第 3 期，第 164 页。

② 张维平：《完善中国突发公共事件应急法律制度体系》，《中共四川省委省级机关党校学报》2006 年第 2 期，第 35 页。

③ 同上。

④ 同上。

起正式生效的《突发事件应对法》作为规范突发事件应对工作的全国性法律，它第一次系统和全面地调整和规范了突发事件应对工作的各个领域和各个环节，为突发事件应对工作的全面法律化和制度化提供了最基本的法律依据。因在《突发事件应对法》的基础上，加快灾害应对基本法的制定。

2. 关于灾害综合防治法律体系及内部结构问题

灾害法律体系应当包括综合性的基本法、各单行法、针对具体问题的法律、法规和规章制度，并且各法律之间应形成畅通衔接、相互配合和相互补充的体系。灾害法律体系涉及的内容非常广泛，包括各个灾种和防治领域的各个环节——由灾害预报、预防、应急抗灾行动、救助及灾后重建等构成一项十分复杂的社会系统工程。而根据我国国情，灾害防治法律体系建设远未完善，主要表现在：

（1）缺少综合性的基本法；

（2）偏重于突发性自然灾害的防治立法，对趋向性社会性灾害（如水土流失、生态破坏、地面沉降、气候异常、人为火灾、工程事故、核泄漏等）立法未予足够重视；

（3）缺乏灾害救助法、灾后重建法、灾害保险法等重要的单行法；

（4）高规格层次的立法偏少，部门规章性或政策性文件多而滥；

（5）地方性立法不配套、欠完备。[①]

对现有法律清理工作亟须进行，学者们往往偏重于呼吁制定新的法律，似乎新的法律制定出来就万事大吉了，同时对立法过度依赖，就会忽视其他已完善的法律手段，如法律的修改、修订、解释等。实践证明，制定一部新法的成本远远高于对旧法的修订和解释，而新法的颁布也只有建立在旧法已经丧失修改或解释的空间的前提下。

3. 现有部分灾害法律缺乏实际的可操作性

现有的灾害法律大多为20世纪制定并出台，这些法律符合当时的历史需要。然而，在当前中国特色社会主义的新时期，新问题、新现象和新局面的情况下，这些法律暴露出诸多的问题，最为严重的就是缺乏可操作性。许多法律在内容上倾向于"粗线条、大框架、原则"等设置，缺乏

---

① 王权典：《论环境安全视角下我国灾害防治法制建设》，《自然灾害学报》2003年第3期，第165页。

明晰的细则。大部分立法重视紧急权力的配置，但却忽视对紧急权力的限制和对这些权力造成的危害结果的救济；重视纵向关系上机构之间的领导和被领导的关系，忽视横向层面上的机构之间的协调与监督；重视应急措施上的实体性规定，忽视对其进行程序上的约束；重视官方机关和上级机关在处理突发事件的领导和强力，忽视了非官方机关和下级机关对其的配合和自治。①

4. 部分灾害领域内的法律尚不完善

我国幅员辽阔，灾害种类繁多的特点给法律制定工作带来巨大的挑战，到目前很多灾害的相关法律还不够健全，甚至某些领域的法律还是空白，加快灾害法律建设的任务就显得尤为重要和困难。而且灾害具有动态变化性的特点，这使得法律的跟进工作和不断完善以适应新的情况的任务就更加艰巨。比如，恐怖性突发事件法，在我国至今仍是空白；事故性突发事件法和灾害性突发事件法虽然在我国发展得较为完善，但也存在过于分散化的现象。在灾害领域比较可行的立法思路是应对分门别类，就不同的灾种单独立法，并在遵循相同或相似的立法原则基础上，建立部门灾害立法体系。应尽快出台一个规定灾害基本对策的《灾害对策基本法》。②

（三）构建与时俱进的灾害法律体系

灾害法律体系建设越来越受到各界的关注，相关法律、法规、制度、规章和条例等，也已比较丰富，但法律层面上的建设依然任重道远。有些法律虽已出台，但针对性、实用性不强，缺少保证监督机制，执行不力；有些法律法规不配套不完善，有待进一步完善。由此可见，建立健全我国突发公共事件应急管理法律制度体系刻不容缓。③

1. 制定统一的灾害应急法，规范各方的应灾职责

《突发事件应对法》的颁布实施，标志着我国应急法制体系的初步建成。要落实好《突发事件应对法》，还必须出台一系列配套措施和实施细则，增强其可操作性。现行的有关灾害应急管理方面的一些单行法律法规，也急需清理、修订和完善。灾害事件应急法的核心是

---

① 谷传军：《论我国突发事件应急法律体系的完善》，《大众科学》2007 年第 7 期。

② 同上。

③ 张维平：《完善中国突发公共事件应急法律制度体系》，《中共四川省委省级机关党校学报》2006 年第 2 期，第 36 页。

要解决给予政府特别授权和对公民权利予以适当保护与救济的界限问题，由于现行宪法对灾害状态的制度规定只是在原则性方面，故难以明确政府的权责边界。因此，总结灾害治理的共同规律和经验教训，并借鉴国际上的通行做法，及早制定一部统一的、全面的灾害法律，作为我国应对各种灾害事件的纲领性法律文件和制度框架，对于提高我国政府灾害应急管理水平具有重要意义。

2. 加快灾害法律的制定与落实效果

为健全灾害性突发事件应急法律体系，应根据需要出台一些新的灾害防治法，对地震以外的其他自然灾害也应制定专门性的立法，以强化该灾害的立法的适应范围与效度。在对灾害事件中的受灾者、殉职者、罹难者等人员进行法律救助、帮助和抚恤等领域，也必须制定统一的法律，如《灾害救助法》、《灾后重建扶助法》、《罹难者与殉职者抚恤金法》等。尤其需要强调的是，随着科技的不断发展，科技带来的风险也会越来越大，灾害事件难免会发生。灾害事件具有高危险性、高破坏性，而仅靠责任单位或政府难以解决对受害人的救济，需要全社会的共同参与，走法制化途径。因此，有必要制定《灾害事件保险法》，通过保险的方式，实现对受害人的救济。

3. 制定灾害救助法、完善灾害救助机制

我国的灾害救助工作是在各级人民政府民政部门的统一组织下开展的，国务院已经出台《国家自然灾害救助应急预案》，对于自然灾害救助的各事项做了比较详细的规定，但是，在国家立法层面却缺少一部调整灾害救助关系的《灾害救助法》，这就使得各级人民政府在灾害救助过程中往往只能依据灾情进行救助的投入，救助具有较大的随意性。另外，公民、社会组织和国家机关工作人员在灾害救助过程中遭受伤害或者是死亡的，缺少科学和合理的补偿和安置办法。目前，绝大多数国家都有专门的《灾害救助法》来明确政府在灾害救助中的职责、灾民在灾害救助中的相关权利以及灾害救助的程序、标准和法律纠纷处理机制。所以，有必要基于《突发事件应对法》等法律、法规的规定，适时制定《灾害救助法》，进一步规范灾害救助关系。①

---

① 莫纪宏：《完善我国应急管理的立法工作迫在眉睫》，《中国减灾》2008 年第 5 期，第 19 页。

4. 健全灾害法律体系使灾害管理的各方面工作有法可依

灾害法律体系应当包括以下六个方面：

（1）灾害预防及救助组织法律制度：应对重特大自然灾害的组织系统，纵向而言，包括中央及地方灾害预防及救助组织机构，横向而论，包括灾害应对指挥部（中央及地方），专事决策的执行、灾害救助特种搜救队，专事灾害发生后的紧急搜索及紧急施救、灾害搜索救助训练中心等。

（2）灾害应急预案法律制度：政府应对灾害的紧急预案制度内容包括灾害预防及救助基本预案制度和具体各种灾害预防及救助业务预案制度，国务院及其各部委的全国性或行业性灾害预防及救助预案制度，以及各级政府的地区性灾害预防及救助预案制度等。

（3）灾害预防法律制度：预防法律制度主要包括防灾减灾制度、灾害预防及救助准备制度和训练及演习制度等。

（4）灾害应对法律制度：主要包括应对措施的实施制度、指挥人员的工作制度、灾民安置、补救制度和灾害应急指挥调配中心的设立与运作制度等。

（5）灾后重建法律制度：灾后重建过程包括临时安置、重建准备和全面重建三个阶段。临时安置阶段，包括医疗与心理救助、临时住宿、防治次生及诱发灾害、恢复社会秩序、临时恢复生产秩序等制度；重建准备阶段，主要由灾情评估、地质调查、规划环评和重建规划四个方面的工作组成。

（6）法律责任制度：对在灾害预防及救助工作中，表现不力的人员，应当给予一定的行政、民事、刑事法律责任，以保证国家灾害预防及救助法律制度的有效实施。

从灾害法律体系的要求看，减灾法规不仅有一个能驾驭减灾系统工程全局的基本法律，更要有涉及各种灾害的完备的单项法律。并且法律应该与社会发展、灾害变化等因素同步变化、发展，使法律体系不断完善、更新，以适应灾害管理工作的需求。

附：中国有关灾害方面的法律法规

中华人民共和国防震减灾法
中华人民共和国防洪法

中华人民共和国水土保持法

中华人民共和国森林法

中华人民共和国草原法

中华人民共和国防沙治沙法

中华人民共和国环境保护法

中华人民共和国突发事件应对法

中华人民共和国消防法

中华人民共和国公益事业捐赠法

中华人民共和国红十字会法

地质灾害防治条例

地质灾害防治工程勘查—设计单位资格管理办法（试行）

破坏性地震应急条例

气象灾害防御条例

人工影响天气管理条例

水库大坝安全管理条例

蓄滞洪区运用补偿暂行办法

中华人民共和国防汛条例

海洋观测预报管理条例

海洋环境预报与海洋灾害预报警报发布管理规定

森林防火条例

草原防火条例

森林病虫害防治条例

军队参加抢险救灾条例

中华人民共和国自然保护区条例

第三章

国家与灾害干预

国家干预最初仅指国家权力对经济活动的干预。随着理论的发展，国家与社会关系的界分逐渐明确，国家干预也逐渐涉及国家权力对广泛的社会领域的干预。在灾害政治学中，国家干预的概念主要是国家对灾害的干预，或者说国家的这种干预始终是以灾害为中心展开的，也就是灾害的预防、发生以及灾害中的管理成为国家干预的主要对象。从这个意义上，国家在灾害发生前后全过程中的预防、应急启动、管理、救助、重建等都是国家干预的内容。但在这里，我们仅讨论国家在灾害发生前的干预。因此，国家灾害干预主要是指在科学技术的指引下，在基本确认灾害即将发生时，通过统筹安排和各部门的配合，及时果断进行干预，运用已经掌握的技术手段和人力、物力能够支持的措施，阻止、延缓灾害的发生或降低灾害对人类的威胁。

当然，从长远来看，国家日常活动中的常规性干预措施也是非常重要的。首先，在国家主导下进行的灾害研究能够为抗灾、救灾、减灾提供重要的科学理论依据。其次，在当下工业经济时代，国家坚持以科学发展观指导经济社会发展，切实加强环境保护，减少环境破坏导致灾害发生的可能性，努力实现经济社会的可持续发展、人与自然的和谐共存，具有特别重要的意义。一切以破坏生态平衡为代价、掠夺消耗型的经济发展战略，都将对灾害的发生起到推波助澜的效果。再次，国家要加强灾害教育和环保教育，教育公民在利用自然、改造自然时更要尊重自然规律、维护生态平衡。最后，积极参与和促进国际环境合作、灾害防治合作，也是国家灾害干预的重要内容。

对国家灾害干预的合法性进行论证是多余的，因为自然灾害对人类所造成的威胁与灾难是巨大的，灾难中民众的无助状态和整个区域的无政府状态决定了国家灾害干预行为的客观必要性和重要性。现代防灾减灾理念的更新与变化，即由原来只强调救灾与灾后重建转变为愈加突出灾前预防的重要性，反映出国家和政府的灾前干预行为更为有效、其意义愈加重大。其中最为重要的因素，是国家的干预行为能够在灾害来临之前极大地降低灾害可能造成的人员伤亡和财产损失。

国家灾害干预主要着眼于国家和政府在灾害发生之前所采取的措施、所制定的规则和制度、所采取的应急手段等具体运用的方面。在整个过程中，国家、政府以及相关部门始终是行为主体，而这一系列行为的对象是基本上不以人的意志为转移而即将发生的自然灾害。因而，这些行为具有以下特征：

第一，国家干预的权威性与有效性。这是由国家的本质所决定的，国家是阶级社会产生后形成的在形式与功能上都最为全面的组织共同体。从一个国家的内部来说，政府是最为权威的组织机构，它所掌握的资源、强制力、动员能力是其他任何组织和个人不能匹敌的。国家的干预行为是为了保护民众的生命财产安全而拥有毋庸置疑的正当性，这更强化了国家与政府为应对灾害所进行的暂时处置行为、长久规划措施等干预活动的权威性。这种权威性保证了干预行为的有效性，表现为国家依据法律与制度对违背国家灾害干预相关政策规定的任何个人和单位采取强制处理行为以保证相关政策规定的贯彻实施。

第二，国家干预的灵活性与全面性。国家干预行为必须具有相当大的灵活性，既需要国家整体层面上的统一协调安排，又需要地方个体层面上的具体行动。国家干预行为的实施，既要考虑具体的地域特征，还要考虑具体的时令季节等因素；既要考虑不同区域的经济社会结构与发展状况，还要考虑不同的民族文化特色等条件。国家干预行为并不只是中央政府的一纸指令，实际上，国际干预行为的计划和执行是一项全面、复杂的"系统工程"，政治稳定、经济发展、社会稳定、成本付出、生态环境、文化延续等都是必须充分考虑的重要因素。

第三，国家干预的有限性。人类在自然面前是渺小的，自然灾害特别是重大自然灾害的发生与发展，是不以人类的意志为转移的，而国家再强大，也不能从根本上阻止灾害的发生，只能在时间上减缓一些灾害发生的时序，在地域上减小一些灾害发生的范围，在程度上降低一些灾害所造成的损失。所以说，从这一方面讲，国家灾害干预的作用是有限的，并不能解决所有的灾害问题和困难。

一 国家灾害研究

灾害特别是自然灾害是与人类社会的发展与演进相伴随始终的。灾害研究是生活在自然环境中的人类在探索自然、改造自然的过程中对灾害现象的规律进行发现、探究、利用的行为。从其本义上讲是人类经历了自然灾害的苦难经历而进行观察、体验、反思的被动行为结果。正像恩格斯所言："一个聪明的民族，从灾难和错误中学到的东西会比平时多得多。"①实际上，整个人类也正是在不断地遭受和应对自然界的威胁与侵害的过程中不断地提高自身认识、利用和改造自然的能力。灾害研究的目的是掌握自然灾害的发生机理、发展规律，从而利用这种规律或改变其作用条件来减少自然灾害所造成的损失，甚至在某种程度上利用这种规律为人类的生活服务。

（一）自然灾害及其特征

自然灾害是指由于自然界发生的各种不以人类（或个人）意志为转移的给人类造成灾难的不正常现象。是人类依赖的自然界中所发生的异常现象，自然灾害对人类社会所造成的危害往往是触目惊心的。它们之中既有地震、火山爆发、泥石流、海啸、台风、洪水等突发性灾害；也有地面沉降、土地沙漠化、干旱、海岸线变化等在较长时间中才能逐渐显现的渐变性灾害；还有臭氧层变化、水体污染、水土流失、酸雨等人类活动导致的环境灾害。这些自然灾害和环境破坏之间又有着复杂的相互联系。人类要从科学的意义上认识这些灾害的发生、发展以及尽可能减小它们所造成的危害，已是国际社会的一个共同主题。这里我们主要探讨的是突发性自然灾害。世界范围内重大的突发性自然灾害包括：旱灾、洪涝、台风、风暴潮、冻害、雹灾、海啸、地震、火山、滑坡、泥石流、森林火灾、农林病虫害等。自然灾害有如下的特征。

1. 自然灾害的必然性

从根本上看，自然灾害是由自然灾变引起的。自然灾变是地球运动的产物。它是由于地球能量和物质结构不均衡，导致能量转移或物质运动以及地球气、水、岩石、生物各个圈层的物质运动能量变化以及物质与能量

---

① 闪淳昌：《中国突发公共事件应急预案建设》，选自李立国、陈伟兰主编《灾害应急处置与综合减灾》，北京大学出版社 2007 年版，第 33 页。

的相互交换而引起的。从地球形成以后，这种运动一直持续进行。从灾变事件的动力过程看，在灾变发生后，能量和物质得到调整，达到了平衡；但是这种平衡是暂时的、相对的，在地球自身变异与天体活动的影响下，在实现平衡过程中由于新的物质和能量变化使新的不平衡又同时产生，一次新的灾变又开始孕育发展。因此不但造成灾变此起彼伏，而且在同一个地区还常常出现断续发生或周期性活动的特点。自然灾变活动是伴随地球运动、与地球共存的自然现象。这种活动自人类出现以后即危害着人类的生存与发展，导致人员伤亡和财产损失，造成自然灾害，并伴随着人类的发展，对社会经济起着制约作用。因此，自然灾害是与人类共存的、必然的、不可避免的自然现象。

2. 自然灾害的随机性和不规则的周期性

自然灾害活动是在多种条件作用下形成的，它既受地球动力活动控制，又受地球各圈层物质性质、结构和地壳表面形态等因素影响；既受地球自然条件控制，又受天体活动影响。因此，自然灾害活动的时间、地点、强度等具有很大的不确定性，因此，自然灾害活动是复杂的随机事件。

自然灾害的随机性，一方面是自然特征的表现，另一方面也是人类对自然灾害认识程度的反映。随着科学技术的发展，人类对自然认识水平的不断提高，可以揭示更多自然现象的规律，扩大自由王国的领域，缩小随机事件的不确定性程度。在这种背景下，人们发现自然灾害在具有随机性的同时，还有复杂的不规则的周期性。这种特性既可以由一种自然灾害发生的韵律性反映出来，也可以由多种自然灾害韵律周期的相近性反映出来。有关研究成果表明，自然灾害复杂的不规则的周期性是由地球运动的周期性、多种天体（主要是太阳和月球）运动与变化的周期性共同影响决定的。

3. 自然灾害的突发性和渐变性

地球的运动和变化是以渐变与突变两种方式交替进行的，因此自然灾害也具有突发性与渐变性。突发性的灾害是当地球各圈层的能量积累到一定程度后突然释放爆发而形成的，一般强度大、过程短、破坏严重，但影响范围相对较小，如地震、火山、崩塌等。渐变性灾害的特点是能量的积累与释放往往有一个相当长的时间，虽然在一个较短时间内其强度不高，破坏力不大，但往往持续时间较长，而且不断发展累进，所以危害面积很大、时间长，因此对人类社会的影响常常更为深远、严重。如水土流失、土地荒漠化、海水入侵、地面沉降等。

4. 自然灾害的链发性与群发性

尤其是范围广、强度大的自然灾害，在其发生、发展过程中，往往诱使许多自然灾害发出一系列的次生灾害与衍生灾害，因此形成多种形式的灾害链。此外，在一些地区的某一时段内还往往有多种自然灾害丛生、集中出现，这种众灾群发的现象称为灾害群。一个灾害群中可存在一个或多个灾害链。灾害链产生的原因是由于原生灾害能量的传递、转化、再分配和对周围环境的影响，导致在原生灾害活动的同时或以后发生一种或多种次生灾害。

5. 自然灾害的联系性

各种自然灾害都不是孤立存在的，它们往往在某一时间或某一地区相对集中出现，形成灾害群或灾害链，这反映了不同种类的灾害之间的联系性。

地质历史时期每一场地壳运动不仅在岩石圈中形成了显著的构造形迹，导致火山活动和岩浆活动，同时引起海水进退、气候剧变和生物界飞跃发展。如剧烈的地壳形变，在导致崩塌、滑坡的同时，也可以引起地震、地裂缝等灾害；厄尔尼诺现象可在不同地区导致暴雨、洪水、干旱以及异常高温、低温等多种自然灾害；更大的变异过程，如太阳的活动，可以同时影响地球的运动、气温的升降、海洋的变化、生物的变异，从而导致全球性多种自然灾害发生。这些灾害之间无疑也存在成因上的联系性。

6. 自然灾害的系统性

有联系的自然灾害组合而成的总体称为自然灾害系统。前面的论述中，我们已经提出自然灾害的联系性是受控于地球各圈层运动的相关性，如果认识到气象灾害、海洋灾害、地质与地震灾害、生物灾害分别是由地球及其气圈、水圈、岩石圈、生物圈的运动和变异及彼此相互作用引起的话，则不难理解自然灾害系统的产生乃是地球整体运动的反映。

(二) 灾害研究的特征

1. 灾害研究的被动性与主动性

自然灾害是不以人类意志为转移的以环境异变为原因的自然规律现象结果。应该说，引起自然灾害的自然环境激烈异变自地球诞生以来就一直存在，而科学研究早已表明人类的起源则远在其后。自然环境变异是成灾体，人类社会是承灾体。人类对自然灾害的认识是被动的，是在遭受自然灾害造成的巨大痛苦和损失后进行的针对性认知、总结和研究的结果。当然，在这一过程中，人类并不是始终处于消极被动的地位，人类的主动探索精神和创新精神是不断取得对自然规律更深、更广的认知成果的重要动力。从古至今，人类对自然灾害研究的成果始终伴随着一代代人的主动探索精神和孜孜不倦的求索行动。

2. 灾害研究的自然科学性与社会科学性

自然灾害研究的自然科学性与社会科学性是人类应对自然灾害本身的自然属性与社会属性所决定的。自然灾害一方面是由于自然环境的异常变化，另一方面则导源于人类对环境的破坏活动，但人类的活动也须经过引起自然环境的异常变化起作用。这是自然灾害的自然属性，决定了灾害研究必须探究自然异变和灾害发生的机理和规律，例如研究地质运动、分析气象变化、监测水文等，这方面已经形成了诸如灾害地理学、气象灾害学、灾害物理学等学科，从而形成了自然灾害研究的自然科学性。同时，自然灾害使作为承灾体的人类社会遭受巨大损失，从而引起人类社会政治、经济、文化等各方面的变化。这是自然灾害的社会属性，决定了人类须从另外一个角度即人类社会的角度进行思考，既然灾害发生具有不可避免性，那么应该怎样尽可能地保护灾区社会发展成果、怎么才能更好地进行灾后恢复和重建等成为人类关注的问题，从而产生了诸如灾害经济学、灾害社会学、灾害管理学以及灾害政治学等学科，形成了自然灾害研究的社会科学性。这同时要求我们要"打破专业界限，从灾害学角度出发，坚持自然科学与社会科学相结合"①，互相支持、相互借鉴，共同推动自然灾害研究的发展。

3. 灾害研究的理论性与实践性

自然灾害是在人类社会所依存的自然环境中实实在在发生的现象，人类对自然灾害的研究必须躬身而行，从实践上对灾害发生的区域进行勘探、测量、实验等活动。在此过程中，也需要科学家进行理念构建，通过综合、分析、判断而总结出理论成果，同时，还要把理念付诸实践进行检验而不断深化、改进、完备。减灾工作离不开科学的灾害理论的指导，因为科学而系统的灾害理论既是政府减灾工作的决策依据，又是部门、单

---

① 郑功成：《灾害经济学》，湖南人民出版社1998年版，编辑、出版前言第1页。

位、家庭和个人减灾实践的行动指南。①

4. 灾害研究的科学性与试错性

人类对自然灾害的认识是随着生产力水平的提高而不断发展的，经过了漫长的历史发展阶段。在这漫长的过程中，始终伴随着唯心与唯物、迷信与科学之间的矛盾与纷争。在古代，最具有代表性的是把自然灾害视为由于人类的劣行惹怒上天或神而受到的警示与惩罚。到了近代，由于科学技术和人的理性思维的进步，地理学、天文学、气象学等相关学科的发展使人类对自然灾害的认识逐渐向科学靠拢。人类对自然灾害的认识的发展过程是曲折、艰辛的，伴随着人类不断的观察、思考和试验，也必然存在错误与歧路，所以是在不断试错过程中渐进上升的。

对自然灾害的记录和研究，国内外已有很久的历史，国际减灾十年顾问委员会在题为"面对自然灾害：国际减轻自然灾害十年"的报告中指出："科学家、工程师、土地利用工作者等越来越认识到，灾害之间存在着相互影响，它们可以同时发生或依次发生，并可能产生综合和积累的影响，而不同于单种灾害分别作用的影响。灾害相互影响这一问题，要求把目光从单种的简单累加转变到较广泛的系统工程问题来解决。"而且，减轻自然灾害的各项措施也是彼此配合和相互衔接的。因此，从对灾害单体的研究转向系统的综合研究已成为国际减灾的显著趋势，各种类型的综合减灾试验区工作纷纷开展。日本在 1960 年成立了自然灾害科学综合研究班，1981 年成立了自然灾害科学会。现在，日本在以东京为中心的首都圈，原苏联在中亚地区，美国在南加州地区，均已建立了观测、研究、预报一体化的地震监测预报系统试验场。美国加州为减轻地质灾害可能对城市地区造成的危害和损失，开展了全州地质总体规划。气象、洪水与滑坡、泥石流灾害链的综合研究也在许多国家相继开展。

（三）灾害研究方法

在各种自然灾害袭击下，人类不断地付出很大代价，为研究、防御与抵御它们也做了很多努力，投入了大量人力物力。但是由于问题的极为复杂，至今还不能说已取得了完满的结果。因为每类灾害都涉及宇宙、天体、地球、大气、海洋、生物和地下深部等方面的异常运动与变化，以及

---

① 马宗晋、高庆华、张业成、高建国：《灾害学导论》，载李贵鲜《〈中国灾害研究丛书〉总序》，湖南人民出版社 1998 年版，第 2 页。

其相互作用，发生的周期不定、持时短、规模大、威力强、危害重，是人类现在还难以预先了解和掌握其规律的浩劫。

由于自然灾害的复杂特点，对它的研究相当困难。现今对它的研究归纳起来可能大致有下述几种方法：

（1）历史资料探索、总结法和当代灾害事件记录、分析法。

（2）内在规律、发生机制研究探索法。

（3）迹象观察、观测，结合预报法。

（4）各种不确定性数学预测法。

查找相关灾害的历史文献资料从中寻找、归纳和总结出一些规律，然后引申到现在对某项自然灾害的发生和发展做出一些推测，是当前较现实和可行的一种重要方法。但也要注意到自然界万象万物都是发展着的，不都是简单地重复，也不太可能事事、处处都相似。况且，一方面，不是所有问题都能从历史中找到详尽、精确的记载和描述，因而无法做定量的估计；另一方面，这些规律是如何随着时间产生变异的，也无从知晓。所以，这种方法也不可能是完全可靠的。

对灾害的发生机制，内在的成因、规律等基本问题进行详尽的研究探索，是了解、掌握、预报、防范灾害的最根本的方法。但这需要强有力的专业研究队伍，先进的设备和大量的财力、时间的投入。而由于灾害机理研究的艰巨性，甚至牵涉庞大的天体、地球、大气、海洋、生物等体系及其相互作用，和现实科技水平的限制，有些问题还不能期望短期内能得到理想的结果，只能靠全世界有关学者们代代相继努力工作的积累，逐步向这一目标靠近。

通过总结历史上的灾害经验，并结合现今已有的对灾害机制等规律的认识，建立观察或观测站、点，经常地捕捉异常迹象，从而进行预报，以便及时采取防灾措施是一种很有希望的方法。但由于真正机理等内在发生规律还没有完全得到认证，所以难度很大。当前除天气预报，由于运用大气动力学数值模拟和卫星云图的帮助取得较好的准确性外，很多灾害的预报还都远远低于民众的期望值。

将灾害视为随机现象，很多学者运用各种不确定性数学方法（概率论、模糊数学、神经网络、灰色预测和其他随机理论等）做了些预测，给出了一些灾害发生可能性程度的估计。但是，很多自然灾害其实也应是确定性的，其发生有一定的因果关系，只是我们现在还不能确知其规律而已。用不确定性方法去判定确定性事件是牵强的。对于很多种自然灾害用这种方法也是不能给出有实质意义的结果的，因为它预测的结果与实际发生的完全不同。如预测发生概率大的也不一定比发生概率小的真能发生。所以这种方法只能作为对事前没有其他方法可以预测的情形不得已而采用的一种估计方法而已，只能作为政府防灾计划和规划部门等做预案的参考。

总之，我们距离能完全认清、掌握自然灾害的发生、发展等规律和准确预报其发生的时间、地点、规模还相当遥远。按照一定的科学方法多做些实际工作，不断积累认识和经验，才有望逐渐地缩短到达这个目标的距离。

（四）国家与灾害研究

1. 国家是灾害研究的主导者，是灾害研究必需资源的供给者

一方面，国家作为其公民的最高保护者，负有责任和义务作为主导者组织、开展和支撑灾害研究并依据本国灾害历史与经验制定灾害研究的主要方向；另一方面，自然的复杂性使得自然灾害研究必然面临种类繁多、地域广阔、专业分工与配合等复杂问题，这些都不是以个人能力或个别团体、个别组织力量所能解决的问题。国家是现代社会拥有最高权威和强制力的组织共同体，能最权威地、最广泛地调动、组织和分配人才人力，提供支持政策和资金等各种必需资源进行灾害研究。虽然"对灾害的发生机制，内在的成因、规律等基本问题进行详尽的研究探索，是了解、掌握、预报、防范灾害的最根本的方法。但这需要强有力的专业研究队伍，先进的设备和大量的财力、时间的投入。而由于灾害机理研究的艰巨性，甚至牵涉到庞大的天体、地球、大气、海洋、生物等体系及其相互作用"。① 这一切离开国家的组织与支持是办不到的，特别是国家所拥有的强大政治动员力、组织力和雄厚的财政汲取能力是供给灾害研究所需要的政策、人力和资金等必需资源的有力保障。

2. 灾害研究的成果是国家和政府进行灾害干预的行动依据与指南

国家不但是灾害研究的主导者，也是进行灾害干预以及抗灾、救灾的主导者。灾害干预的各种行动的开展以及相关政策的执行都离不开国家和

————————

① 门福录：《关于灾害、灾害学和灾害研究方法若干问题的浅见》，《自然灾害学报》2002年第4期，第150—151页。

政府的主导、权威和强制。国家的灾害干预行为不是无目的、无原则的随意性活动，是以灾害研究的科学成果为指导的计划性活动。只有以灾害研究的科学成果为依据，才能保证国家灾害干预的准确性与有效性。从事自然灾害研究的专业性机构、社团等的科研成果为国家和政府进行灾害干预提供重要的行动依据、行动指南和合法性。

二　灾害与国家经济社会发展规划

自然灾害发生的不可抗性与其造成的巨大灾难促使人类不断推进自然灾害研究的持续深入。然而，人类在大自然面前毕竟是渺小的，以至于大自然瞬间的特殊变异会导致人类社会发展的迟缓，甚至进步脚步的数载后退。从这一角度上讲，人类在自然灾害面前只能是被动的应对。但这并不是说我们人类在大自然面前无所事事和坐以待毙，而且人类社会长期发展的历程中所积累的丰富经验和智慧完全可能减弱自然灾害所带来的灾难程度。国家是人类历史演进以来所形成特征最为完备、功能最为齐全的政治共同体，同时它也是我们人类每一个体思想中依赖度最高的组织和依托对象，所以说国家应该是我们人类进行应对自然灾难、进行抗灾减灾的最为有力和有效的组织单位。在自然灾害面前的国家干预的地位便显得更加重要。

单从减灾的角度上来看，减灾可以分为两种，一种是灾害发生后所进行的急切而迅速抗灾、减灾行为，这种行为可以认为是被动的。也就是说这种减灾行为是以灾害发生为起点的，是由灾害发生的时空特征所决定的。同时由于灾害发生的时空特征的差异性以及人类生命周期的特点决定了这种减灾行为的短期化和暂时性。在这种减灾行动中，要求国家和政府要在尽量短的时间内通过迅速动员来组织力量、筹集物资进行救援。此时可能依托于国家和政府强大的号召力与感召力，但更多的可能要以国家行政手段为主要管理工具，特别是军队、武警等强力部分的参与。另一种是灾害发生前所进行的减灾行为，这种行为可以认为是主动的。因为这些行为与活动的进行在灾害发生以前，其目的是避免灾害的发生或者减缓发生的程度与时序。在这一过程中的国家干预虽有行政命令的成分，但更多的可能要以政策、法律、市场等手段和方法。

相比之下，灾前的国家干预由于主动性强，其有效性会更高一些。而且，现在世界上每一个国家和地区的减灾措施和行为都在进行转变而趋向之。然而，这种国家干预行为是建立在人类对自然灾害正确而科学的认识的基础之上的，并且还需要人类个体与国家政府组织的理性化行为，特别是一个国家的政府组织行为模式、制度体制特征、政策输出能力等都是非常重要的影响执行因素。对这种国家干预，其干预的过程一般是渐进的、长期的，干预后的效果可能是隐性而不可比较的。而且，由于现代社会发展的高度文明化，任何一个国家组织特征的体系性特别强，所以说这种干预所进行的过程也是复杂的，基本上会涉及一个国家的经济、社会、文化发展的方方面面。其基本手段是以经济与社会发展规划为载体，通过政策性措施、制度性安排并借助于法律与法治途径对一个国家的全局或者仅某一区域的发展以避免灾难的发展或减小灾害的危害程度为目标进行统筹安排。从一个国家与社会整体的视角去分析，也就是需要把灾害因素纳入到整个国民体系的经济与社会发展的规划当中，特别是一些灾害常发区域、重灾区域、易发灾害区域等在经济发展和社会统筹管理的政策制度制定与执行过程中要充分考虑到备灾、避灾、免灾、抗灾、减灾等目的和效果。

对于这里的经济社会发展规划而言，是指在特定的区域时空范围内，对未来的经济建设与社会发展的总体部署，同时也是诸如产业规划、社会规划、环境规划、空间规划等子系统的合理集合与抽象。也是一定时期内区域经济发展战略、国民经济和社会发展计划在地域空间的落实和体现。[①] 对于灾害政治学里所要研究的经济社会发展规划的关注点当然会相对狭窄一些，因为它可能只会涉及灾害的因素问题，一个区域的潜在灾害问题对整体的经济社会发展规划有何程度的影响，如何调整，以及怎样将灾害防治因素统筹到经济社会发展规划当中。从整体角度分析，国家、经济社会发展规划与灾害是三位一体的变量。国家的体系性、组织性、强制性是任何共同体都无所比拟的，同时国家又是经济社会发展规划与灾害防治、灾害处理、灾害救助的最最重要的组织主体。任何一个国家或一个局部区域的权力组织关系都具有一定的特殊性与复杂性，特别是当附上灾害因素的纠结时，国家与地方政府、国家与非政府组织、国家与个体之间的权力关系会相对变得更加微妙而脆弱。从另一个角度上看，经济社会发展规划在一定时期内具有相对的稳定性，而且它的指导作用是综合性，导向性广泛而具有双面性，既可以指导经济发展和社会进步，同时如果长期单

① 刘秉镰、韩晶：《区域经济与社会发展规划的理论与方法研究》，经济科学出版社 2007年版，第5—6页。

方面的追求效益也会造成负面影响。而正是这些负面作用又可能形成灾害的成灾体体系，使作为受灾体的人类会得不偿失。所以说，经济社会发展规划的导向性作用使其自身的规定、实施与调整更加彰显其重要性，都会影响到灾害的形成与发生以及国家政府层面对潜在灾害的处理上。

（一）以防灾、减灾为指向的经济社会发展规划

经济社会发展规划的根本理念是对经济发展和社会进步进行指导，也是所涉范围内进行生产生活的根本指导原则和政策性导向。对于一些特殊区域，特别是潜在的灾害易发地区，从根本上说，防灾、减灾对于经济社会发展规划来说是一个相当重要的内核。在规划的制定与实施过程中始终要把发展、进步与防灾、减灾进行合理的配合与调整。不能只为经济发展而忽视人文安全，也不能只求避灾而不思进取。

在这种经济与社会发展规划当中的安全规划当然是其重要的组成部分，其本质就是在对某个特殊区域发展的危险性进行充分预测与评估的基础上所做的安全决策，对区域的发展策略注重安全性能的设计与考虑。"规划的目的在于克服人类在追求发展过程中经济社会活动的盲目性和主观随意性"[①]，尽量减少自然灾害、人为灾害发生的概率，保护经济和社会持续协调发展。当然这种规划对于防灾、减灾目标的功能性程度是相对的，追求绝对避免灾害零风险是不现实的。其本质上是完全体现"预防为主"的原则，尽力做到经济上合理、技术上可行和社会上满意的水平即可。

特殊的规划目标当然也就决定了其自身的特质，相形之下，这种经济与社会发展规划必定要遵循一些特殊的原则。

（1）系统性与协调性。系统性是任何经济社会发展规划的特点，当把防灾、减灾纳入整体的规划当中时，其自身的系统性程度的加强是必然的，因为它本身就是部门、时间和空间因素构成的三维系统，同时它既要考虑到该区的社会环境、经济基础和物质设施建设的各个方面，也要考虑到国家政府、地方政府上各种力量的统筹安排；它既要考虑到整个区域的经济发展速率、物资调配的科学和社会稳定的基础设定，还要考虑到防灾、减灾的目的，所以说这种规划所涉及的内容可能比常规规划的体系要

---

① 刘秉镰、韩晶：《区域经济与社会发展规划的理论与方法研究》，经济科学出版社2007年版，第269页。

更复杂、更广泛。同时，由于这种经济社会发展规划的特殊系统性决定了它的协调性的特殊性。它所涉及的利益主体也是多元化的，所协调的难度自然也会更大，既有时间和空间的协调需求，也有利益与服务的协调需求。在协调过程中的上下互动和前后照应的复杂程度也是空前的。

（2）人本性与科学性。人本性也就是以人为本，任何规划都必须以满足人的根本需要为目的，特别是生活需求、生存需求、安全需求等，这也是经济社会发展规划制定与实施的根本出发点与立足点。这也就是需要在经济社会发展规划时必须把民众的基本需求的满足作为基点，同时，还要注意发挥本区居民的主体意识与参与意识，充分尊重他们的意愿与民族传统并保证特色文化传承，这既是现代化民主政治体制的体现也是增强决策的科学性的重要途径。科学性需要经济社会发展规划的制定与实施遵照科学规律，尽力排除人的非理性因素，特别是为达到防灾、减灾的目的要与本区域的自然资源分布特点、地形地貌特征、气候规律、地质结构相结合，遵循并充分利用自然规律进行工、农、商业的合理布局和交通网络路线的合理运行，保障实现利益的最大化与损失最小化。

（3）强制性与动态性。由于经济社会发展规划自身所具有的综合性、战略性以及相应配套的法律措施致使其实施的过程中必然会带有强制性，而在一些特殊灾害易发区域的经济社会发展规划的强制性则更加突出和明显。因为灾害的破坏性巨大，涉及的范围较为广泛且整体性强，在规划时不能为了部分群体或单个部门、单种产业人员的利益而损害其他大部分群体的利益，在必要的协调时要充分发挥国家的强制性权力手段，以保证其有效实施。当然，任何一个区域也是一个开放的系统，随着现代化的进程，任何一个区域都与外界进行着要素的流动与能量的交换而导致区情的不断变化。再加上国家和政府及各部门、地区之间的灾害信息交流的频繁与更新同样也会导致经济社会发展规划需要有不断改进与调整的变通性。

（二）经济社会发展规划与防灾安全

经济社会发展规划是一个综合的整体系统，它包含着众多的内容和分支。虽然它的主旨在于促进经济发展和指导社会全面进步，但经济发展和社会进步本身并非是孤军奋战，它需要教育的支撑、土地的合理开发与利用、城市城镇和农村以及工矿企业的合理布局。那么这些方面同样也是在科学合理的经济社会发展规划指导下实现避免或减轻、减缓自然灾害的发生的重要题域。

1. 广泛开展灾害教育，加快灾害研究进程，满足民众的安全需求

教育是任何一个国家和地区及至整个社会的最为重要的软支撑力，同样也是人才供给、科技供给、经济发展动力的重要来源，这样教育在整个经济社会发展规划中必然占有重要的一席之地。通过教育规划并要求在日常的教育工作中要适当突出强调灾害的基本常识性渗透作用，逐步实现灾害知识的大众化、普及化，并不断增强儿童、学生、普通民众的灾害意识是实现防灾、减灾的重要途径。

灾害伴随着人类社会发展的始终，那么对于灾害的预防也将会伴随人类社会进步的全过程。同样，大多数个体的人一生中也必将会有着经历灾害、抗击灾害的历程，只不过在不同区域、不同阶层的人经历的程度上的差异而已。国家作为归其所属居民的安全保护者有责任通过各种途径组织一些媒体展示、专家讲解等宣传活动对公民进行灾害教育。这就要求国家和政府在经济社会发展规划上特别是以教育为主渠道进行灾害教育与防灾宣传。通过灾害研究—灾害教育—灾害演练—形成灾害意识—提高应对灾害技能的流程，来普遍提高全民防灾、减灾的能力建设水平，使社会形成一种机制，把那些罕见的特大灾害变成一种经常鸣响的警钟，个人、家庭、企业、单位、政府在选择利益目标、发展目标和行为方式、发展方式时，在每天的生存活动中，必须把灾害发生时求得安全的目标和应对方式加进去。

实际上，以国家和政府主导的灾害研究和灾害教育特别是灾害知识的普及并不能看作是可有可无、可多可少的职能。相反，这应该是构建现代服务型政府的重要方面。服务型政府的核心是服务，也就是以人为本，社会的发展要以人的全面自由发展为终极目标，要不断满足人的各种需求，特别是安全的需求更是处于重要的地位。普通居民不能人人都全面、准确地认识的重大安全需求，包括预报、预防和减轻地震、洪水、飓风、海啸等自然灾害的安全需求以及防止、制止战争和恐怖活动的安全需求等，借助于科学并通过政府和单位的科学决策过程则能够认识，而且也只有借助于上述方式才能够认识并集中反映和有效满足这样的需求。这就是：政府和企业、单位的管理人员在获得和掌握科学决策的知识、技术手段的基础上，通过一定的决策形成和决策执行程序，有计划地加强灾害预报和防灾减灾的科学研究，向居民普及防灾减灾的科学知识，建立符合科学要求的安全保障体制和运行机制，将那些平时人们不易感受到或认识不深刻的重

大社会需求（包括社会安全需求），以及满足这种需求的条件、手段、途径等，纳入到经济社会发展的指导思想、方针政策、战略规划及其实施步骤之中，使战略思想的形成和战略决策、具体措施的制定走在灾害发生之前，使社会能够赢得一定的时间来创造更先进的科学技术手段、更雄厚的物质基础和更进步的社会组织形式，既较快地增值物质财富和精神财富，又常备不懈地增强应对灾害的能力。[①]

2. 以科学发展观为指导，努力促进经济发展，加大扶贫、消贫力度

人类历史发展的进程从来就不是一帆风顺的，而是一个复杂曲折的进程。当今的趋势，一方面是现代化步履的加速，另一方面是灾害的频繁发生。在现代，任何一个国家和社会不但面临着经济发展、社会进步的巨大压力，同时还面临着灾害发生所造成的财富损失、人员伤亡甚至经济和社会退步的威胁。所以说，经济发展与灾害应对这两者在经济与社会发展规划中的复杂关系不断地明朗化。"经济发展与灾害问题存在着相互制约的关系，减轻灾害与促进经济、社会的可持续发展已经成为人类社会面临的一对日益尖锐但又必须解决或缓和的重大矛盾。"[②]

我们还必须充分注意到以下两个问题：一是经济发展在使灾害问题进一步严重化，如遍布全国的企业导致了日益严重的环境污染，进而使当地灾情恶化；大规模的工程建设破坏生态平衡，带来了相当严重的灾害性后果。二是经济增长将日益受到灾害问题的严重制约，如黄河断流导致下游生产、生活受影响，近海海洋环境恶化带来鱼类资源的减少，恶劣环境对乡镇企业职工身体的潜在损害等，将对经济的持续增长产生日益严重的制约作用。[③]

从以上的分析明显看出，经济发展与防灾、减灾的确有着相互依靠、相互制约的复杂关系。灾害对经济发展、社会进步的负面影响是毋庸置疑的，而从经济发展层面出发，经济的发展、社会的进步总是伴随着人类从自然界索取活动的增加，这样就导致了以破坏人类赖以生存的自然环境为重大代价。同时，经济的发展和社会的进步也是人类智慧的积累、科学进步的必然结果，伴随着自动化、机械化的普及，也就意味着人类生活舒适

---

① 安江林：《灾害启示录——谈汶川地震对今后经济和社会发展的影响》，http://mcrp. macrochina. com. cn/u/64/archives/2010/1956. html。

② 郑功成：《灾害经济学》，湖南人民出版社 1998 年版，第 1 页。

③ 同上书，第 15 页。

度的提高，同样，人类应对自然灾害的能力也不断地提升，从而能够在某种程度上减少或减轻灾害所带来的灾难和威胁程度。

那么，如何正确、理性地对待经济发展的利弊关系呢，转化为现实的问题就是我们应该如何更好地利用经济发展、社会进步给人类带来的益处，而最大限度地避免或减少它所致的灾害损失。从历史及当今社会发展的趋势来看，经济发展与社会进步仍然是人类社会演进的主动力，经济发展、科技进步必然始终是我们增强减灾基础能力以达到防灾、减灾为目标的主要手段。但经济发展并不是其中的唯一所求，追求发展的同时以避免或减缓灾害的发生同样也会起着减轻发展需求的压力作用。这就要求我们在经济社会发展规划中要倡导以科学发展观为指导，避免经济发展的盲目性和随意性。"要改变过去一些地区、部门、企业只管生产、不管减灾的现象，将减灾与发展紧紧结合起来，在制订经济发展计划时要考虑灾害因子，在经济发展中要纳入减灾内容，在减灾中求取经济效益与社会效益。"[1] 而且国家和政府作为经济社会发展规划最重要的主体地位也彰显了当前重任中政府所肩负的重要责任和政府行为的重要性。所以说，"政府行为客观上构成调整或制约灾害与经济发展关系的最为有效的力量"[2]。这也就需要政府在规划中要体现经济制度的全面性、经济关系的协调性以及经济道德的约束性，以促使经济增长、社会进步步入健康发展的轨道。

在经济与灾害问题上还有一组重要的变量因素，那就是贫富问题与灾害的损失程度之间的关系。虽然说经济的发展、社会的进步一般会导致社会财富的增加，人类抵御灾害能力的增强，但正如前面所述，灾害是不以人的意志为转移的，一旦灾害发生，它对整个社会的损失程度也是相当巨大的。以现实为例，在当代文明社会时代，人口的密度逐渐增大，随着科技的进步，社会的财富极大增加，人类的工程规模也更加宏伟，所以当灾害来临，它所造成的人员伤亡和社会财富损失的绝对值要大大地超过前面时代相同程度的灾害所造成相应方面的损失。当然，我们不能因为惧怕灾害的损失增大而拒绝现代文明社会。实际上，经济的落后、民众的贫困作为承灾体的特征也是致灾或者说至少是灾害程度增加的重要因素。道理很简单，经济上的落后和贫困一方面使承灾体的抵御灾害能力更弱，另一方

---

① 马宗晋、高庆华、张业成、高建国：《灾害学导论》，湖南人民出版社 1998 年版，第 181 页。

② 郑功成：《灾害经济学》，湖南人民出版社 1998 年版，第 169 页。

面一旦灾害发生，经济落后和贫困的承灾体的受灾程度的绝对值虽小，但相对值却大，这样使承灾体的生存状况更加脆弱不堪。所以说，改变经济落后状态、消除贫困与防灾、减灾也是同向发展的两个变量。"清除贫困是加强减灾的重要途径，重视教育、卫生、金融、保险机构等在减灾中的特别作用，已在一些地区收到良好的效果。"[1] 这样，消贫、除贫在经济社会发展规划中对于防灾、减灾的重要作用也就呼之欲出。

3. 优化基建选址，合理论证城镇规划，合理规划土地使用，保障交通枢纽等重大安全生命线畅通

根据成灾机理，灾害的形成必须具备成灾体和承灾体，否则灾害无从谈起。成灾体主要是指一些自然变异，而承灾体主要是指人以及人类活动所积累的物质、精神财富。同样，灾害形成的规模既与自然变异活动的剧烈程度有关，也与这种活动给人类造成的损失程度有关。在通常情况下，作为成灾体的自然变异是不以人的意志为转移的因素，人类的行动只能是进行预测、减缓其发生的时间，适度减轻其发生的剧烈程度，但不能绝对地避免和消除它。而作为承灾体的人及人类的具体活动则是人的主观能动性所能决定的因素。在人类科学技术进步的基础上人的居住、活动的时间和地点环境都是具有相对可选择性的。这样，我们在防灾、减灾的思路上可以对承灾体进行适当的调整，使之避开自然灾变的时间与地点来达到防灾、减灾的目的。其中最为重要的方面就是在我们已经取得的重要灾害研究的成果基础上对人类活动的时间与地点进行适当的选择，特别是基础建设地点的选择，城市与城镇建设与开发的合理规划，土地的合理利用，交通路线的最优化布局等。所以说，这些因素应该是在进行经济社会发展规划时需要考虑的重大因素。

我们在构筑人居环境的基建选址时，一定要注重灾害因子因素，特别是随着市场经济的深入发展，一些地区以追求效益与 GDP 数量的提升为目的，而缺乏进行科学的考察和建设环境评估，忽视灾害影响，盲目建设开发区。[2] 如山区的不少城镇、企业，没有经过认真勘查选址，建在崩塌、滑坡、泥石流高危险地带，安全受到严重威胁。沿海地区的建设规划

---

[1] 史培军、郭卫平等：《减灾与可持续发展模式——从第二次世界减灾大会看中国减灾战略的调整》，《自然灾害学报》2005 年第 3 期，第 3 页。

[2] 高庆华：《中国区域减灾基本能力初步研究》，气象出版社 2006 年版，第 94 页。

时也就既注重地势平坦、交通方便的优势因素，也要考虑到地面下沉、海面上升的劣势因素。同时，在进行经济社会发展规划时要有发展的眼光，对未来的灾害损失进行预测与评估，特别是伴随着人口的增多、科技的进步，人类工程活动的规模也越来越大，由此，引起了人为灾害和人为导致的自然灾害也逐渐增多。那么在区域规划时也要注重与自然和谐相处、保护环境的因素，最大限度地减少由于人类活动而导致本可避免的灾害的发生。特别是土地的利用与规划，土地是人类最为宝贵的资源，其在短期内的可再生能力极差，而且"土地利用规划已被证明是一项重要的减灾手段，它涉及风险评估、环境管理、发展生产"。[①] 在经济与社会发展规划中，土地的合理开发与利用是进行防灾、减灾的重要方面，而且这方面的科学研究也是将来所面临的重大课题。

　　交通的畅通与安全是一个地区和谐快速发展的重要生命线，而且道路的建设与使用是长期性的。这就要求在规划时既要注重交通路线选址的畅通性、方便性与合理性，而且还要考虑到其安全性，尽量避开山区一些险要地带和滑坡、泥石流多发地带，即使不得已，也要采取充分的保障措施。同时，道路也是一个地区与外界进行交流互通的重要渠道，特别是当灾害发生后，道路的畅通与安全是救援能否及时有效的重要保障。

　　4. 加强基础硬件设施建设，构建建筑产业的安全理念

　　人既是灾害形成的主要承灾体，也是进行防灾、减灾的重要资源，然而人类在进行应对自然灾害时却从来不是独来独往的。人类抗击自然灾害既要依靠群体的力量、团结的威力，也要靠自然资源所赋予的资料性工具，从原始的石块、木棒到现代的水泥、钢材。人类正是通过智慧利用这些资源的结合构建各种硬件设施来更好地应对灾害，诸如房屋、高楼大厦、河堤大坝、水渠河道等。实际上，人类在抵御灾害时只靠自身的肉体是远非可能的，而人类社会发展过程中所形成的这些硬件设施建设才是人们赖以抗拒自然灾变的重要的资源与工具。所以说，加强基础硬件设施的建设是我们进行防灾、减灾的重要渠道。基础硬件设施的规划与建设是经济社会发展规划中重要的一环，一方面为公民提供生活、工作、娱乐的便

---

　　① 史培军、郭卫平等：《减灾与可持续发展模式——从第二次世界减灾大会看中国减灾战略的调整》，《自然灾害学报》2005 年第 3 期，第 3 页。

利，另一方面可以有效应对灾害的发生。国家与政府作为经济社会发展规划的主体如何在规划中体现硬件设施建设的防灾、减灾目的是灾害政治学中需要研究的重要方面。这也就要求将社会中的硬件设施建设与灾害预防进行多维的渗透，要对硬件设施建设的布局进行合理规划，加强应对灾害的目的性设计。特别是随着社会的发展要对传统的设施进行及时检修、更新、重建等工作，例如今年我国西南特大干旱灾害的发生，一方面外因是该地区自然气候变化的反常，另一方面也凸显了整个区域的基础设施特别是防旱的水渠、灌溉工具的落后与陈旧，这些设施的常年废弃而政府缺少规划又缺乏应急措施也是一个重要的内因。所以说，加强基础设施建设、在建设中强化防灾理念是国家和政府进行经济社会发展规划所面临的急需解决的重要问题。

随着人类社会的进步，建筑产业从产生到发展至今已经遍及全球，"建筑产业产生的原因当归于人类对生存空间的需求，包括物质需求和精神需求，其中首要的、最基本的是对安全的需求"。[1] 然而，随着现代市场经济的深入发展，建筑产生有时却步入畸形发展，一些质量低劣、建设不合理的建筑工程却成为致灾的一个源泉。所以说，构建建筑产业的安全理念、严格建筑安全标准规定、加大建筑质量监测力度也是政府进行经济社会发展规划以加强防灾、减灾能力建设的重要方面。

建筑产业的规范与安全理念的构建是一个复杂的工作，其中最突出的，就是由于体制、人员素质等诸多原因，不能严格按照国家的相关建筑设计规范进行设计、施工和验收。随着综合国力的增强和科学技术水平的提高，我们不能满足于建筑物只达到一般性的防震抗震标准。今后必须提高建筑物的抗震设防标准，尤其是要改变广大农村居民住宅建设不设防、民居建筑物普遍缺乏抗震能力的状况，以更加有效的物质基础、技术措施和制度、法律手段保证各类项目的建设质量，增强建筑物的安全性能。要从保障群众生命安全的紧迫需要出发，提高工程建设和居民房屋建设的安全标准，全面增强建设事业和建筑物的安全保障能力。[2] 在建设项目决策中实行安全标准"一票否决"的制度，不仅高标准地规范政府、事业单

---

① 郑力鹏：《为什么要研究传统建筑防灾》，《南方建筑》2008 年第 6 期，第 19 页。

② 参见安江林《灾害启示录——谈汶川地震对今后经济和社会发展的影响》，http://mcrp. macrochina. com. cn/u/64/archives/2010/1956. html。

位和企业的建设项目，而且要进一步规范城乡居民的房屋建设，使之达到科学、抗震、防灾的新标准。

对于我国来说，正处于现代化转型关键期，城市化、城镇化、新农村建设如火如荼地开展，大规模的建筑也风起云涌。在这一过程中，交通、通信、水力、电力的基础设施建筑就更注重安全标准的理性化规划与设计。在城镇和村镇建设中，要以强制性的手段，改变建筑物密度过大、缺少应急疏散通道和疏散、避难场地，以及居民休闲地不足、隐患严重的状况，推动城镇和村镇空间结构向适度松散和安全、合理的特征过渡。凡是土地资源较丰富、建筑项目可以不占或极少占用耕地的地区，应尽量不建高层，楼房建设要尽量减少楼层，增加建筑物周围的空地面积，保证紧急疏散通道和人员紧急避灾场所的用地。

当然，建筑产业安全理念的构建与普及也必然会导致经济与社会发展体系的适度改变，如何处理市场与计划、效益回报与成本付出之间的关系调整以及所带来的连带性影响等都是国家与政府所面临的重大难题，但更重要的，则要使社会上经济增长与固定资产投资进行合理分配与处置，并不断促进许多配套行业的产生与积极健康的发展。这样经过经济社会发展规划的统筹安排与适度协调将既有效促进经济发展与社会进步又提高有效提供安全保障条件、社会安全文明水平，真正达到发展、进步、和谐、安全的终极目标。

三　灾害与国家环境保护

现实一再表明，一些自然灾害的发生与人类活动有关。由于人类对环境、资源的破坏作用在加剧，使自然灾害类型不断增加，发生周期不断缩短，分布范围不断扩大，危害程度在某些地区不断加强。国家如何通过环境保护，防止某些自然灾害的发生，或者将灾害的危害程度降低，是灾害政治学研究的题中应有之意。

（一）人类活动与环境问题的产生

从主客体的角度上讲，环境是人赖以生存的状况与条件的总称，是人类进行生活、生存的总源泉。人类与环境之间是既统一又对立的关系。所谓统一是指人类的产生、存在和发展以环境为前提与基础，人类的活动总是同其周围的环境相互作用、相互制约、相互转化。所谓对立是指人类的生存活动所需要的能量、资源都是来源于环境，而活动的范围与程度必须遵循环境自身的变化规律，否则将导致环境的恶化甚至毁灭，同时也导致了人类自身的灭亡。人与环境之间的统一对立辩证关系也就决定了环境与人之间利弊同在的趋势。

环境问题一方面是指由于人类长期对周围环境进行无节制的开发利用等索取活动而引起环境状况的恶性变化；另一方面是指这种恶性变化反过来又给人类的生活条件、生产能力、健康状况造成了反面的影响。随着工业化的进程，环境问题已经走向了全球化、综合化、社会化、政治化等趋势。众多的科学资料已经证明，环境问题产生的根源是人类的活动。人类的每一次活动都会对生态环境造成或多或少的影响。随着人口的增加，物质需求量不断扩大，经济的不断发展，人类向自然界的索取，甚至是掠夺式的搜刮已越来越多，而为自然所做的有益修复则远远落后于开发。人类向自然界排放的废物越来越多，而治理的步伐大大地落后于环境的毁坏，人类对大自然的有力改造越来越多，而产生的效果却是弊大于利。人类正在改变着自然界的收支平衡，而且改变的趋势是支大于收，自然的承载力正在不断地下降，这必然导致生态环境的破坏或恶化。这种变化影响到地表与大气之间的热量、水分和微量气体的交换过程，改变自然的生物地球化学循环、能量和水循环，并通过大气、植被和土壤之间的相互作用给人类生存环境带来长远的影响。"我们不要过分陶醉于我们对自然界的胜利。对于每一次这样的胜利，自然界都报复了我们。每一次的胜利，在第一步都确实取得了我们预期的效果，但是在第二步和第三步却有了完全不同的、出乎预料的影响，常常把第一个结果又取消了。"[①]　人类对生态环境的作用，主要表现在以下三个方面。

1. 人类对各种资源无节制的索取

森林资源的严重破坏、草场过度放牧，可以引起氧气的减少、二氧化碳的增多，导致空气成分的改变；可使降水减少，气候灾害增多；可使地表径流减少，水土流失加剧，并导致土地沙化、地表形态改变、生物资源减少等一系列消极后果。地下水的过度开采，使地下水水位持续下降，地面沉降不断发展。煤和水是自然界的共生资源，采煤必然要影响和破坏水资源与生态环境，诱发地震塌陷与裂缝等，破坏或改变了煤系地层及其各个含水岩组和包括地下水、地表水在内的水资源系统，导致地表变形，地

---

① 《马克思恩格斯选集》第 4 卷，人民出版社 1995 年版，第 383 页。

表径流减少，地下水位下降，地下水资源枯竭，水环境污染、干旱以及水土流失等一系列灾害性生态环境变化。对矿山的过度开发且方法不当，弃土弃石，加速了水土流失，增加了河流泥沙量，引发洪水。

2. 人类使生态环境成了"垃圾收购站"

据估计，人类活动释放到环境中的化学物质的数量已相当于火山活动和岩石风化过程释放到环境中的化学物质的数十倍乃至上百倍。所有这些物质进入地球物质循环，打破了地质时期建立的元素化学平衡，改变了原有的地球化学循环，形成新的地球化学过程。由于高耗能工业等地方工业和乡镇企业的布局不合理，"三废"排放量增大，处理率低，致使生态环境受到严重污染。有的废石乱堆乱倒，大多排入江河，阻塞河道和水库，造成洪水漫顶垮坝。工业废水灌溉农田致使农作物和土壤受害。二氧化碳、二氧化硫等有害气体改变和破坏了空气环境，导致温室效应、海平面上升和酸雨的发生。大量使用化肥、农药使土壤遭受不同程度的污染，使土壤结构和性状发生重要改变，土地自然生产力大大降低。此外，城市生活污水和工业废水使水体环境污染，水体营养成分超量，加之温室效应的促进作用，导致湖泊的富营养化和海洋的"赤潮"。

3. 人类工程活动使生态环境"日新月异"

人类对地下水、油、气的提取和注入，导致深处水动的崩、滑、流与人为作用有关。开矿弃渣、淘挖黄金、开路弃石、扩建住宅和坡地开荒加剧了滑坡、泥石流和水土流失。开田弃田，破坏植被，导致沙漠化与水土流失加剧。兴修水库、水渠，导致地下水位上升，大片农田房屋被毁。盲目围湖造田，任意侵占河道、毁堤填河，加之泥沙淤积，导致湖泊、水库、河流调蓄功能降低，加速水旱灾害的发生。海水养殖，尤其是网箱养殖盲目发展，也是造成赤潮泛滥的一个原因。城市不透水地面的增多也是增加洪水的因素。农业、草业、林业物种单一化，系统抗干扰性差，致使虫灾、传染病发生。

（二）生态环境变化与自然灾害的关系

环境是人类赖以生存的总的状况与条件，而灾害是环境激烈的异变对人类社会造成消极性后果。也就是说灾害导源于环境状况的变化，而环境状况的变化一方面纯粹是环境自身内部运动、发展、变化、变异的结果，这样便形成了自然灾害；而另一方面，环境状况的变化则是人类行为活动所造成的后果的主观原因与环境状况自身的脆弱性与易变性的客观原因的综合结果，这是自然灾害与人为灾害的复合类型。随着人类社会的发展，人类活动规模和程度的加深与不断积累，这种复合类型的灾害显示出激烈增加的趋势。所以说，人类活动、环境变化、灾害之间具有连带性关系，生态环境的变化与灾害的形成与发生也有着密切的交融与互馈关系。

1. 环境是灾害活动的背景和基础，灾害是环境异常恶化的表现

环境自身是一个复杂的动态系统，是一个有着自身运动规律、变化趋势的体系，同时它又是包罗万象、无所不容的时空范畴。灾害作为生态环境部分异变的后果都是在一定的环境背景下，经过一定的孕育发展过程才形成的。环境是灾害活动的背景和基础，灾害是环境异常恶化的集中表现。

2. 生态环境恶化是形成自然灾害的重要原因之一

同时，自然灾害特别是大灾害的发生，势必会引起程度更加严重的生态环境恶化，形成程度递加的恶劣循环之势。有些生态环境恶化本身就是一种自然灾害，如水土流失、地面沉降、干旱、沙漠化等；一种生态环境恶化可以引发多种灾变，同时一种灾变也可能是由多种因素引发的；生态环境恶化孕育着自然灾害的发生是一种必然的结果，为灾变提供条件。

几乎所有的自然灾害都会给植被、土地、河流带来沉重的破坏。如水土流失可加剧土壤薄层化、加剧土地资源破坏、加剧河道泥沙淤积等，导致降水和地下水、地表水之间的不平衡；陆地沙漠化使土地资源丧失、土地质量下降、生物生产降低、毁坏各种建设工程及生产设施、污染生态环境；海洋沙漠化（人为作用下海洋生产力退化过程）不仅使海洋生产力下降，更为严重的是它的影响还可以通过海洋运动和海气作用而扩大，使海洋空气、海洋沉积和海洋生物发生异常；地面沉降使河流泄洪不畅、造成洪涝灾害，或者在沉降中心河道变浅，甚至形成"悬河"，使建筑物地基失稳、下沉，使地下管道变形、破裂而危及地下工程；干旱灾害加速了森林的消失和地表植被的破坏，土层疏松、土质退化、河流断流、地下水和地表水污染、土地沙漠化等；洪水灾害导致水土流失、毁坏农田、土壤盐渍化、河流水系破坏、水环境污染等；雪灾使草场、农田的损坏极大，使良田为沙砾覆盖，成为不毛之地，使岩石破碎、松散，水土流失加重，同时给水利设施、工程设施带来巨大损失；台风、飓风、龙卷风、暴雨、风暴潮、寒潮与冷冻冰雹会使灾区农田、草场遭受致命的袭击。

"汶川大地震造成严重的生态破坏，形成地震生态破坏重灾区。汶川

地震的影响具有极重要的水源涵养、生物多样性保护、自然与文化景观等方面生态服务功能，是我国的重要生态安全屏障。地震给该地区带来了严重的生态破坏，生态系统的丧失面积为 $122136hm^2$，占生态破坏重灾区的自然生态系统面积比例为 3.40%。地震给该地区的大熊猫生存环境造成严重破坏，共造成 $66584hm^2$ 大熊猫生境的丧失，占评估区大熊猫生境面积的 5.92%。地震造成汶川县、彭州市、都江堰市、绵竹市、什邡市、安县、北川县等 10 县市的生态系统破坏严重，成为地震生态破坏重灾区。汶川地震是对生态系统破坏最为严重的地震之一。"

（三）环境保护与防灾减灾

所谓环境保护，概括地说就是运用现代科学的理论和方法，在有效地利用自然资源的同时深入认识和掌握污染和破坏环境的根源和危害，有计划地保护环境，预防环境质量的恶化，控制环境污染，促进人类与环境的协调性，以不断提高人类生活和工作的环境质量。

生态环境恶化是人类活动的恶性结果，灾害则是环境激烈突变所形成的灾难性后果。很明显，生态环境恶化与灾害的形成是同向性发展的，反观之，防灾减灾与环境治理与保护也有着相互促进、相互协调的同向性关系。减灾是一项需要多方面相互配合的系统工程。在这一系统中，一方面对灾害实施直接性预防治理措施，以限制灾害活动，保护受灾害危害的受灾对象，减少破坏损失；另一方面从更广泛的领域保护和治理环境，从根本上削弱灾害活动的基础，甚至消灭灾害产生的根源，遏止灾害活动。只有这两方面相互协调、相互配合，才能取得充分的减灾效果。[①]

如果说生态环境的恶化深层原因是自然环境中资源、能源本身所具有的公共性、非排他性特征以及人类个体追求自身利益最大化的非理性行为而导致的"市场失灵"，那么政府作为环境保护与防灾减灾的双重主体地位在当今世界发展趋势中无疑更加凸显。可持续发展战略、绿色经济、政府制度职能创新、科学发展观的指导思想也就应运而生，并且将成为对未来人类处理自身与自然环境和谐相处的重要指导理念。

1. 加强对公民的环境教育，培养环境保护观念、环境安全意识

人类以其无与伦比的创造力和影响力在自然界中占据着主导地位。但

---

① 马宗晋、高庆华、张业成、高建国：《灾害学导论》，湖南人民出版社 1998 年版，第 199 页。

是，人类永远是自然之子，自然是人类的主宰，只有自然环境的安全健康，才有人类的安全健康。因此我们必须加强对公民的环境教育，只有提高全体公民的环境意识和法治意识，特别是地方企业的环境法治意识，才能使人们自觉地遵守环保法律法规，形成全社会共同参与、共同监督的执法氛围。开展环境保护教育，特别注重对青少年的环保教育，提高全民族的环境保护意识，鼓励广大公众自觉广泛地参与环境保护，是中国环境保护事业中的一项战略任务，是具有中国特色环境保护道路的重要组成部分。环保宣传教育的成败，在很大程度上决定了中国环境治理的最终效果。因此，要加强环境保护的教育，正确引导社会公众参与环境保护，使每个人意识到保护环境的重要性。

培养公民的环境保护观和环境安全意识，可以分两个层面教育。一是在中小学生中加强环境保护宣传教育。在中小学开设环境保护课程，讲授环境保护知识，培养中小学生良好的生活习惯；采取多种生动活泼、学生喜闻乐见的形式，组织开展学生乐于参与的各类活动，如环境保护知识竞赛，观看专题片、讨论会、辩论会、演讲比赛等。家长也带孩子走进自然，深入生活，通过开展一些社会调查或社会实践活动，围绕垃圾处理，植树种草，爱护自然，引导孩子们加深对生存环境的热爱，从而自觉爱护环境，珍惜自然，从身边小事做起，树立起良好的环境保护意识。大学生环境意识的培养可通过大学的思想政治理论课，加强其环境保护意识，环境保护道德和环境保护法律法规教育，人与自然的关系，科学发展观的内容和要求，使大学生形成既要对他人和社会承担责任，也要对后人和其他生命以及整个自然界承担责任的道德观，树立环境保护法规意识，了解可持续发展观的重要内容。二是要加强公民的环境保护意识教育。通过各种途径，包括媒体向公众传达环境保护知识，灌输环境保护意识，使公民树立人与自然和谐共处的生态文明观，通过环境保护教育，使公众不仅关心自下而上的生活环境，还能主动地参与环境保护意识，依法保护自身权益。

2. 环境保护须以强化政府环保责任为重点

提供社会公共服务是政府职能中的一项重要职能，环境保护自然包含在政府公共服务的供给范围之内，因而，一定程度上，环境保护也构成了政府执政的主要目标之一。政府作为环境保护的主要责任主体，其履行环境保护责任情况的优劣，直接关系到环境质量的好坏。因此，环境保护的关键在政府，环境保护须以强化政府环保责任为重点。首先，建立规范和约束政府环保行为、促使政府履行环保责任的法律、法规，明确和强化政府在环境保护中的具体责任；其次，建立政府环境保护绩效考核评价体系，对政府环境保护职能的履行状况进行全面、客观的考察，并将考核结果作为政府执政绩效的重要参考之一；最后，建立政府环境保护问责制度，对环境保护责任履行不到位，绩效考核差的地方和单位进行严肃问责，实施政府环境保护责任一票否决制度，提高政府环境保护的责任意识。

3. 政府、企业要有以人为本的环境保护思想并付诸行动

要把环境治理与经济建设有机结合起来，消灭以牺牲环境为代价发展初级工业的低效增长方式，建立可持续发展的"绿色平台"。政府应有积极的政策改革和创新，制定更多激励型和引导性的环境政策而不是管制型的政策，鼓励企业治理污染的经济优惠政策、企业环境行为的信息公开化制度，正确引导企业加快污染治理步伐。企业环境行为信息公开制度应能够引导公众参与、提高公众环境意识和环境关注程度、促进企业加强环境管理、树立良好环境形象。政府可以根据我国《防震减灾法》，遵循"平灾"结合的原则，使防灾与景观、生态、游憩等多功能兼顾，充分发挥城市绿地的防灾、减灾功能，并纳入城市防灾、减灾规划。

4. 建立健全环境保护相关法制，严格执法

环境保护问题看似简单，实际上却是多方利益在纠缠，有国家与地方的利益、企业与百姓的利益，如果没有相关的法律法规为准绳，很难理清它们之间的关系。因此，建立健全环境保护相关的法律法规，严格执法是很关键的。"一是加强国家环境行政立法，从法律上明确地方政府环境保护的法律责任、环保执法部门的法律责任以及环境违法者的法律责任。通过法律授权、政府授权提高执法地位，建立完备的环境执法监督体系，坚决做到有法必依、执法必严、违法必究，严厉查处环境违法行为和案件。二是加强地方环境立法，以弥补国家立法的不足和局限性，强化环境行政执法监督力度，促进区域环境管理；在地方立法中注重地方经济发展方向与地方环境条件相协调，相关部门要制定更为切实可行的为地方经济发展的相关的环境保护法律法规，特别是要严惩那些肆意或破坏环境的单位或个人。三是加强城市间联合立法或区域立法，地方环境立法原则上应以行政区域为其效力范围，但环境要素不是以行政区域所分割的，应进行地方

间的立法合作与协调。四是制定环保产业综合法规，确立中国环保产业发展的目标、方略和政策制度，规定政府在发展环保产业上的责任，明确环保企业享有的权利和承担的义务。采用鼓励和限制方式，使市场对生产、消费施加有利于环境保护的影响，如实行强制回收制度和代处置制度、生态补偿等。五是加强部门协调，完善联合执法机制。规范环境执法行为，实行执法责任追究制，加强对环境执法活动的行政监察。完善对污染受害者的法律援助机制，研究建立环境民事和行政公诉制度。"

21 世纪，环境与生态的危机越来越强烈和深刻，气候变暖、臭氧层破坏、酸雨的污染、土地沙漠化、海洋与淡水资源的污染等。我们必须正视现实，坚持科学的发展观，依据科学发展观重新调整有关政策，探讨并建立资源与人口、环境与发展的科学合理的规划，加强对公民的环境保护教育，建立健全相关的环境保护法律法规，努力建设一个更为安全与繁荣的小康社会。"一个国家抵御自然灾害的能力，除人力、物力等经济因素以外，还与社会机制等因素有关。自然灾害对于不同社会、不同国家的打击程度及危害后果是有很大差异的。尤其是气候灾害更与社会中的人地关系协调机制有很大关系。从当今世界上看，在自然灾害打击面前表现较为脆弱的一般是经济较落后、社会机制不够健全乃至法制欠完善的发展中国家。而且对于那些正处于迅速变革的社会的影响也颇突出。因此，我国这种人地矛盾尖锐、自然灾害频繁且正处在变革和迅速发展的发展中国家，尤其要注意建立健全和完善抗御自然灾害的社会机制。"

四　灾害与科技进步

科学技术是人类社会的一种特有现象，是人类在从事劳动过程中经过不断的知识积累与经验总结以概念和逻辑的形式形成对客观事物及其过程的规律性认识，它有着不同的科学性、实践性、理论性等特征。科学技术是在人类劳动过程中产生又应用于劳动过程中，所以说，科学技术的发展与进步与人类社会的发展与进步如影随形。人类社会自诞生以来经历了三次重要的科学技术革命。第一次科技革命是以蒸汽机的发明与使用为标志，使社会生产发生了革命性的进步。第二次科技革命是以电力的广泛应用为标志，它使社会生产力由蒸汽时代过渡到电力时代，把人类文明推进到一个崭新阶段。第三次科技革命是以信息科学技术的应用为主导，包括新材料技术、新能源技术、生物技术、空间技术、海洋开发技术等，赫然构成一个前所未有的新科技群，标志着生产力质变的狂飙时期已经到来。这是一次真正世界性的、全方位的科技革命，它对世界各国的生产方式、生活方式乃至经济、社会、文化等各个领域都产生着强烈影响。

随着每一次科学技术的革命，人类社会就会出现大的飞跃，科学技术在人类社会中的作用也会进一步凸显。"科学技术是生产力"已经成为妇孺皆知的经典，实际上，科学技术并不能直接成为现实社会中的生产力，只有在一定条件下的从事物质生产的人的活动才能把科学技术转化为现实中的生产力，在这一过程中劳动者的素质、生产工具和生产状况是很重要的因素。同时马克思还认为，科学技术是生产力中最活跃、最重要的因素，而生产力又是推动社会前进的决定力量。科学技术作为生产力，总是在同一定的生产关系的相互作用中，推动着生产关系的变革，推动着社会的发展。马克思、恩格斯论述了科学技术的社会作用，着重分析了科学技术与资本主义生产方式的相互关系，揭示了科学技术在人类社会发展中的巨大推动作用。科学技术是人类历史发展的有力杠杆，是最高意义上的革命力量。因为生产力是社会发展的最终决定力量，而科学技术则是生产力发展的伟大驱动力。如蒸汽革命宣告了封建王权的没落，新的科技革命必将导致资本主义制度的崩溃和一切阶级对立的消灭。

然而，随着科学技术应用领域不断扩展，人类在生活、生产过程中对科学技术的依赖程度也不断加深，同时，科学技术进步所带来的负面影响也逐渐引起人们的警觉与反思。它一方面可以大大改善世界的面貌、促进经济发展与社会进步，不断地创造着人类社会的新的文明；另一方面，它也可能给世界带来灾难、战争、精神贫乏而毁灭一切人类文明成果。可以说，新技术革命为世界经济、政治、社会、文化带来的种种变化以及它对未来社会形象的关系和影响，所有这些问题都作为知识经济时代的重大课题，提到学术界面前，构成人们争论关于未来社会选择何种发展观的重大背景。

（一）科技进步与灾害的双向关系

1. 科技进步是自然灾害加剧发生的诱导因素

科学技术的进步与发展是在人类的主导下完成的，科学技术的进步与发展致使人类社会生产力水平的提高，也就增强了人类改造自然环境的能力，从而会使人类从自然界中索取能源、资源的速度的提高与程度的加深，这样就进一步加剧了自然环境的恶化与脆弱，使自然灾害的易发性、剧烈性更加凸显。这就是所谓"科学技术是一把双刃剑",一方面,科技进步给人类带来了生活质量的提高、生产过程的便利;另一方面,这种进步又为自然环境的恶化反过来造成灾害埋下了隐患。

人类对科学技术的认识也是一个长期的过程,包括对科学技术利弊的评估。而且,到现在为止,人们对科学技术与环境破坏、生态失衡、灾害频发之间的关系也是存在着一定程度的争议。也就是说,人类社会发展到现代文明程度,科学技术已经高度发达,同时我们还面临着严峻的环境问题、灾害问题,这到底是由于科学技术水平达到如此高度的必然产物,还是根本上科学技术不够发达,没有真正达到人类最终需求的水平,或者说是否终有一天,随着人类社会的进步,科学技术的确能够发展到满足人类社会的任何需求,能够解决人类社会的所有问题。本质上,这个困境的解决却又带来另外一种困境,一方面通过理论去认证,必然存在着较大的分歧;另一方面,这个问题的解决在实践上的验证因为人类社会发展的不可逆性和永恒性而不了了之。

从现实中分析,自然界是人类生存、生活、生产所必须依赖的大环境,人类社会发展必须以物质性资源为基础性根源,而精神性资源仍然是以物质性资源为起点的。人类社会发展的物质性资源需求的满足则全部来自于自然环境,同时自然资源的有限性规定着人类活动的有止性。尽管现代科学技术的应用使人类扩大了活动的可能性空间,然而这个空间毕竟是有其最终边界的,那就是有些自然资源的不可再生性和生态平衡,同时人类依靠科学技术发展解决资源、环境与生态问题的速度,远远低于现实的生产、消费活动对资源、环境与生态的损耗和破坏的速度,出现的新问题远比解决了的旧问题多,退一步讲,如果时间允许又没有太多的新问题产生,科学技术还是能够最终解决今天面临的种种问题的。但是,现实的情况是时间不够了,新的问题层出不穷,这就注定了,如果不彻底改变传统的生产方式、生活方式和思维方式,人类一定是科学技术进步与生态环境灾难的时间竞赛中的输家。[①]

2. 科学技术的进步是人类进行灾害干预、抗灾、救灾的重要条件,是提高防灾减灾能力的重要基础

---

① 季相林:《关于"人—科学技术—环境契合关系的伦理思考"》,《软科学》2003 年第 2 期,第 6 页。

科学所追求的是领先和创造，即预见性和探索性，力求到达最前沿，对科学成果的评价标准是理论与实验事实的符合性、创新性和逻辑性。评价科学创新的价值不能仅仅看其理论意义及其在科学史上的地位和作用，还应该看其对人类社会进步的影响和推动作用。而技术不只要追求先进、创新，还要考虑到经济的合理性和社会的适应性，对技术的评价标准是效用性、可行性和经济性等。① 对于现代科学技术的效用性，一方面是促进经济的发展，另外一个重要方面就是利用科学技术加强防灾减灾能力，满足公民的安全利益需要。科学技术既是进行自然灾害研究的重要手段和必然结果，当然也是进行灾害干预的重要依托。

科学技术在防灾、减灾中的作用已经被众多科学家、政府所认识、重视。汶川地震后，刘嘉麒院士特别强调了灾害研究的前瞻性问题。他说，这场灾难给我们一个警示，科学不仅需要创新，还要有前瞻性，要不断调整我们的思路和部署，"为国家，为老百姓作出实际的贡献"。② 实际上，科学技术的应用是贯穿于灾害研究、灾害预报、灾害应急、抗灾救灾、灾后重建的全部过程中的，特别是科学技术在灾害研究与灾害预报中的重大作用。在灾害研究中，科学技术能够加快研究的进程、增强研究成果的准确性。在灾害预报中科学技术的重要性则主要表现在前瞻性和灵活性，能够通过高端技术的运用比较准确地测定灾害发生的时间与地点，并以最快捷、最灵活的方式传达给潜在的受灾区域民众。特别是在像地震、海啸等特大灾害发生前，如果能够提前几分钟进行准确预报并让区域居民进行各种预防措施，也能大大地减轻灾害造成的人员、财产损失。

3. 科学技术是人类社会应对灾害的积极进步成果，灾害的发生是人类社会科学技术进步的动力之一

科学技术产生的内在根源从积极方面讲是提高人类自身生活、生存状况的内在需要，从消极方面讲是人类抵抗自然灾害、保持人类繁衍的需求，所以说，自然灾害的破坏性是促进人类科学技术进步的因素之一。到现在为止人类进行灾害应对的科学技术也正是人类历史上进行灾害反思与研究的先进成果的积累与综合。特别是每当人类大的自然灾害发生后，往

———————————

① 林坚、黄婷：《科学技术的价值负载与社会责任》，《中国人民大学学报》2006 年第 2 期，第 49 页。

② 文心：《"两院"院士谈减灾》，《中国减灾》2008 年第 7 期，第 6 页。

往能引起众多国家与政府、科学家进行灾害研究的热潮，同时也能吸引众多社会的关注和资金投入与支持。每一次经历了较大灾害的考验与磨炼后，经过一段时间的思索与研究，人类应对灾害的能力也往往得到大大的提高。

（二）科学技术与灾害干预

1. 大力发展科学技术，增强防灾减灾能力

科技进步在灾害应急、灾害预防、抗灾救灾等中的重大作用也就凸显了发展科学技术的必要性与紧迫性。应该把大力发展科学技术作为增强防灾减灾能力的主渠道，大力推行"科技防灾减灾"战略，不断促进战略中国家与政府的政策制度供给与资金支持能力建设。

第一，加强防灾、减灾的科技基础设施建设，增强科技进步的成果转化周期与转化率。科学技术虽然是"软实力"，但离不开基础设施的支持。像雷达中心的设置与分布、信息传递的硬件建设等都是重要的环节。硬件设施配套的齐全与先进是进行科学技术成果转化的重要保障与条件，可以增加科学技术的普及与应用，无形中提高了科学技术进步的效用。

第二，加大科技防灾减灾的财政投入，建立财政防灾减灾基金及社会基金。鼓励企业、社会团体、公民及海外人士积极捐赠，并加强对资金的监管。

第三，加强科技防灾减灾研究的机构建设与人才建设。机构和人才的建设是以科学技术为先导进行防灾减灾的关键，机构的设置能够集中团结众多人才的会集与交流，更好地实现互通有无、科际互补的优势。人才的培养与交流则能够增强科学技术研究中人的主动创新精神，特别是竞争与奖励机制的设置与实行是促进科学技术进步的强劲动力。

2. 遵循自然规律，理性应用科学技术，减少灾害发生的诱导因素

科学技术的发展与进步是人类社会进步的动力之一，借助于科技，人类得以摆脱愚昧的生活状态、挣脱自然的桎梏，然而科学技术却又间接地给人的生存、生活、生产埋下了隐患，导致了灾害的频发。无数的推理与现实中的例证又进一步说明，科学技术的进步又是人类社会最终减小灾害威胁的主要手段与支撑。那么，科学技术是恶，还是善；人类对科学技术进步的依赖与心存余悸是一种矛盾还是循环论证。实际上，科学技术本身并没有善恶之分，其善恶争论之源只是其利用者、掌握者运用的理性与非理性的结果的区分而已。现代

科学技术负面作用的本质是由人与社会、人与自然关系的扭曲所导致的科学技术的异化，人类应该从伦理上摆正自身的位置，对科学技术进行伦理评价，走出科技发展给人类带来的困境。①

具体到环境灾害问题上，造成灾害与生态危机的原因，既有人类对自然规律认识不充分的因素，也有人类对科学技术运用违背自然规律的原因；既有现代人类对于人类理性问题采取了双重价值标准这个深层的原因，也有不同利益集团之间的矛盾纷争和眼前利益驱使等方面的因素。无论从哪个角度来讨论环境问题，从根本上必须一方面要纠正人类的过激行为，使人类的活动在遵循自然规律的基础上开展；另一方面要解决科技创新与应用的人文价值定位问题，并把这个定位贯穿于科学家科技创新与社会应用活动的始终和整个环境保护决策与实施的全过程。② 这一过程确实需要人类理性对待科学技术的问题，既要反对科学技术决定论，又要拒绝反科学主义；既要纠正狭隘的科学技术工具主义，又要排斥抽象的科学技术目的主义。

在当今的文明时代，科学技术已经体制化、常态化，科学技术的理性对待既要领先科学工作者伦理价值观念的提升，又需要作为其主导者——国家与政府的政策导向与适当的社会控制机制，特别是要通过民主监督、法律运作和利益调控对政府和科研人员的行径加以规范，这是现代社会进行灾害干预的重要内化层面。还有必要区分两种类型的给人类带来灾难的科学：一类是有明确意图，在某种带有恶意的目的指导下进行的"科学"活动，完全是"人为的"，而且对其后果有预见性；另一类是没有人的自觉目的的，是由人类对自然规律认识的局限性造成的。两类负效应产生的原因不同，解决的方法和手段也应该不同。对前者必须坚决禁止；对后者则要加深对科技的认识，进行技术预测，防止危害发生。同时我们也需要注意，人们对科技正面作用的过分相信和夸大会掩盖对科技负面作用的认识。因此，应当注意纠正这种片面认识，并且采取一些相应的社会措施，以防止科技被滥用，尽量减少其负效应的出现。③

---

① 詹颂生：《科技时代的反思》，中山大学出版社 2002 年版，第 122 页。

② 刘限、李建珊：《环境伦理与科学技术》，《中国科技论坛》2003 年第 1 期，第 86 页。

③ 林坚、黄婷：《科学技术的价值负载与社会责任》，《中国人民大学学报》2006 年第 2 期，第 51—52 页。

第四章

国家与抗灾救灾

灾害发生的不确定性和灾害发生后的巨大破坏性使人类在自然面前显得更加渺小而无助。然而，人类社会长期以来形成的共同体组织却能够团结和凝聚人类个体的力量和智慧，从而提高对灾害的预防和抗拒能力。国家无疑是至今以来人类社会形成的最为有效和组织性最强大的共同体组织，同时国家也是现代国际社会最基础的行为主体，这也决定了国家必然成为抗灾救灾行动的组织者与责任者。自然灾害的形成与发展必然会对其中的国家和地区造成巨大的灾难，而国家的"子民"则是灾害的直接承接对象。灾害发生后，抗灾救灾是摆在人们面前的紧迫任务，国家理所当然地处在抗灾救灾的主导地位，从力量动员、组织协调、基本保障、医疗救援、资源调配，到维护秩序与稳定、资金管理、灾民安置、灾区防疫等，国家必须成为抗灾救灾的核心力量，积极全面及时地投入到抗灾救灾活动之中。

一　力量动员

在抵制自然灾害的过程中，政府及其所属部门的力量居于主体地位是毋庸置疑的，这是由它所掌握的公共权力和公共资源的绝对性和权威性所决定的。人民群众也将政府视为灾害救助的主体，灾害发生后首先想到的是政府救济。然而，在重大的自然灾害面前，政府所面临的人手紧张、资源匮乏以及受灾地区社会混乱无序的种种局面必将延缓灾害救助的进行。目前，政府还没有形成运用市场化和行政化手段在全社会分担灾害风险和灾害救助的机制，个人也还没有形成积极参与灾害风险管理的意识。因而，每次重大自然灾害发生后，国家和政府作为公共服务的提供者和公共利益的保护者身份成为灾害损失的主要承担者，不仅要修复公共设施，保障公共利益，还要为个人的损失提供补偿。这一些都使政府自身平增不少负担，增加了国家统治与政府管理的高额成本。因此，政府在发挥自身作用的同时，应当充分借助社会各方面的力量，有效运用非政府组织、社会团体、社会组织以及公民的优势来实施救援。所以说，灾害一旦发生，为最大限度地减少伤亡和损失，开展以国家与政府为主体的力量动员便成为形成抗灾救灾行动合力的重要前奏。

（一）抗灾救灾中的力量动员

所谓动员也就是在一个国家或地区的人类生活共同体范围之内，为了某种特定目标，由权威机构设置整个共同体范围之内的中心议程，而整个共同体之内规则制度、价值目标、行动安排都要服从于这一特定目标，在此基础上，由权威机构实施大规模的行动与宣传以调动所有的社会资源与力量来完成业已设定的目标。"在这里，国家的动员能力同时表现在两个方面：一是议程设置能力，即整合和定向社会注意力的能力；二是资源调配能力，即调动和配置人力、物力和财力的能力。"[1]

在抗灾救灾中的力量动员相对于平常中的动员体制来讲，更具有紧迫性、广泛性，这也是由于灾害以及所造成灾难的特征所决定的。重大的灾难通常会使一个国家或地区处于失序状态，灾难中的人们处于水深火热当中，急盼救援，并且随着时间的推进与次生灾害的频发，人们的自救能力趋减，这种状态使灾难中的国家与地区非常需要其他国家或地区的救助。时间的紧迫性与救援的困难决定了灾害后力量动员的重要性。及时有效的动员会最大限度地凝结全社会的力量来进行抗灾与救灾。

这种动员的主要目标就是实现抗灾救灾，最大限度减少灾害带来的人员伤亡与财产损失，当然也包括灾难后的国家与地区重建等。力量动员的主体是国家与政府的权威部门，包括中央政府、地方政府以及相关的行政机构等，其客体应该是整个社会体系，包括企事业单位、社会团体组织、个人的力量和整个社会所能支配的物资力量和财政能力等。这种动员的方式更是多元化的，包括主题动员，也就是设定行动的目标与方向，通常与整个社会的价值观相联系；仪式动员，设定相关的象征符号或者正式的动员大会、报告会等；领袖形象展现，即通过权威机构的领导人亲临现场慰问与指挥，开展记者会、发布会等。动员的媒介可以通过现场而更多的可

① 胡百精：《中国危机管理报告 2008—2009》，中国人民大学出版社2009年版，第114页。

能要通过网络媒体、电视广播等。

力量动员具有相当程度的政治性，因为，虽然这种动员体系是建立在广大社会成员自愿与自主的基础之上的，但是，由于动员的范围广泛，特别是动员的主体是国家与政府的权威机构与行政部门。这足以显示，这种动员本质上是国家权力运作的一种特殊方式，而且力量动员是建立在国民对其共同体的认同基础之上的。社会要作为一个统一的整体存续下去，就需要社会成员对该社会有一种共识，即对社会的基本制度、规则、方向和发展模式等重要问题有大体一致或接近的认识。为此，人们的认识、判断和行为才会有共同的基准，社会系统才能协调运作。① 重大灾难中的社会动员本质是"共识动员"，通过形成共同的态度和认知，从而协调行动，形成合力，共同抵御灾难。② 当然，灾害一旦发生，影响力量动员的因素也是多重的。首先是经济实力，这是影响动员的首要因素，也是根本的制约因素，经济实力的大小直接决定动员的效能。只有在一定的经济实力的基础上，动员才能有效，动员后的力量才能真正具有实际救灾的目的。其次是国家政治制度因素，这是因为政治制度关乎以下一些重大问题：一国在和平时期建立起了怎样的政治体制，使它可在需要时以相应的效能调整国民经济和人力部署，如何为特定的根本目标集中国家资源？一个特定体制的政府拥有的财政实力和信用能否保证在其需要时可以迅速获取民间资金？这个政府是否至少因其政治制度的保证而有足够的号召力，以便在一旦需要时得以唤起民众抵抗强敌的意愿？它的国内合法性或正当性是否稳固，从而可在关键问题上取得全国万众一心的支持？它如何在一般必然有内部重大利益差异和歧见的社会里塑造国内共识，以便支撑国家基本政策？此类属于政治制度与国家动员之间关系范畴的问题往往成为头等重要的政治战略难题。③ 对于我国来说，单一制的现代民族国家制度安排更是有利于力量动员的开展，特别是在中国共产党的领导下实现了人民利益一致性，全民抗战的思维等特别有利于动员的有效发挥。最后，影响动员的其他因素有人口、科学技术水平、领土格局、价值观念等，它们对动员虽然不能起到决定性的作用，但能够深深影响到动员的时效性、范围与深度。

① 胡百精：《危机传播管理》，中国传媒大学出版社 2005 年版，第 68 页。
② 胡百精：《中国危机管理报告　2008—2009》，中国人民大学出版社 2009 年版，第 160 页。
③ 时殷弘、陈潇：《现代政治制度与国家动员：历史概观和比较》，《世界经济与政治》2008年第 7 期，第 33 页。

力量动员对于抗灾救灾的巨大作用无可置疑，然而，灾难后的这种动员有时却面临着一些挑战。一是合法性挑战，即国家的主张和行动能否得到社会的高度认可和支持；二是效率挑战，即国家能否有效配置社会效率，以最小的代价换取最大的收益。[①] 特别是对于我国来说，面临尚未健全的灾害救助机制，政府只能以行政命令的方式，自上而下地动员各级政府和相关部门积极地投入到灾害救助的行动中。此种方式具有灾害救助的明显优势，但是存在时效性的限制，同时浪费了部分社会资源，无形中提高了救灾成本。政府在面临突如其来的灾害时，有时并不能以最快最有效的方式实施救助，这就要求政府不仅要发挥自身力量而且应充分动员非政府组织、社区以及志愿者，充分发挥他们在自然灾害中的救助作用，形成自上而下和自下而上相结合的方式，集结社会各方力量共同应对自然灾害的发生。这样一来，不仅大大提高和扩展了灾害救助的时效性和灵活性，同时也能减少政府救灾成本的投入。

（二）发挥非政府组织在救灾中的作用

1952 年联合国经社理事会将非政府组织（NGO）定义为"凡不是根据政府间协议建立的国际组织都可被看作非政府组织"，在其时代背景下，这主要是指国际性的民间组织，而公益性、民间性、非营利性、志愿性、合作性、自治性是非政府组织的基本特点。它既不靠权力驱动，也不靠经济利益驱动，其原动力是志愿精神，追求社会效益最大化。自然灾害的偶发性、未知性、严重性、危害性、关注性等特点决定了对其预防以及相关信息的采集与信息传递的重要性。非政府组织在抗灾救灾中具有双重作用：一方面，非政府组织的工作是政府工作的补充。做政府工作的补充这一定位，是减灾领域非政府组织生存和发展的核心。非政府组织根据当地经济建设和灾害发生、发展特点，来指导规划自己的工作。做政府与民众间的桥梁，当好政府工作补充的角色。实践表明，政府和社会在区域的规划发展方面、制定应对灾害的应急预案方面、当地主要灾害的预测预防方面、向民众进行灾害的宣传教育等方面，希望并要求减灾社团发挥更大作用。减灾社团如果没有政府的领导和支持，如果不能坚定不移地围绕经济建设这一中心开展工作，如果没有一个良好的上下左右工作关系和环境，减灾社团的工作就很难顺利开展，因此，这些减灾领域的非政府组织

① 胡百精：《中国危机管理报告 2008—2009》，中国人民大学出版社 2009 年版，第 114 页。

要抓住国家经济发展这一大背景，以政府力量为依托，汇集社会各界精英人物，在减灾抗灾领域发挥重要作用。另一方面，非政府组织是向社会开放的平台。中国减灾领域非政府组织是从事灾害预测、预防、救助、重建、宣传、教育等单位、团体及科学技术和灾害管理人员自愿组成的社会团体。非政府组织的性质表明它是面向社会各阶层的、平等的、开放的交流和展示平台。在这个平台上，不同灾害领域、不同学术观点可以充分表达，并且可以以大众易于接受的、喜闻乐见的各种方式去宣传播撒灾害和减灾知识。在现实的社会实践中，我们看到，非政府组织与一切愿意从事减灾活动的人士或团体进行合作，因为多一个人去宣传灾害，多一个人知晓灾害，都可能对减轻灾害损失有实际意义。① 因此，政府动员并发挥非政府组织在减灾救灾中的作用具有十分现实的价值和意义。

纵观历次国际救援，非政府组织都以其迅速、专业、灵活的特性，展示了他们在抗灾救灾中的重要性。1995 年 1 月日本阪神大地震，2004 年12 月印度尼西亚地震引发大海啸，都是非政府组织第一时间到达现场，反应极其迅速。它们以各种性质和社会服务，借助民间宣传抵制灾害的同时，号召民众投身于灾害救助，对整个抗灾救灾的过程起到了十分重要的作用和影响，有效地减少了人民生命财产的损失。

非政府组织在灾害救助的过程中，充分体现其专业渗透作用，进行社会动员与整合。对政府而言，由于灾害的突发性与不可预见性，政府在常态管理中有效的行政动员和政治动员方式往往可能在灾害的突发性、瞬时性和紧急性面前显得滞后单薄。与之相对应，非政府组织与政府是一种合作的关系，对于救助的参与可谓拾遗补阙，具有民间的公益性特征。它灵活多样的组织结构和独立的决策与行使能力能够通过有效的动员方式实现对社会资源和社会力量的最快和最大的整合。另外，非政府组织很多时候在灾难中发挥着反映民意和社会监督的作用。无处不在的非政府组织成员和志愿者，对政府的救灾行动以及官员和企业在救灾中的表现，形成严密的监督，这是救灾活动成效显著的一个重要原因。它的那种中介作用使其最大限度上接政府、下联基层群众，积极配合政府使各种信息公开化、明朗化，切断谣言传播，稳定公众心理。

---

① 王宝杰、陈莉、李建良：《中国减灾领域的非政府组织》，《自然灾害学报》2007 年第 12 期，第 580 页。

　　值得注意的是，在许多落后国家以及不发达的地区，灾害救助对于政府而言就有相当大的难度，一方面在落后国家和地区内，社会救助系统不完善，基础设施陈旧，灾害发生后对于整个社会的打击较大，灾害救助受到巨大的条件限制；另一方面，由于经济、技术的不发达，政府在灾害救助中的作用范围和作用空间受到很多限制，这就使得非政府组织在进行救助的时候要承担较多的责任，发挥较多的作用，以弥补政府的不足。在2010 年年初发生的海地地震中，我们可以看到，国家政府根本无法发挥较多的作用，在海地地震的整个救助以及灾后重建中，一直都是国际社会的人道主义援助在进行救助，其中，非政府组织也发挥了关键性的作用。因此，在许多落后国家和地区，非政府组织的作用是巨大的，甚至是超过了国家本身的作用，对于这一点，非政府组织应当在今后的工作中寻求更大更多的空间。

　　总之，非政府组织的公益性特点，使其在救助中更具优势，减少国家政府的物质和精神上的双重负担；组织专业化使其更具敏锐、前瞻的洞察力，可以在灾害救助中最大化地减少不必要的浪费，提供灾害救助的专业性意见和建议；灵活的运作机制更具渗透性和主动性，使灾害救助的过程能够根据情况的变化而灵活调整和运作；组织成员的大众化使其更接近百姓，理解、关怀、帮助人们，有利于灾后重建和舒缓灾民的心理创伤。

　　经过多年的发展，我们看到非政府组织在学术研讨和对大众进行防灾减灾知识宣传普及方面作用尤为显著。"中国的防灾减灾工作以政府的行为为主导，政府的主要涉灾部门配有常设的防灾减灾机构，如设在水利部的国家防汛抗旱总指挥部、设在中国地震局的国务院防震减灾指挥部、设在国家林业局的国家森林防火指挥部等，救灾工作则以各级民政部门为主。但是，在中国防灾减灾领域中，非政府组织是防灾减灾领域的重要力量，其工作是政府工作的补充，非政府组织的工作受到政府的重视和支持，并得到社会各界的肯定。"[①]

　　中国的非政府组织具有鲜明的特点，在目前中国社会的现状下，正是由于这些特点，使他们能够在防灾减灾领域发挥特长，协助政府，联合民众做了许多实实在在的工作。

――――――――――

　　① 王宝杰、陈莉、李建良：《中国减灾领域的非政府组织》，《自然灾害学报》2007 年第12期，第577 页。

（1）大多具有政府参与的背景。由于灾害和减灾工作涉及不同领域和部门，目前的现实是，我国减灾工作的有效开展，包括非政府组织所要开展的活动，必须体现政府影响的存在。因此，减灾领域非政府组织的主要领导人往往由当地主管灾害防御工作的政府领导人兼任。理事会当中，灾害管理部门的负责人占据相当比例，这样，非政府组织的工作能够紧密配合政府的主要工作，对于当地灾害和减灾工作的热点，政府和民众关注的问题，能够及时发挥作用。

（2）有强大的专家群体作支撑。非政府组织是科技和公益性质的社团，是为不同领域、不同学科和灾种的学者和专家搭建的合作、交流的平台，对研究灾害间的相关性、衍生性以及综合减灾不同领域的协调、配合具有其特有优势。如地方的"年度灾害趋势会商会议"的成果就是不同学科专家合作攻关的结果，受到政府和企业的关注和重视，被作为指导工作的重要参考。此外由减灾社团牵头组织编写的地方灾害年鉴（或灾害大事记、灾害白皮书），也是不同领域、学科的专家学者通力合作的结果。

（3）开展工作的灵活性。中国非政府组织能够根据经济建设和社会发展中出现的新的灾害和灾害出现的新特点及时调整自己的工作重点。20世纪90年代，当中国沿海地区经济快速发展的时候，各种灾害所造成的损失也越来越严重，中国灾害防御协会适时组织召开了"沿海地区减灾与发展"研讨活动；中国在城市化发展进程中，出现了一系列与灾害相关的问题，全国性的减灾社团与各地减灾社团先后举办多次研讨活动；针对中国贫困地区的灾害问题，中国灾害防御协会进行了贫困地区扶贫与减灾方面的研讨、宣传工作；儿童和妇女是易受灾群体，与国际减灾活动相呼应，中国的减灾社团经常举办针对儿童和妇女方面的研讨活动和宣传教育活动；进入21世纪，灾害出现新的特点和新的灾害的出现，中国灾害防御协会适时进行了"人畜共患疾病""饮用水安全""城市公共安全应急"等方面的研讨活动。这些活动的开展，表现出非政府组织运行的灵活性和实时性，对于国家进一步的减灾抗灾工作具有重要的指导作用和价值。

（三）发挥基层社区在灾害救助中的作用

社区是指富有人情意味的社会关系和社会共同体，它由具有共同价值取向的同质人口组成，其关系密切，出入相友，疾病相辅等。传统社会是以血缘关系为依托的人际关系，其社区形式主要是村舍。由于社区具有活动范围小、宣传信息便捷等特点，决定了它在灾害中必然产生不可估量的作用。因此，应当充分发挥社区力量，使之投身于灾害的救助工作中。由于自然灾害具有可预见性低和偶发性等特征，某些自然灾害发生的时间和地域无法预测，可能在人口密集的城市，也可能在人口稀疏的乡村或小镇。在灾害发生后，人们在等待政府救援时，可以利用社区或者村社的优势，积极行动起来，力图在第一时间展开救援行动，减少社会经济损失。

社区作为基层组织，在灾害来临时，首先应当起到维护社会秩序的作用。突如其来的灾害，会使整个社会顷刻间陷入无序状态，由于灾害对社会形成破坏，物资极度匮乏，人们会感到生命安全受到了巨大的威胁，极易发生暴力哄抢事件。此时，社区就应当承担起稳定社会秩序的作用，利用常态中建立起来的相互信任和依赖的关系，抚慰大家的心理创伤，积极展开互助互救的行动，减缓由于灾害带来的人们物质和精神上的损失。社区通过宣传教育，利用黑板报、自办报纸等各种宣传形式，使社区人们尽快便捷地了解灾情，营造良好社会救助氛围，使人们充分意识到自己与他人、与社会的共同利益，形成社区共同的意识和归属感，激发人们潜在的良知，在自助的同时向需要帮助的人献出自己的一份爱心，结合成一个共同体相互支持与帮助。其次，社区工作能充分有效地动员灾前预防、灾时救助、灾后重建，减少社会治理成本。当灾害发生时，社区成员能承担相应的责任和义务，获取信息并传达信息，依靠社区的向心力和凝聚力协助政府救灾抗灾，减少灾害造成的损失。

（四）充分发挥志愿者的作用

国家除了动员非政府组织、社区充分协作抗灾救灾外，还应动员志愿者积极参与到国家的抗灾救灾行动中。联合国将志愿者定义为"不以利益、金钱、扬名为目的，而是为了近邻乃至世界进行贡献的活动者"，根据中国的具体情况来说，志愿者是指自愿参加相关团体组织，在自身条件许可的情况下，在不谋求任何物质、金钱及相关利益回报的前提下，合理运用社会现有的资源，志愿奉献个人可以奉献的东西，为帮助有一定需要的人士，开展力所能及的、切合实际的，具有一定专业性、技能性、长期性服务活动的人。志愿者团体在灾害救助的过程中具有一定的精神抚慰作用，使受灾人民能够切实体会到灾害发生后，面对着家破人亡的惨烈境况，仍旧能够感受到来自社会的温暖和关爱，给生者以希望和抚慰。在汶川地震和玉树地震中，我们可以看到许多志愿者忙碌在灾害救助的第一现场，给我们留下深刻印象的是来自香港的志愿者阿福，在玉树地震中，为了救助压在房板下的儿童，失去了自己的宝贵生命。

1. 志愿者团体的组织类型

我们国家在运用志愿者团体进行抗灾救灾的过程中，形成了以下几种志愿者组织类型。

（1）官方组织型。官方组织型的最大特点是：志愿者经过了征集—分配—救灾的三个全部管理流程，他们由官方按照各地灾区和各部门需求统一组织、派遣，具体工作岗位则由各地抗震救灾指挥部安排，使救灾工作有序快捷。

（2）单位组织型。主要由省内外的企业和单位自己组织。他们有统一的指挥和明确的目的，那就是运送物资到现场并参与抢险救人。四川汶川发生地震时，江苏黄埔再生资源利用公司董事长陈光标正在召开董事会，听到消息，董事会立刻变成了抗震救灾部署会。当天下午4时40分，60台吊车、推土车、挖土机等大型机械组成的救援车队就分头从江苏、安徽向四川进发。据挖贝网报道，13日中午他们到达都江堰。河南胖东来商贸集团也组织了救灾志愿队，5月13日下午该公司负责人带领由200名员工组成的救援队、支援队，租乘13辆车奔赴地震灾区抗震救灾，随车带去的还有100万元现金和价值几十万元的方便面、棉被、帐篷、药品。此外，在玉树地震、2010年的南方水灾中，社会上的许多公司、企业都会根据自身的优势，组织人员进行抗灾救灾。

单位组织型的志愿者一般在到达现场后，都会主动与当地的抗震救灾指挥部取得联系，接受指挥部的领导。除征集环节外，他们经过了分配—救灾的两个管理流程，在抢险救灾中有非常高的效率。

（3）民间组织型。民间组织型的志愿者团体在数次抗灾救灾中都有不俗的表现。在汶川地震救灾中，民间组织型和个体组织型志愿者人数最多，分布最广，他们活跃在灾区的各个区域。2008年5月12日深夜，在数家NGO的倡议下，通过网络沟通，共同组成松散型的民间团体赈灾援助行动小组。各路NGO通过互联网交换信息并进行资源分配共享，达成以下分工：成都的NGO人员与政府部门沟通合作，了解灾情，设立物资接收点；外地的NGO则筹集资金和购买物资。以唐山人宋志永和他的民工兄弟为代表组成了"唐山青年志愿者突击队"（人称十三义士）；山东莒县十位农民开着农用三轮车历经三昼夜赶赴灾区。类似的这种民间自发组织的救援队，灾区还有很多。有的民间组织志愿队也主动去指挥部申领任务，也经过了分配—救灾的两个管理流程，解决了救灾指挥部兵力不足的难题。

（4）个体组织型。个体组织型是由单独的个体或是在灾区结识后三五人结伴而成的救援组织。但正是这样的组织形式暴露出了一些问题，在汶川地震中，一些训练有素的志愿者到灾区后会融合到其他救援队中，也有一些志愿者缺乏明确的目的性，许多人甚至没去各地救灾指挥部报到，游离于志愿者管理流程之外。①

2. 志愿者团体的特性

在多次参与国家救灾的行动中，志愿者组织要想更好地参与和支持抗震救灾工作，应当努力在志愿性、组织性、技能性、多样性、持续性等方面取得更大的进步。

（1）志愿性。政府救援是自上而下，志愿者组织等社会力量参与救援是自下而上，可以成为政府力量的有效补充，与政府救援形成合力。正因为具有自下而上的特征，志愿者组织等社会力量参与抗震救灾必须建立在自愿、无偿和公益的基础上，而不能实施强制性行为。志愿者参与抗震救灾，是民众和志愿者贡献个人的时间、精力和财力，在不为任何物质报酬的情况下而为抗震救灾工作提供各种形式的服务，因此，必须树立志愿团体的志愿精神，有了志愿精神作为救援工作的精神支持，国家才能更好地引导志愿团体开展工作。

（2）组织性。社会力量参与抗震救灾必须本着协调有序的原则，建立志愿者协调管理中心，推动各种志愿者组织之间的合作交流，做到信息共享、统筹协调、合理分工，让这些组织能够平稳有序地参与到抗震救灾的工作中。

（3）技能性。地震现场应急救援和处置是一项技术性、专业性很强的工作。对参与现场处置和救援的志愿者来说，他们必须具备一定的专业技能，在保证自身人身安全的情况下，为专业救援人员和抗震救灾后勤保障提供必要的支持和协助。在汶川地震的救援现场我们看到，由于没有经

----

① 梁志全：《青年志愿者：抗震救灾的组织类型和功能分析》，《中国青年研究》2008 年第10 期，第11 页。

过系统的训练缺乏必要的抗震救灾、医疗救护、心理援助等方面的知识和技能，部分志愿者感觉到了繁忙的灾害现场不知道干什么好，"有劲使不上"。为此，赶赴灾区后，志愿者队伍必须接受政府部门的救灾统一指导，配合政府和解放军的救灾工作，在力所能及的范围内开展工作。此外，大灾之后很可能有大疫，为了保证把疫情控制在最小范围甚至不发生疫情，除了必要的懂知识、有经验的救援人员外，灾区的人员应该控制在一定的范围内，在救援工作进行到一定程度之后，政府应当疏导部分志愿者离开现场，确保灾区疫病不会扩散蔓延。

（4）多样性。志愿者具有"小行动＋许多人＝大不同"的特征，范围广，类型多，具有专业服务、扎根基层、工作规范的优势，在很多时候能够发挥政府和公众个体所无法发挥的作用，成为政府抗灾救援的"左膀右臂"。它们在配合政府救助服务的同时，能够发挥特有的人才、资源、信息优势，不断拓宽救助渠道，形成立体化、综合性的救助体系，为灾区群众提供更多的个性化的服务和救助，满足灾区群众多样化的需求。此外，志愿者组织具有很强的开放性，能够比较迅速地动员组织起来，迅捷有效地进行跨组织、跨地区甚至是跨国的交流与合作，吸纳各种多样化的资源，为救灾工作提供更多的信息沟通和支持。

（5）持续性。抗震救灾是一个持续性的过程。抗灾救灾工作在由应急抢险转入全面恢复重建阶段，涉及疫病防治、心理治疗、三孤安置、学校重建、经济恢复等多个方面。如何维系社会对抗震救灾工作的热情和支持，是个重要的问题。与应急抢险阶段相比，善后恢复与重建阶段持续周期长、过程比较平缓，人们在经历了大灾发生初期的热情捐助后也开始恢复平静，因而这个阶段有可能不容易得到社会关注。志愿者组织参与抗震救灾工作的长处在于持续关注，而不在于"赶集"一时凑热闹。在灾后恢复与重建阶段，志愿者可在物资调配和发送、疫病防治、心理治疗、孤儿安置、学校重建等领域作出贡献。

（6）声誉性。在汶川地震发生后，因对社会组织的公信力持有疑心，很多人（包括部分境外民众和团体）虽然对捐款捐物很有热情，但权衡再三还是不得不放弃或是寻找在他们看来认为是可靠的其他途径，许多人将钱、物等捐给了红十字会等社会公信力较高的非政府组织，因此，我们应当加大对一些志愿者团体公信力的建立，使灾区能够得到更多的捐助，以此缓解国家的经济财政负担。

目前我国参与过各类志愿者活动的总人数已经达到 8000 万人，但令人遗憾的是，许多志愿活动的实际效果却不令人特别满意。2007 年 11 月 1 日起施行的《中华人民共和国突发事件应对法》指出："公民、法人和其他组织有义务参与突发事件应对工作。"正如汶川抗震救灾所表明的，在未来的应急处置和救援中，包括志愿者在内的政府体系外的各种社会力量将发挥越来越重要的作用，这也是政府应急管理工作的坚实的社会基础。①

3. 志愿者自发救援的弱点

（1）志愿者行为存在一定的盲目性。表现在：一是工作没有程序。如一些志愿者越过救灾指挥部自发为灾民发放带去的物资，使指挥部按程序分发的物资重复、浪费。二是影响交通。在汶川地震发生后，许多志愿团体或个人，自驾车到灾区，这无疑为本已受到严重破坏的道路交通增添了运输压力，不利于救援工作的迅速开展。三是缺乏能力。一些缺乏救援技能的志愿者，在灾区想奉献而又不知怎样奉献，许多时候不能够达到救援的目的。

（2）缺乏持久性。一是长期的救灾而缺乏后勤保障，个人身心极易疲惫，难以长期坚持；二是有工作的志愿者还要受单位假期的约束。这些志愿者团体的劣势使得他们无法在某些方面起到较为突出的作用。②

4. 政府与志愿者合作

我国志愿者组织面临的最大瓶颈就是"谁来管"和"如何管"两大问题。目前在中国公民社会虽有突破发展但仍有待成熟的条件下，政府的推动、支持与扶植对志愿活动的开展有着重要的意义。如何立足于政府，着眼于志愿者，在救灾行动中最大限度地发挥志愿团体的优势，是政府引导志愿团体的重要内容。在汶川地震的救灾行动，既反映了志愿者的极大热情又暴露了众多问题，志愿者们既有较高的积极性又有较大的盲目性，最主要的是组织性不强、专业化不足等问题。当志愿团体的志愿精神与现实的问题相冲撞时，政府的作用就会显得尤其重要，如何引导某些非专业化的志愿团体来进行高效有序的救援，与政府进行通力合作，是政府需要

---

① 钟开斌：《志愿者行动观察》，《决策》2008 年第 6 期，第 41 页。

② 梁志全：《青年志愿者：抗震救灾的组织类型和功能分析》，《中国青年研究》2008 年第 10 期，第 12 页。

研究和解决的问题。在我国，由于社会经济的发展，现阶段志愿团体仅仅是萌芽期，许多人不知道如何配合政府实施志愿活动，造成了社会人力资源的重复使用和浪费。在常态状态下，就应当开展一些活动，用现实的情况来指导志愿者团体的活动，政府在此必须承担和扮演应有的角色，积极发展与志愿者团体的合作。

随着人类社会对自然改造程度的加大，许多自然灾害在当今时代的科学技术条件下还无法估计和预测，我们只能被动地接受灾害的来临，这就需要灾害救助的社会动员无论是其内容与手段还是强度与效果都应当有所调整和改变。

总之，政府作为最具权威的管理者，在灾害发生后必须承担主要的社会救助角色，要动员国家一切力量进行抗灾救灾。同时，政府不仅要充分发挥自身管理职能，而且更应充分调动社会各方力量，采取有效措施使得社会各界力量积极有效地参与到救灾活动中来，最大限度地减少灾害所造成的损失。

二　组织协调

国家的组织协调能力是国家统治职能与管理职能相统一、整体上不可或缺的重要能力之一。单从政治领域来讲，协调行为的形成是基于矛盾与冲突，正是在政治主体之间利益、权力、行为等方面存在一定的分歧与矛盾时，协调便成为必要。当发生自然灾害时国家和政府的组织协调行为也就是国家和政府的组织协调能力在特殊情境下的运用。国家在灾害中的组织协调就是国家和政府作为抗灾救灾的主体，同时又作为公共权力的行使者，充分运用国家公共权力，在明晰政府及相关机构的职能基础上，实现各个不同时间内、区域间、部门机构间的权力、利益、行为与价值的平衡与协同，从而能够整合资源，优化救灾力量配置，实现整体上抗灾救灾功能的最大化。

组织协调在抗灾救灾中的作用是不可估量的，组织协调机构的建立是必要的。它不仅包括本体系内的组织协调，还包括系统之外的组织协调，即系统与环境的组织协调。在灾害来临时，无论是原有的抗灾救灾部门，还是临时建立起来的社会自发性救助团体，都只有在良好的组织协调中才能发挥作用。

（一）灾害中组织协调的必要性

在抗灾救灾的过程中，组织协调的必要性和重要性是不言而喻的。面临着灾害发生后的社会混乱局面，单个救援部门或是组织根本没有能力有效地独立完成救援工作。信息不对称是救援工作不能有效完成的最大障碍，这时就需要有一个组织协调部门进行统一规划指挥。2008 年的汶川地震，在四川成都成立了国务院抗震救灾四川前方指挥部，对应设置了 9 个工作组，专门协调四川抗震救灾工作。专门指挥协调机构跨部门设立专门工作组，建立了指挥协调平台，强化了沟通共享渠道，提高了决策的效率和科学性，在战胜地震灾害中发挥了重要作用。组织协调工作在抗灾救灾中的必要性主要体现在以下几个方面：

首先，协调各方救援力量，充分发挥各方救援优势。不同部门救援人员的个人能力和总体协调能力的不同导致救援过程中表现出来的综合能力也是不同的，所以适当协调各方工作是一个必需的程序。

其次，在抗灾救灾的过程中，对所要达到的目的进行划分，协调单个目标与总体目标，以最大限度地减少保护人民生命财产安全，最大化社会公共利益为根本的指导方针，在个体与总体之间进行有效的协调。

最后，应急管理机构之间保持高度的协调一致。各应急管理机构可提供一定的信息支持，包括现场信息、建筑平面图、公用设施的信息、建筑物用途、受难者的数量、社区的医疗设施和伤者交付信息等，但是这些现场信息的顺利获得，需要以事故现场各级应急救援人员和幸存者协调一致为前提，如果某一环节出现延迟，就会直接影响到事故现场对救援力量的需求总量。

（二）灾害中的组织协调

由于灾害发生后救援力量的多样化，且各种救援力量的利益诉求、行为方式、价值观念并非完全同质，这就决定了灾害中组织协调的必要性。对于我国来说，由于目前抗灾救灾中的多头管理、条块分割的现实比较严重，灾害发生后政府的有效组织协调对于各救援力量救灾的效率的保障则显得更加迫切。按照我国的国家公共权力分配模式与国家管理现状来看，灾害中的组织协调主要存在于以下几个方面。

1. 政府组织与非政府组织之间的协调

在抗灾救灾中，政府组织代表国家，它们自身就是国家的中央政府或国家行政区划、行政机构的一个层级，自然在救灾行动中占主导地位。政府组织对救灾行动的参与是其应尽的职责，也是国家所赋予的神圣使命，它们在救援行动中有着巨大的力量与资源。非政府组织对救灾行动的参与则是基于国家的动员之下在自愿原则基础上的参与。政府组织的参与有计划性、组织性、权威性、专业性，而非政府组织相对来说则有一定程度的无序性、无组织性、业余性等特点。这些状况决定对政府组织与非政府组织在行动的协调非常必要。特别是非政府组织要服从政府组织的领导与统一行动安排，改变平时工作涣散、无序等特点，政府组织也要把非政府的行动纳入其整个救援行动的一个组成部分，充分发挥它们的积极性，吸收其特长，实现两者的紧密配合，各自发挥优势，实现救灾效能的最大化。

2. 中央政府与地方政府之间的协调

我国是一个统一的多民族国家，实行单一制，我国的国体与政体决定了国家中央和地方的国家机构职权的划分，要遵循在中央的统一领导下，充分发挥地方的主动性、积极性的原则。这是处理好中央与地方关系，科学合理地划分中央与地方的职责权限所必须遵循的宪法原则。在自然灾害发生后这种特殊境状下，在处理中央与地方的权力归属划分和行使时，这个原则也必须得到贯彻。即既要维护中央的统一领导与权威，又要充分发挥地方的积极主动性。然而灾害救援的紧迫性、复杂性决定了在抗灾救灾中必须协调好中央与地方的权力行使与力量分配。

中央政府作为国家主权的代表者，国家权力的最高层次行使者，在抗灾救灾中的巨大作用是任何地方政府、社会团体所不能比拟的。且其所领导的众多专业机构与部门决定其在抗灾救灾中必定要承担最为重要的角色。地方政府当然要服从中央政府在救灾行动中的组织方式、决策手段、力量动员与调遣。当然在这一过程中，地方政府也必须充分发挥自身的优势来配合整个救援行动。由于地方政府对灾害地区的气候、地质、人口分布、城乡规划特征、道路状况等更加熟知，它们在救灾的过程中，可能在某些方面要发挥更为重要的作用。

3. 政府内部门、机构之间的协调

在抗灾救灾中，政府内部也有着多层化分布格局，有指挥机构、行政部门、专业机构、专家委员会等，其中，有政府主要领导和公安、交通管理、消防、医疗卫生、城管、武警、军队等部门，以及灾害事故相关的上级领导组成的灾害救援指挥部是灾害救援行动的指挥机关。怎样实现指挥机构的快速反应与应急指挥，怎样实现行政部门的紧急布置与行动部署，怎样充分发挥专业机构的专业特长并充分听取专家建议，怎样协调各个机构、各方救援力量在灾害救援指挥部的领导下统一行动，实现迅速、有效的抗灾救灾，这都需要在救援行动中进行很好的协调。例如，在国家减灾委员会的成员单位中，当发生地震后进行救援时，离不开每一个单位之间的团结与配合，特别是地震局的信息提供、卫生部的医疗队伍的参与、财政部的财政支持、民政部的物资筹集、交通运输部的交通指挥等之间的良好协调是实现抗灾救灾的根本保证。

4. 国际救援力量与国内救援力量之间以及各国际救援力量之间的协调

随着灾害的全球性特征趋于明显，国际社会"全球安全共同体"意识开始出现，灾害发生的国际人道主义援助成为抗灾救灾中的一道亮丽风景线。但由于国际社会的自助体系特征，国际救援也不可能完全摆脱国际权力政治因素。要想实现国际救援力量的有效实施，合作精神必不可少，建设有效的协调机制是其根本。关于国际救援力量之间以及与国内救援的协调也包含着众多主体，如国家政府间协调、国际政府组织间协调、国际非政府组织间协调及国家政府组织与国际非政府组织间协调等，特别是从国家政府间的协调关系到主权原则，国际政府组织间的协调涉及利益问题。在这种状况下，国际救援的协调机制是非常必要的。应该说国际人道救援协调是以共识为基础、以组织为依托、以机制为纽带、以配合为手段来调节救援过程中各方力量之间的协同配合及外来救援力量与当地政府主权之间的矛盾冲突，促进人道救援工作的有序开展，增进世界各国的友好合作关系。其特点就是：多边协商、共同参与、相互配合、一致行动。从本质上看，国际人道救援协调机制是以人为本、救死扶伤的人道主义与持久和平、共同繁荣的国际关系理念相结合的产物，是人道合作意愿国际化与制度化的结果，它不仅反映了国际社会的共同需求，也体现出国际社会的有效供给。①

（三）灾害中组织协调的原则

1. 坚持以人为本的原则

维护广大人民群众的根本利益，保护人民的财产安全，这是党和国家在灾害救助过程中的出发点和落脚点。在灾害中，主要以保护人民生命财产为出发点，最大限度地减少灾害对人民群众的危害，协调各方力量全力

---

① 杨凯：《联合国框架下的国际人道救援协调机制初探——以海地地震灾害中的国际救援为个案》，《国际展望》2010 年第 3 期。

保护人民群众利益。

2. 坚持资源整合原则

按照资源整合和降低成本的要求，实现组织、资源、信息的有机整合，充分利用现有资源，进一步理顺体制、机制，努力实现部门之间的协调联动。在灾害中，社会资源极度匮乏，要实行有效的应急资源管理机制，整合各方资源，迅速有效地应运于抗灾救灾的前线，保障救灾工作的顺利进行。

3. 坚持社会广泛参与原则

调动全社会各方面的积极性，把社会、民众的参与同政府管理有效地结合起来，形成政府、非政府组织和志愿者队伍相结合的灾害应对体制，实现灾害救助的社会化。

4. 关键性原则

指从根本上解决关键性问题。关键性原则在管理科学中又被形象地称为"木桶"原理（其含义是木桶能盛多少水取决于桶壁上最短的那块木板条）。将这条原则运用于灾害救助的工作中，目的是迅速找出救灾中需要解决的关键性问题。纵观历次自然灾害，我们不难发现，首要的关键性问题是医疗救助的确保和灾民基本生活的安置。在 2010 年 1 月 12 日加勒比岛国海地地震中，许多被救出的人们由于缺乏及时的医疗诊治，有些人感染，有些人最终也只能死亡，这种情况在海地地震中是十分多的。

在灾害救助工作中，需要注意的组织协调原则还有很多，不能只关注制度化的组织原则，还需要加强运用其他手段来进行更好的协调。例如及时反馈、及时了解工作环节中所出现的情况。当下属工作中遇到困难时，应给予关怀，出主意，帮助其解决问题。实践证明，凡是组织协调得好就能改善人际关系，增进团结，调动被协调双方当事人的积极性，通过协调，也能使各部门职责更明确，更好地发挥各自的作用。①

（四）灾害中组织协调的方法

1. 组织协调模式以领导小组或委员会为主

设立中央指挥中枢系统，通常为领导小组或委员会，这个系统可以有效动员、指挥、协调、调动地区资源来应对紧急灾害，拥有最高指挥权。此外，设立常设性危机管理综合协调部门，或为单独设立的日常管理机

---

① 丁仁杰：《组织协调理论在地震系统管理工作中的运用》，《地震学刊》1996 年第 1 期。

构，或为部门机构赋予应急协调管理职能，既协调应急管理部门间的关系，也处理中央与地方的应急管理事务，并协同各方专家，从国家安全高度制定长期的反危机战略和应急计划，在各级地方层面上监督相应事务的落实。

2. 建立综合性机构，实行集权化和专业化协调模式

建立综合性机构，实行集权化和专业化的协调模式有助于统一领导、统一指挥，最大限度地发挥组织协调的效能。如美国联邦应急管理从20世纪60—70年代逐步走向统一，1979年，美国将全国各个联邦应急机构的职能进行合并，成立了联邦应急管理署（FEMA）。2003年，又依据2002年通过的《国土安全法》将联邦应急管理署相关的22个联邦机构整合，组成国土安全部（DHS）。DHS直接向总统负责，下设24个部门，兼有国家应急反应部队，另有5000多名灾害预备人员，实行军事化管理。[①]

3. 实行分权化和多元化管理，实施中实行多部门参与和协作

实施中实行多部门参与和协作能够更好地协调救灾工作。英国政府就是典型代表。英国政府一般由中央政府负责应对特定类型的事件，其他情况由所在地方政府负责处理，中央政府仅处理有关国会、媒体、信息等方面的事务，并对地方政府提供支持。为此，每一个地区都设立"紧急计划长官"负责紧急规划机构，平时负责地区危机预警、制订工作计划、举行应急训练；负责协调各方力量，有效处理应急事务，并向相应的中央政府部门咨询或寻求必要的支援。中央政府设有国民紧急事务委员会，由各部大臣和其他要员组成。委员会秘书负责指派"政府牵头部门"，委员会本身则在必要时在内政大臣的主持下召开会议，监督"政府牵头部门"在危机情况下的工作。

4. 召开联席会议

这是由各部门的主要负责人或业务骨干共同商讨问题的形式，可以搞一次性的，也可以定期举行。列宁说："管理基本原则是一定的人对所管的一定的工作完全负责。"这也就是说，部门主管只负责本部门的工作，不能跨部门指挥。但在实际工作中，部门之间总是有联系的，一旦部门之

---

① 尚春明、翟宝辉：《城市综合防灾理论与实践》，中国建筑工业出版社2006年版，第26页。

间出现了不协调，部门领导无法单独解决，就得由上级主管组织有关部门负责人召开联席会议，达到协调的目的。①

三　基本保障

众所周知，自然灾害将会威胁社会的安全和稳定，危及公众的生命和财产，给社会带来巨大的损害。政府作为社会的管理者，应充分发挥管理职能，在既定的国家政治体制内，通过制定和执行高效、积极、妥善的公共政策，最大限度地动员、利用、组合、发掘、培植资源。无论是灾前、灾中还是灾后，政府应当提供基本保障，灾前提供制度化的公众防灾意识、宣传教育保障，使民众能够具备应对灾害的能力；灾中提供相应的应急保障，对民众的生命权、财产权予以保证；灾后能够充分保障民众的社会保障权与知情权。灾害中，基本保障的充分提供，不仅能将灾害减小到最低程度，而且能最大限度地确保民众安全与社会秩序。

（一）灾害中的应急基本保障②

1. 基本生活保障

在现代国家，公民享有的最基本权利是生存权和发展权。在灾害发生后，社会秩序混乱、物资匮乏等一系列现实问题必定会对公民的基本生活产生威胁。此时，政府就应当动员社会各方力量，在抢救人民生命财产和社会财产的同时，确保灾区人民的基本生活所需，确保灾害发生时，灾区群众吃饭、喝水、穿衣、住宿等问题均得以解决。

2. 医疗卫生保障

灾害发生后，卫生部门应及时组建医疗卫生应急专业队伍，迅速前往受灾现场开展医疗救治、疾病预防等卫生应急工作。在受伤人员病情得以控制的同时，对灾区进行防疫消毒，以免病毒扩散到其他地方。此外，对

---

① 丁仁杰：《组织协调理论在地震系统管理工作中的运用》，《地震学刊》1996年第1期。

② 尚春明、翟宝辉：《城市综合防灾理论与实践》，中国建筑工业出版社2006年版。（附件一：国家突发公共事件总体应急预案；附件二：国家处置地铁事故预案；附件三：国家自然灾害救助应急预案；附件四：国家处置电网大面积停电事件应急预案；附件五：国家地震应急预案；附件六：国家防汛抗旱应急预案；附件七：北京市突发公共事件总体应急预案；附件八：上海市突发公共事件总体应急预案；附件九：湖南省人民政府突发公共事件总体应急预案；附件十：四川省突发公共事件总体应急预案；附件十一：城市规划编制办法；附件十二：中华人民共和国减灾规划。）

灾区的饮用水源、食品及时地检查、检测，有效控制污染。

其余各部门实行有效的联动：发改委协调灾区所需药品、医疗器械的紧急调用；食品药品监管部门组织、协调相关部门对灾区进行食品安全监督，对药品、医疗器械的生产、流通、使用进行监督和管理。其他部门应当配合卫生、医药部门，做好卫生防疫以及伤亡人员的抢救、处理工作，并向灾区人员提供精神、心理卫生方面的帮助。

3. 交通运输保障

首先，在灾区根据应急处置需要，对现场及相关通道实行交通管制，开设应急救援"绿色通道"，保证救援工作的顺利开展，确保救灾物资、器材和人员及时到位，满足应急处置。

其次，铁道、交通、民航部门组织对被毁坏的铁道、公路、港口、空港和有关设施的抢险抢修；协调运力，保证应急抢险救援人员、物资的优先运输和灾民的转移。

4. 通信与信息保障

建设并完善通信网络，存储指挥部成员单位和应急救灾相关单位的通信录并定期更新，各级信息产业部门做好灾时启用应急通信系统的准备。

电信运营企业尽快恢复受到破坏的通信设施，保证抗震救灾通信畅通。自由通信系统的部门尽快恢复本部门受到破坏的通信设施，协助保障抗震救灾通信畅通。

在紧急情况下，应充分利用公共广播和电视等媒体以及手机短信等手段发布信息，通知群众快速撤离，确保人民生命的安全。

在灾害发生的特定时段，开通针对灾区的救助热线，以便及时地了解灾区的需求，为受灾民众提供远程指导，有效缓解灾区人民心理上的焦虑和恐慌。

5. 物资保障

（1）建立应急救援物资储备制度。各突发公共事件专项指挥部、区县和相关委办局要根据不同危机事件和灾害种类，制定本地区救灾物资生产、储存、调拨体系和方案。

（2）加强对储备物资的管理，防止储备物资被盗用、挪用、流失和失效，对各类物资及时予以补充和更新；建立与其他省市和地区物资调剂供应渠道，以备本地区物资短缺时，可迅速调入。

（3）应急救援物资的调用由市应急委员会办公室统一协调，由市商务局、市民政局负责组织应急救援物资的储存、调拨和紧急供应，市药品监督管理局负责药品的储存和供应。

（4）政府相关职能部门掌握灾区生活必需品市场的总需求及储备库存、经营库存、生产能力和销售、价格的变化情况，负责应急机制启动后的市场监测和市场异化情况下的应急方案实施，调动生活必需品大型生产企业、经营企业的现有库存投放市场，组织郊区生产基地和社会商业库存充实零售市场。

6. 资金保障

（1）中央政府按照财政支出额的适当比例安排政府预备费，作为公共财政应急储备资金。地方政府财政部门要在一般支出预算中增设突发公共事件应急专项准备资金，并根据公共安全管理的需求，逐步提高资金提取比例。

（2）发生灾害事件后，一是根据实际情况调整部门预算内部结构，削减部门支出预算，集中财力应对灾害；二是经政府批准启动应急专项准备，必要时动用公共财政应急储备资金。

（3）按照"急事急办"原则，简化工作环节，凡政府批准的拨款事宜，在一个工作日内完成相关手续，确保突发灾害事件处置工作的顺利进行。

（4）鼓励自然灾害多发地区的公民、法人单位和其他组织购买财产和人身意外伤害险。鼓励公民、法人和其他组织为应对灾害事件提供资金援助。

（5）政府财政部门负责应急专项准备资金和公共财政应急储备资金管理，灾害事件发生后重大资金动用由应急委员会批审。

7. 应急避难所保障

（1）政府要把避难场所建设纳入经济和社会发展总体规划和城市总体规划、乡镇建设规划，逐步形成布局合理、设施完备、能够满足人员紧急疏散的永久性避难所。城市可以与公园、广场等市政设施和人防工程的建设和改造相结合，预留避难场所建设场地。农村可以结合本地地形、地貌特点，在方便生活并较为安全的地方开辟临时避难所。为妥善安置紧急疏散的人员，可以征用机关、学校、文化场所、娱乐设施，必要时也可征用经营性宾馆、招待所、酒店作为临时避难所。

（2）应急疏散、避难场所和工程要符合"紧急撤离、就近疏散、避开危险、保障安全"的要求，同时确保疏散人员简易食宿、如厕、饮水、医疗等方面需要得到满足。

（二）灾害后基本保障

民众的需求不仅应当在灾前与灾中给予充分保障，在灾害发生后，民众的利益也应当得以保障，政府应当确保社会捐赠有效运行，以此来补充灾区所需物品。同时，政府在一定程度上还要确保群众对灾情的知情权以及灾区群众的社会救助权等。

1. 保障社会捐赠工作有效运行

"社会捐赠是指当一个地方正遭受到严重的自然袭击时，为了帮助灾区的群众重建家园，恢复生活和生产，对社会各界为灾害的救援工作所提供或捐赠的物资或资金，进行接受、分配、发放、管理等一系列的工作，并维护捐赠者和受赠者的合法权。"[①]

作为政府，应当尽其所能确保社会捐赠活动的有效运行。首先，应当不断开拓社会捐赠活动和捐助领域。政府以"民政主导，部门协作，社会参与"的形式，利用有效的机制，鼓励与支持非政府组织、社会团体以及个人等参与社会捐助活动。在政策上，政府应当放低门槛，创建适应非政府组织等公益团体生存的环境。同时，可以发挥"爱心服务社"、"慈善超市"、"扶贫帮困中心"等，推广社会捐助活动。例如在汶川地震中，可以借助手机短信平台，使每一个人可以随时随地贡献自己的爱心和力量，无形中扩大了捐款数量和范围，有力地集结了社会各方资源。其次，政府应当对社会捐助活动给予有力宣传。在宣传中，突出以"扶贫帮困"为主体，重点宣传开展经常性社会捐助活动的组织、团体和个人所作的贡献。为推进经常性的社会捐助活动创建良好的社会舆论氛围。再次，健全社会捐助服务网点。社会捐助活动在实施中，经常碰到的困难是捐赠者无从捐赠。政府应当适度扩大经常性的社会捐赠网站，在捐赠点上充分方便群众，随时随地进行捐赠活动。

2. 保障受灾群众的知情权

所谓灾害中的知情权是指在自然灾害管理中，群众有权了解灾害事件的真实情况。知情权相对群众来说是极其重要的，倘若群众不了解灾情的真实情况，内心必然产生恐惧心理，恐慌的行为导致社会秩序混乱，这必

————————————

① 于梅英：《中国救灾工作概论》，北京大学出版社 2008 年版，第 157 页。

然会给政府的灾害管理工作增加不必要的困难，同时将会损害政府在民众中的形象，政府的威信与公信力也会随之降低。因此，在灾害管理中，政府应确保民众对灾害实情的了解，以免由于流言而引发社会动荡。在汶川地震发生后，许多人处于极度的恐慌中，还有人到处散播虚假消息和流言，极大地扰乱了社会公共秩序，危害很大。例如，地震过后，在甘肃省兰州市，一度有谣言兰州也将发生地震，许多高校学生由于恐慌，半夜集结在操场，为学校管理带来极大的不便，夜间，许多市民也纷纷来到露天的地点，造成部分街道、公园的拥堵，无形中危害了社会秩序的运行。

3. 保障受灾群众的社会救助权

社会救助权是指在公民遭受自然灾害而陷于生活贫困时，由国家和社会紧急提供维持其最低生活水平的资金和物质的社会救助项目。对灾区社会的救助是对灾民救助顺利进行的保障和前提，没有对灾区社会的救助就不可能全面实施灾害救助的目标。对受灾群众的社会救助要借助一切手段，整合社会组织、恢复社会功能、实现社会生活的全面正常化；主要内容是社会功能恢复，社会组织的重构，社会机制的整合，公共设施的恢复，社会控制力量的加强，社会生活的有序化等。没有对社会的这种救助活动，社会得不到整合，社会关系得不到恢复，人们生存的社会环境不能恢复正常，对灾民的救助也将受到限制。

四　医疗救援

严重的灾害事故，往往会在瞬间造成大量的人员伤亡，并使当地原有的医疗卫生设备、基础设施、交通运输和人力资源同时遭到严重破坏。在这种条件下，及时有效的医疗救援便成为拯救生命、减少伤残最重要、最紧急、最关键的事情。有效地组织并实施灾害事故医疗救援，是卫生部门以及一切救灾相关部门和组织义不容辞的责任。灾害中的医疗救援是一种政府行为，需要政府的参与和领导。充分认识灾害中医疗救援的必要性和组织过程，明确灾害中医疗救援的特点和原则，有利于进一步提高我国的灾害医疗救援水平。

（一）灾害中的医疗救援

灾害医疗救援工作是一项错综复杂的系统工程，它不仅要有多学科医疗卫生技术的综合应用，医疗救护和卫生防疫工作的相互配合，还需要整个救灾系统如排险、运输、通信、给养、后勤、公安、法制等各个部门的默契合作。只有将各个部门综合成为一个有机整体，在各级政府统一调度、统一指挥下，才能根据实际情况井然有序地实施高效率的医疗卫生救援工作。① 因此，灾害中的医疗救援是政府行为，必须依靠政府的参与和领导才能完成。

灾害时的医疗救援不同于平时的医疗救治，它是一种特殊时期立足于社会大环境下的救援手段，不仅需要专业的医学知识，同时需要其他学科知识的交叉运用，在面对突发灾害时，涉及政府的参与领导、社会各个方面的积极广泛参与。这就决定了灾害医疗救援的社会性、强制性、控制性、规范性的基本特征。灾害医疗救援需要迅速、准确、有序、安全、科学和规范地开展救援工作。救援人员需要与时间赛跑，时间就是生命，实施快速有效的措施，最大限度地救治生命，降低受伤人员的死亡率和伤残率，是紧急医疗救援的基本要求。

灾害医疗救援一方面包括了对灾区人民身体伤残的救治，尽最大努力挽救生命，保存肢体，减少后遗症。同时，灾害造成的瞬间人员伤亡和财产损失给灾民带来巨大的精神应激反应，形成严重的心理创伤，救援人员中专业的心理工作者会针对当地人民的心理问题进行相应的疏导和治疗，在拯救生命的同时保证灾区人民灾后积极、健康的生活，这是灾害事故中医疗救援的更深层次的作用。

（二）灾害医疗救援的特点

1. 突发性与急迫性

由于当前很多灾害的预报还相当困难，各种灾害的发生往往具有突发性、广泛性、紧急性的特点。灾害发生的出人意料总让人们措手不及，在极短的时间内造成严重后果，且伴有大量的人员伤亡。而灾害中的伤员如果得不到及时有效的救治，便有致残甚至死亡的危险。这样看来，灾难医疗救援的急迫性不言而喻。

2. 复杂性与艰巨性

不同种类和程度的灾害致伤的性质、程度是复杂多变的。同时，灾害中的医疗救援是一项综合工程，需要多学科卫生医疗技术和整个救灾系统的各个部门的密切配合，需要各个救助环节的正确衔接，这些决定了灾害医疗救援是艰巨、复杂且难以预测的。医疗救援的顺利进行需要各级政府

---

① 祁国明：《灾害事故医疗卫生救援指南》，华夏出版社2003年版，第10页。

的统一调度，将各部门以及来自五湖四海的救援组织作为一个有机整体，统一指挥，并能根据具体情况随机、有序地应变。

3. 救援环境的恶劣性

灾害的发生往往会使当地的自然环境和基础设施遭受严重的破坏，缺水、断电常有发生，交通路线的破坏使得食品、医疗用品的供应不足，通信设施的破坏使得紧急申请无法及时传达，并且余震、火灾、爆炸等二次灾害会随时发生。救援人员在这样艰难的条件下施救需要极大的奉献精神和良好的耐力。

4. 组织救援机构的临时性

由于灾害的突发性，各种可利用的医疗救援力量大都是临时进行集中，在第一时间开赴灾区，并能够马上投入到救援工作。这就需要灾害中的医疗救援力量具有高效性、严密的组织性和良好的协作精神。

5. 救援工作的紧急性

灾后瞬间可能出现大批伤员，拯救生命分秒必争。亚美尼亚地震时伤员救护工作表明，灾后 3 小时内得到救护的伤员 90% 存活；若 6 小时后，只能达到 50%。这就要求医务人员平时训练有素，除有精湛的医疗救护技术以外，还应懂得灾害医学知识，以便适应灾区的紧张工作。运输工具和专项医疗设备的准备程度是救灾医疗保障的关键问题。[①]

6. 伤员救治的复杂性

灾害发生后，因灾害种类和程度不同，伤员的伤情也十分复杂，除了各种常见伤以外，还会出现挤压综合征、急性肾功能衰竭等特发病。同时，灾害致使大批伤员同时需要救治，这就需要医疗人员对伤员进行专业的鉴别分类，危重伤员需要急救和复苏，经过紧急救治的伤员需要转移疏散。伤员救治的复杂性需要救援者掌握多种救援医学知识且有丰富的经验，并在救援过程中能够灵活运用，密切配合。

（三）灾害现场的医疗救护

灾害事故发生后，凡就近的医护人员都要主动及时到达现场，并组织起来参加医疗救护。参加医疗救援工作的单位和个人，到达现场后应当立即向灾害事故医疗救援现场指挥部报到，并接受其统一指挥和调遣。

根据我国颁发的《灾害事故医疗救援工作管理办法》的规定，灾害

---

① 岳茂兴：《灾害事故现场急救》，化学工业出版社 2006 年版，第 5 页。

事故医疗救援现场指挥部的任务为：

（1）视伤亡情况设置伤病员分检处；

（2）对现场伤亡情况和事态发展作出快速、准确的评估；

（3）指挥、调遣现场及辖区同各医疗救护力量；

（4）向当地灾害事故医疗救援领导小组汇报有关情况并接受指令。

在现场医疗救护中，依据受伤者的伤病情况，按轻、中、重、死亡分类，分别以"红、黄、蓝、黑"的伤病卡（伤标）做出标志，固定在伤亡者的左胸前或其他明显部位，便于医疗人员辨认并采取相应急救措施。

灾害医疗救援的基本步骤首先是对伤员进行现场急救，待伤情初步稳定后根据需要转送到相关医院进行专业治疗。在这一过程中，现场急救是最为重要和关键的环节。现场急救及时、有效的实施是保障生命、减少残疾的前提，决定了后期治疗的效果。因此，在现场急救过程中需要遵循如下几项原则：

1. 首先使遇难者脱离险境

使遇难者迅速脱离险境是抢救遇难者的先决条件，无论何种场合，只要现场存在危险因素，如火灾现场的爆炸因素、地震现场的再倒塌因素、毒气泄漏现场的毒气扩散因素等，都可能危及遇难者及抢救者的生命，使抢救者无法完成急救任务，甚至危及自身的安全，所以，必须要先将遇难者转移至安全处。

2. 迅速对伤情做出正确判断与分类[1]

迅速对伤情做出判断与分类的目的是要尽快了解灾害事故遇难者及抢救者的整体情况。掌握救治的重点，确定急救和后送的次序。灾害事故现场医疗急救的情况相当于战场救护，在有限的时间、空间、人力、物力条件下，为了发挥急救人员的最大效率、尽可能多的拯救生命、减少伤残及后遗症，应根据现场医疗条件和遇难者的数量及伤情，按轻重缓急处理。发现生命垂危的伤病者后，首先对这部分患者实施紧急抢救，以拯救其生命，而对轻病微伤的患者则可稍后处理。

判断的主要内容有：

a. 气道是否通畅，有无呼吸道堵塞。

b. 呼吸是否正常，有无发绀、有无张力性气胸。

---

[1]　祁国明：《灾害事故医疗卫生救援指南》，华夏出版社 2003 年版，第 251 页。

c. 循环情况，有无大动脉搏动、有无循环障碍。

d. 有无大出血。

e. 意识状态如何，有无意识障碍，瞳孔是否对称或有异常。

f. 综合情况判断，常采用 AIS 计分法及 ISS 计分法。

经过现场伤员分检，可把伤病者分为四类：

（1）重伤病员。需要立即抢救的患者，如心跳呼吸停止的患者、窒息或动脉出血的患者，此类患者是优先抢救的对象，必须立即得到现场急救，待病情稳定后方可后送。

（2）中度伤病员。需要及时处理的患者，如骨折气胸的患者，急救处理后可将患者后送。

（3）轻伤病员。可以等待处理的患者，如一般的轻病微伤，不会危及患者的生命，也不会有后遗症的患者，等待处理后再决定是否后送。

（4）已经死亡的伤病者。患者在现场已经死亡者，需要及时掩埋或焚烧其尸体。

3. 及时采取措施抢救危重伤员的生命[1]

灾害事故医疗急救的首要任务是抢救患者生命，在经过判断发现危重患者后，要立即在现场采取紧急救治措施，切勿盲目将遇难者后送，否则将可能产生严重后果。

现场抢救的主要内容有：

a. 维持患者呼吸道通畅，及时清除异物，解除呼吸道梗阻，可以使用口咽通气管。

b. 对有呼吸障碍或呼吸停止者进行人工呼吸（包括气管插管）。

c. 对发生心脏骤停患者实施心肺复苏。

d. 对意识丧失者采取稳定侧卧位，防止窒息。

e. 迅速止血。

f. 封闭气胸。

g. 固定骨折患肢。

h. 对极度衰弱及低血容量的患者补充能量及扩充血容量。

4. 防止或减轻后遗症的发生[2]

---

[1]　祁国明：《灾害事故医疗卫生救援指南》，华夏出版社 2003 年版，第 252 页。

[2]　同上书，第 253 页。

灾害事故医疗急救的重要工作目标之一是防止或减轻后遗症的发生，把灾害事故给伤病者带来的损失减到最小。其主要内容有：尽快给予伤病者生命支持；采取预防措施，防止病情加重或发生继发性损伤；对脊柱损伤的患者切不可随意搬动，以免发生或加重截瘫。

（四）医疗救援中的伤病者后送

灾害事故中的伤员经现场检伤分类与紧急救护后，需要进一步送去治疗的，由当地灾害事故医疗救援领导小组视实际需要决定设伤员后送指挥部，负责伤员后送的指挥协调工作。伤员后送的方式、路线以及目的地应综合考虑受伤者的伤情种类、程度，转送医院的特长、其与灾害现场的距离以及路况等因素，以保证伤员在后送途中病情的稳定以及后送治疗的效果。

一般而言，分流原则如下：①

（1）当地医疗机构有能力收治全部伤员的，由急救中心（站）或后送指挥部指定有关单位后送到就近的医院；

（2）伤员现场已经治疗的医疗文书要一式两份，及时向现场指挥部报告汇总，并向接纳后送伤员的医疗机构提交；

（3）后送途中需要监护的伤员，由灾害事故现场医疗救援指挥部派医护人员护送；

（4）灾害事故发生后医疗机构不得以任何理由拒诊、推诿后送的伤员。

五　应急物资调运

由于救灾所需的时效性，资源的调运作为灾害应急管理资源的配置与整合中的一个重要部分，功能的发挥在一定程度上决定着灾害救援的成效。

灾害应急管理资源的配置与整合是一个非常复杂、相互联系的体系。从总体来看，有人、财、物的管理；从时段来看，有灾前、灾时和灾后的管理；从部门来看，涉及科技、工业、交通、通信、人力资源、物资、财政、政策、媒体等方面的管理；从系统来看，有行政、专业及社会的管

---

① 中华人民共和国卫生部令（第39号）——灾害事故医疗救援工作管理办法具体参见：http：//www. moh. gov. cn/mohwsyjbgs/s3584/200804/31297. shtml。

理；从过程来看，管理贯穿于测、报、防、抗、救、援诸环节；从管理层次来看，分国家级灾害管理层（国家减灾委、全国综合灾害管理中心）、中央部委、局专业灾害管理层（含减灾专家系统、灾害数据库等）、省级灾害管理系统、地方灾害管理系统；从部门职能来看，有决策指挥部门、职能主管部门、辅助部门。所以，灾害应急管理资源的配置是一个有机的相互制约和联系的组织体系和组织过程。社会控制系统对资源进行配置的目的和理想目标，就是实现在复杂的环境中对复杂的资源进行整合。即在特定的时间（如测、报、防、抗、救、援六个环节中的任何一个时段）、特定的空间（灾害发生区域）将城市在应急状态下所需要的各种要素条件，整合成统一的社会力量，形成综合的城市灾害管理体系，实现资源配置的规模化和效益最大化。[①]

（一）我国应急资源调运存在的问题

1. 救灾物资储备体系不完善

我国过去长期使用分灾种、分部门、分地区的灾害管理制度，导致灾害应急储备工作为适应这种制度而一直处于分散无序状态。在突发状况来临时，一方面大量应急资源不能及时准备好；另一方面由于灾种管理职能部门间的资源流动凝滞，延误了资源筹集、调运，无法实现灾害救助的实效性。另外，我国救灾物资储备库网络建设不完善，无法便捷、快速地为受灾群众实施物资调运，并且物资储备基地的选址也并未以方便群众为主要目的，因此面对众多的灾害事件，贻误了救援的最佳时机。

2. 缺失信息发布和共享平台

应急信息系统平台是应急物流的中枢神经系统，可以保证信息畅通，并且有效地整合各方信息，有计划有组织地实施救助。由于我国没有建立一个信息发布和共享平台，信息不对称，无法准确掌握紧急情况、详细资料以及所需物资的生产和分布情况，对运力的数量和状况不清楚，分析判断不准确，因此无法制定出正确的应急物流决策。物资的调运出现延缓，灾民不仅未能获得保障其生存的实物，而且在重大灾害中也延误了黄金救援时间。

---

① 张世奇：《城市灾害应急管理与资源整合》，《城市与减灾》2003 年第 4 期，第 14—15 页。

3. 缺乏应急调运预案

我国尚未建立一套系统完善的自然灾害应急调运预案。灾害来临时，因为缺少应急预案的预备方案，所以会影响救援的时间和效率。临时紧急召集制订救援计划，导致各方救援物质和救援人员缺乏协调性，没有统一的指挥和调度，缺乏沟通和了解，彼此之间责任和分工不明确，容易造成救援的混乱和救援工作延误等现象。

4. 缺少第三方物流企业的参与

政府作为灾后主要的物资提供者，力量十分单一，必然导致救灾物资的供不应求，加之救灾物资准备不足，灾后多种物资缺乏，尤其是帐篷、食品、饮用水、部分药品、生活用品等，导致灾区群众的基本生活不能得到及时保障。"第三方物流在工业物流上已被广泛运用，但在应急物流领域还没有充分发挥其专业化运输和配送、仓储管理等功能，从而造成灾害救援的效率低下。当灾害发生时，应急物质的供应是多方面的，单一依靠政府来配送会导致救援的延误，可以让第三方物流参与到配送的队伍中来。"①

5. 配送效率不高

在抗灾救灾的过程中，物资的调运、配送是一个整体系统，环环相接，当物资调运不足时，配送效率必然受到影响，除此以外，物资供需信息传递不畅，信息报送延迟或内容重复，以及物资管理部门繁多等问题，都会造成配送效率不高的问题。我国应急物资的很大一部分来自应急捐赠，由于信息传递不畅、捐赠组织繁多等原因，社会捐助物资很容易出现种类、时间上的配送供需矛盾。往往在应急响应初期形成救援真空，而在后期需求达到饱和后，救援物资仍源源不断地配送，这些问题在我国近两年的灾害救助中较为频繁多见。

（二）解决我国资源调运问题的途径

1. 建立完善的救灾物资储备体系

首先，完善物资储备网络建设。根据省、市、县灾害应急救助责任和管理范围，进行科学选址，建立种类齐全的物资储备基地。对于乡村等特殊地区，根据其不同的特点，提供不同种类的应急物品。其次，增加救灾

---

① 赵延勤：《从汶川地震看自然灾害应急物流配送》，《经济研究导刊》2009 年第 9 期，第132 页。

物资的种类。所谓的救灾物资远远不是传统意义上的帐篷和衣被，应当增加照明设备、净水设备等生活类物资储备。最后，还要扩充物资的来源途径。中国的救灾物流管理体系中，救灾物资主要来源于中央救灾物资储备库和未受灾地区的社会捐赠物资。除此以外，我国还应当扩充社会捐赠的范围，以及来自国际社会的捐助，唯有如此，才能确保物资的充裕。

2. 建立应急信息发布和共享平台

应急信息系统平台是应急物流的中枢神经系统，通过应急物流信息系统平台保证信息畅通，整合各方信息，从而有计划有组织地实施救助。"汶川地震之后，上海迅速构筑起快速响应的应急物流网络，由上医、纺控、光明、良友、百联等生产销售企业与交运、上航、东航、铁路、扬子江快运等运输企业建立快速反应系统平台，实现无缝衔接，及时配送应急物资，平均10小时完成一批救灾物资从存储地出库装箱、到机场或铁路的装机装车发送的全过程。"[1]

3. 建立周密的应急调运预案

"应急物流的'应急'特点，决定了应急物流必须着眼于平时的准备。因此，我国应建立全国和省、市一级的应急物流预案，以确保应急物流的顺利实施。应急物流预案的准备包括应急物流硬件和软件准备两个方面。其中应急物流硬件的准备主要包括应急物资的储备、应急资金的准备、设备设施的准备和车船道路的准备等；应急物流软件的准备主要包括应急物流的人员准备、信息准备、应急场景的假定和应急措施的制定等内容综合减灾应急预案。"[2] 周密有效的应急预案是有效处理重大自然灾害的关键因素，在2010年4月14日发生的青海玉树地震中，国家吸取了汶川地震的有效经验，合理有序地安排了物资和人员的调运，使得青海玉树的人民在地震当天就能够得到有效安置和救助。

4. 第三方参与应急资源调运

在我国，第三方参与的应急救灾机制还不是很完全，许多第三方团体的发展只是处于初级萌芽阶段，还未形成有效成熟的制度化运作机制。但是在其他一些发达国家，第三方应急资源的调运已经相当成熟，例如在德

---

① 李滢棠：《汶川地震引发的构建应急物流系统的思考》，《物流技术》2008年第8期，第9页。

② 舒忠安、苏贵影、孔鲁晋：《浅论灾害应急物流》，《机械管理开发》2009年第2期，第129页。

国，"对于救灾物流，德国技术援助网络等专业机构可以为救灾物资的运送和供应等方面提供专业知识和先进技术装备的帮助，并在救灾物流中发挥了重要作用。另外，德国还有一家非营利性的国际人道主义组织，即德国健康促进会，长期支持健康计划并对紧急需求做出立即反应，在救灾物流管理中也发挥了极其重要的作用。据了解，该组织每年通过水路、公路、航空向世界 80 多个国家和地区配送 300 多万公斤的供给品，并利用计算机捐赠管理系统，保持产品的高效率移动，一旦需求被确定，供给品通常在 30—60 天内就会迅速运送到指定地点，避免了医药物品的库存短缺。同时，一旦有灾难通知，德国健康促进会就会立即启用网络通信资源，收集灾难的性质、范围等信息，并迅速组织救灾物品送往灾区"。[1]第三方参与的资源调运，可以有效地整合社会资源，提高抗灾救灾的实效性和成果，并且有力缓解了政府在灾害救助中的沉重负担。

5. 提高配送效率

快速完成应急物资的配送关系到灾区救援的进展，关系到灾区人民的生命以及基本生活物质的保障。首先，政府可通过灾害应急物流指挥中心，结合实际情况，整合现有社会资源，联合配送行业内信誉高、价格合理的物流企业进行协同式配送，而且可以通过大型物流企业已建立起来的供应链、连锁网络组织应急物资投放市场。其次，在紧急情况下，可通过应急保障机构与一些大型的运输公司预先签订协议或临时签订协议，提出紧急运输要求，开辟"专用通道"。必要时可与军方联系救灾抢险事宜，动用军用运输装备、军用运输专用线路及相关设施，从而实现应急物资的运输快速化。最后，在应对危机时，政府可应用行政手段和舆论号召动员人民群众，通过组织地方干部、民兵、部队、公安、志愿者、防疫人员、医务人员等多方力量，以最快的速度将应急物资发放到受灾地区，这样可保证应急物流配送的速度和广度。

六　维护社会秩序

政治统治职能与社会管理职能是国家两大基本职能，在现代社会，随着现代民族国家的理性化、世俗化、制度化、民主化逐步成熟，政治统治职能已让位于社会管理职能，使社会管理职能成为国家的重要职能。对于

---

① 张俭：《国外应急物流管理掠影》，《中国物流与采购》2008 年第 11 期，第 40 页。

现代民族国家而言，维护社会秩序是社会管理职能中最为根本、最为重要的方面。然而自然灾害的侵袭造成人类生命财产的巨大损失，人类长期生产和生活经营起来的家园，在一瞬间就被灾害袭击一空。面对亲人的离去、家园的毁灭、物质和精神上的双重打击，使人们内心受到极大的冲撞，再加之灾区物资短缺，会使灾害地区处于暂时的无序状态。在这种近似无政府状态之下，国家法律、社会规范、道德准则会暂时处于失效状态。社会秩序混乱，更加重了灾民的心理负担。此时，国家维护社会秩序的管理职能的重要性更加凸显，因此就需要社会、政府、各方民众给予关怀和照顾，抚慰受灾人民，保障其最低生活需求，尽早恢复社会秩序，维护社会稳定。

（一）政府采取措施保障灾民基本生活需求

在自然灾害面前，人们的日常生产和生活被完全打乱，赖以生存的家园顷刻间被毁灭，摆在政府面前最紧迫的任务是紧急救援以及保障灾民基本生活。

1. 灾害发生前政府应当建立紧急避难所

灾害的突发性与不确定性决定其发生后随时威胁人们的正常生活，甚至生命安全。因此，为了有效地应对灾害对人们制造的一切困境，确保社会秩序良好有效地运行，政府应当在灾前为人们创建临时安身之地，充分利用城市公园、绿地、广场、体育场、停车场、学校操场和其他空地设立紧急避难场所，以及对公共场所和家庭配置必需救生设施和应急物品。

2. 灾害发生时政府采取紧急救援

灾害发生时，灾民的生活处于紧困状态，中央政府应当给予紧急的救援，为灾民提供生活必需品，如食物、衣服、帐篷、医药等。保证灾民有吃、有穿、有住的基本生活需求，防止产生大量流民而妨碍社会秩序有效运行。在 2010 年 1 月 12 日发生的海地地震中，由于国家长期动乱不安，灾害发生后，政府无法有效地实施紧急救援，致使这次地震造成 11.3 万人丧生，19.6 万人受伤，而且整个社会秩序一直很混乱，时常会因物资匮乏等发生街头暴力哄抢事件。

3. 灾后政府给灾民提供减税增收政策与措施进一步保障社会稳定①

（1）减免税收。遇到自然灾害较重的时候，政府将给予灾民减免税

---

① 玉梅英：《中国救灾工作概论》，北京大学出版社 2008 年版，第 60 页。

收的政策，帮助灾民渡过难关。

（2）增加灾区的粮食供应。在灾害发生时，经常会影响到农业生产的收成，灾民口粮难以保障。为了让百姓的生活不至于因为灾害而陷入困境，需要从外地调拨粮食，解决灾民吃饭问题。

（3）提供廉价的生活和生产资料。政府在救援工作中，要帮助和支持灾民重建家园，恢复生产，为灾民提供必需的生产资料，如水泥、钢材、木料、汽油、种子、化肥等物资，并为某些受灾较为严重的地区实行政策上的特殊优惠，确保受灾群众的生产生活，严禁灾区物资的高价倒卖活动。

（4）赊销和低息贷款。为解决灾民的困难，政府实行可相当于历史上的"赈贷"措施。国家应为灾民提供大量的低息贷款，减轻灾民负担，增加灾民的收入，有效地帮助灾民渡过难关。

（二）对灾害移民的权益予以保障①

灾害移民权益，主要是指灾害移民作为权利主体的利益，包括物质的、精神的和人身的各种利益。灾害移民最基本的权利是其生命权、生存权、发展权、个体私有的财产所有权、参与社会事务管理活动的权利等，以及作为社会主体根据宪法和法律所享有的其他权利。国际上一般认为灾害移民的四方面权利需要得到保护和重视：（1）与人身安全相关的权利；（2）获得基本的生活必需品相关的权利；（3）其他经济、社会和文化方面的保护需求相关的权利，例如保留传统文化、心理合理承受、接受教育、丢失财产获得归还（或补偿）以及工作的权利；（4）政治权利，例如选举权、向法庭申诉的自由权利等。前两类权利是紧急状态，即挽救生命阶段最重要的权利。相对而言，灾害移民是一个弱势群体，在移民过程中的任何一个环节，都可能造成移民财产损失、心理创伤和其他权益的损害。对于灾害移民正当合法权益实现的维护即灾害移民权益保障。从权益保障的行为主体分析，灾害移民权益保障主要分为三类：自我保障、社会力量保障与政府保障。政府通过运用自身在处理灾害影响和进行灾后重建时的强大行政组织和社会动员能力，可以保证灾害救援与灾后重建工作有序、高效地进行，能够全方位、多角度地集中国家与社会资源为移民提供

---

① 施国庆、郑瑞强、周建：《汶川大地震反思灾害移民权益保障与政府责任——以"5·12"汶川大地震为例》，《社会科学研究》2008年第6期，第38—40页。

保障，最大限度地维护移民权益，进而维护社会秩序。结合汶川抗震救灾行动，灾害移民权益与保障主要反映在以下方面：

1. 生命权

生命权是灾害移民作为人与生俱来的基本权益，是指灾害移民具有维持生命存在的权益。灾害移民活动最基本的目标是使得移民脱离灾害威胁，所以灾害移民的生命权是实现灾害移民活动的最为基本的权益。在国际人权法上，生命权是唯一被称为"固有的"权利，即使在社会紧急状态下也不容克减；亦即在任何情况下都要将灾害移民的生命放在首位。只有生命权得以保障，其他权利才会继以得保。

2. 发展权

灾害移民的发展权是移民个人与群体积极、自由和有意义地参与政治、经济、社会和文化发展并公平享有发展所带来的利益的权利。灾害移民包括两个相互区别又紧密联系的社会过程：人口搬迁和安置重建。移民发展更重要的是保证移民在搬迁后其拥有足够的资源、生计机会、教育机会、就业机会等，满足其发展的需要。另外，在灾害移民发展权保障上，还应统筹考虑区域人口、资源、环境、经济、社会诸相关因素，注意将移民发展权的实现、维护与区域人口、社会、经济的可持续发展结合起来，比如将灾害移民与新农村建设、城镇化等活动结合取得共赢等。这不仅维护社会稳定，更进一步促进灾区人民的发展。

3. 环境权

灾害移民环境权是指确认移民享有在适宜环境中生存、发展的权利。灾害移民环境权在赋予移民支配环境、享受良好环境权利的同时也赋予其对于排除和防止提供条件较差生产生活环境的请求权。自然灾害的发生极大地威胁到了社会公共安全和公共利益，国家为了维护公共利益，统筹考虑，不仅需要加强灾区自然环境整治、修复，加强卫生防疫，防止次生灾害发生，在重建过程中保护自然环境和生态系统；而且还要加大力度，维护社会稳定与正常生产生活秩序的恢复，尽力消除环境变化给移民带来的不利影响，维护移民的社会经济环境权益。灾害移民环境权是移民依法利用环境要素或环境资源、享受适宜的生活环境条件的法律保障，甚至也是实现个人财产权、劳动权、休息权和生存权等其他权利的必需条件。

4. 知情权

灾害移民知情权，是指移民有权知悉灾害对于自身社会经济活动及周围环境的影响可能性及程度，了解和掌握有关灾害移民活动的有关政策规定、补偿标准、安置模式等信息，为自身行为决策的调整、自己应享有权益的维护提供必要的保证。在抗震救灾过程中，政府采取电视、广播、报纸、宣传材料等形式，向灾民及时传递灾情、抗震救灾进展、灾民安置、灾后重建政策等信息，在维护移民知情权的同时，稳定移民情绪，得到了移民的理解与支持，推动抗震救灾与灾后重建工作的开展。

5. 平等参与权

参与权是灾害移民自己做主的体现，是指在制定受灾人口临时安置、灾后重建期过渡、移民安置政策、移民搬迁安置方案和具体实施的整个过程中，灾害移民的其他利益相关者平等地参与协商、决策方案选择的权利，也包括参与到救灾和灾后重建社会事务管理的权利。平等的参与权还表现在移民在参与各种移民事务时，其所持的传统习俗、价值观念和宗教信仰受到尊重、理解和考虑，不受歧视。在抗震救灾过程中，很多幸存下来的移民迅速参加到抗震救灾队伍中，利用他们熟悉地形、语言等优势，提高了救援效能。同时，在他们积极参与的过程中，也将其建议和意见反映到灾中救援和灾后重建工作中，集思广益中促进了工作的开展，也保证了权利的自我实现与维护。尤其是在灾后重建过程中，需要发挥移民的主观能动性，使他们参与到移民安置去向确定、房屋建设、资源利用、生计恢复、社区重建等各类活动中。

6. 表达权

灾害移民的表达权是指其在参与移民活动时有权表达其作为灾害移民活动中的一个参与者所关注的问题和对于移民工作的有关建议、意见，移民拥有向上级主管部门申诉帮助、搬迁和安置过程中的问题并获得回复的权利，主要包括监督权、建议权和申诉权等权利。监督权是指移民有权对搬迁、安置和重建所有活动进行监督，减少失误和损失，切实保障自身权益。申诉权是指保证移民的申诉渠道畅通，使移民在合法权益受到侵犯时、对移民安置中的问题有抱怨时投诉有门，及时、客观、准确反映移民的意愿、想法、意见和建议。在汶川地震中，各地政府纪检部门畅通移民信息反映渠道，加大查处力度，严厉打击移民侵权现象，有力地维护了移民权益。

7. 受助权

受助权是指灾害移民在不能以自己的劳动获得物质生活资料，或在获得的劳动报酬不能完全满足自己的生活需要时，享有由国家和社会给予金钱或实物帮助的权利，受助权之于灾害移民群体最显著的反映是在移民处于灾难发生之时或在灾后移民安置实施过程中自我生产所得不能满足需要或者因为进入一个新环境而不能很好地适应时，为了维持自身及家庭的基本生存和生活需要，以及获得为了改变现状所必需的发展资源时，获取国家、社会组织及个人的帮助是移民的一种合法权益。对于灾害移民来说，比较重要的是移民享有政府给予的公共财政补助和社会提供的各种援助。灾害移民的公共财政补助，是基于灾害造成的社会经济发展环境与资源的改变，使得其发展受到妨碍，为了促进移民的和谐发展，国家对其采取的无偿资助。在汶川地震中。除了对移民进行公共财政补助外，国家还对灾区采取了税收、投资、人才、土地规划管理等方面的政策倾斜，以对移民及灾区进行全面帮扶。

8. 和谐权

和谐权被称为继生存权、自由权和发展权之后的第四代人权，灾害移民的和谐权有两方面含义：一方面要求公共权力必须善待每一个移民，另一方面要求移民在主张自己的人权时必须加入自律的维度，即要把尊重他人的权益作为自己行使权益的义务，把有益于公共利益的实现作为自己行使权益的责任。同时，作为群体的移民还要把善待自然作为发展好和维护好移民权益的道德限度。灾害移民和谐权的提出，将会在科学发展观的引领下，开启一个移民权益维护和发展成果共享、多方共赢的新阶段。汶川地震中，一方面，国家和地方既大力支援和帮扶汶川地震灾区抗震救灾和灾后重建，体现了政府与社会各界对于灾民的关心和帮助；另一方面，还应对移民进行灾后"精神家园"重建，使其在对国家、社会怀有感恩之心的基础上重树灾后重建的自强、自立、自助之精神，努力奋斗，从而取得抗震救灾、恢复发展的共同愿景，实现和谐发展目标。

（三）准确传递信息，维护社会秩序

在抗灾工作中，信息的传递十分重要。抗灾的信息传递作用，是通过标语、展板、录像、电视、广播、报纸、杂志等方式来传播和介绍有关防灾、减灾、备灾知识，提高广大民众的防灾、减灾、备灾意识，减少灾害的隐患，增强人们在灾害面前的自我保护能力。灾害来临时，我们还要利

用气象雷达、气象火箭、航空测量、卫星接收、陆地遥感等技术，迅速而准确地将灾害的预警信息传递给防灾、减灾的相关部门，以便能及时发布灾害信息，提高救援速度和响应的能力，极大限度地减少因灾害而引起的经济损失和人员伤亡。

信息的传递不仅可以向人们宣传防灾、减灾、备灾的知识，提高公民的综合防灾、减灾的意识，而且还可以在灾害发生时，及时向老百姓传递灾害的实情，有利于政府对灾害发生的走向、规模、危险、预防等信息进行及时了解和防治，为公众提供良好的服务打下基础。通过这种形式的宣传和强化，广大群众不断提高防灾的意识，对灾害的认识不断加强，对灾害的防治和自救知识也有了基本的了解，增强了灾害的自救和互救意识，了解了政府和救援部门对灾害救助的基本程序和措施，面对灾害的袭击也不会惊慌而束手无策。因此舆论和媒体工作者，就应该利用正确的舆论导向，准确、清楚、及时地向灾区进行宣传和报道，积极地将灾情信息送达到每一个灾区民众的手上，真正地保障抗灾救灾工作的切实实施，避免引起社会的动荡不安。

（四）有效实施灾后心理救助

重大地震灾难在给人们生命和躯体造成巨大伤害的同时，也给人们的心理、精神造成严重损伤，引起社会心理的巨大震荡，带来一系列负面效应和社会问题。地震灾难后有效的心理救援和救助对策、及时对灾民进行关爱与心理救助，减少灾民消极心理的负面影响，不仅能尽快减轻灾民的痛苦，而且在恢复社会秩序中起到重要作用。正如拉斯韦尔所言："一个聪明的统治者对社会的灾难要表示关心和照顾，对幸存者要表示及时而强烈的同情。不管是地震、涝灾、飓风、旱灾或是瘟疫，其所造成的不安全感都会对社会秩序带来严重的潜在危险。所以，绝不允许愤恨的溃疡在孤独悲伤的气氛中滋长。慰问加面包的效力远远超过光给面包的效力。"①

1. 自然灾害后灾民心理特征

查证多次地震的社会调查发现，震后灾民的心理特征有以下一些特点和规律：②

————————

① ［美］哈罗德·D. 拉斯韦尔：《政治学：谁得到什么？何时和如何得到？》，商务印书馆1992年版，第62页。

② 尹智、王东明、卢杰：《震后灾难心理及其救援对策研究》，《防灾科技学院学报》2007年第3期，第14页。

（1）地震灾区灾民的灾难心理影响具有明显的普遍性和共发性特点，共同的灾难经历和惨痛的现实环境极易产生灾难心理的共鸣，恶劣心境会互相"传染"导致整个灾区的情绪低落抑郁。

（2）灾难心理具有长期效应，如灾民恐惧心理长期难以消除，积极的生活态度难以确立等。

（3）灾难心理形成"灾民意识"对政府和外来力量具有强烈的依赖性，主要表现在两个方面：一方面是等待物质的帮助；另一方面就是需要外来的心理安抚。

（4）地震灾难心理反应的危害性。面对触目惊心的地震灾害，震后的种种灾难心理反应是必然要出现的心理现象。但是，地震灾难心理如不及时自我调适或外界干预，将带来严重的心理损伤和精神创伤，造成人的心理、行为失衡和失范。

2. 灾后心理救援措施

地震灾难心理、行为失衡和失范，不仅需要自身已有的科技知识与意志能力进行自我调节，同时更需要政府、专业人员进行心理危机干预，使心理创伤尽快得到抚慰，消除因心理恐慌在社会人群中产生的紧张气氛，使之保持在可控制范围之内。这就是人们所说的"灾难心理救援"。

以汶川地震为例，灾害救援措施主要有以下几方面：①

（1）派出心理专家小组震后迅速深入灾区进行灾民的震灾心理调查和评估，调查结果是派遣专门心理救援队伍的基本依据。

（2）对地震灾害中需要进行心理救援的灾民进行分类，分类的依据是对灾民造成心理问题的原因的调查，根据心理的脆弱程度进行分类与排序，并画出本次心理救援对象的优先层次图。

（3）根据心理救援对象的优先层次图，对心理挫伤最重的遇难者家属和受伤者本人应该做专门的一对一的心理救援；对灾区一般民众可利用集中讲课或设立流动心理救援站等模式。总之，应分层次对待，根据实际情况灵活应对。

（4）在心理医生不够的情况下，选取灾区教师或干部等素质较高的人群由经验丰富的专家进行短期心理救援技能培训，然后让他们协助心理

---

① 尹智、王东明、卢杰：《震后灾难心理及其救援对策研究》，《防灾科技学院学报》2007年第 3 期，第 15 页。

救援组进行工作，扩大心理救援的范围。

（5）地震应急期之后，心理救援工作并未结束，某种程度上可能更需要。撤离前仍然需要对灾民做足够的心理评估，同时及时对已救援过的群众进行回访。另外，撤离前应与心理受伤较重的灾民建立沟通渠道，使其能及时得到抚慰。

自然灾害发生后，社会秩序的尽快恢复是灾后各项重建工作展开的基础，国家一方面要保证灾民基本生活物资的需求；另一方面还要确保灾民心理创伤的恢复。在面对自然界频发的灾害时，各国在累积了多年的经验教训后发现，灾后人民生活的基本需求的保障在整个抗灾救灾中具有基础作用，而灾民心理重建的工作是一项长期而艰巨的任务，对于整个社会的稳定持续发展具有很深刻的影响，因此，我国要吸取国际上先进国家的经验教训，在灾害发生后，进行全方位、多角度的考察，在国家面临灾难、处于紧急状态时，仍旧有能力维护社会秩序稳定、高效、有序运行。

七　资金管理

自然灾害的发生，不仅需要投入大量的人力物力组织救援，更加需要强大的经济基础作为救援的物资保障，因此需要巨额资金投入。资金筹措以及确保资金安全高效运行，事关灾区人民的切身利益，也攸关政府形象，同时关系到社会各界参与灾区救援重建等一系列活动的信心和参与度。赈灾及灾后重建资金的及时筹措、合理使用与有效监管是灾后重建必须面对的重大课题，也是我国应对特大自然灾害机制建设的重要内容。

（一）资金管理所遵循的原则

民生优先原则，即凡是直接关系到灾区民众基本生产生活，灾区民众需求迫切的建设项目，必须优先这些项目的资金保障和物资供应支持。安顿灾民，确保灾民维持基本正常的生活条件，特别是食品、饮水、医疗、住房和教育必须得到及时保障。孤残、孤老、孤儿等特殊弱势群体的生活需求更应得到优先照顾和保障。

民众参与原则，无论资金和物资来源于何种渠道，无论重建工作由政府部门还是非政府组织主导，甚或是企业运作，在规划、执行、监管等各个环节，必须坚持民众参与，即每项重大活动和工作，都要吸收受灾地区民众和志愿者、捐赠者代表参与其中，充分发表意见。

统筹考虑原则，各个受灾地区要分层次建立相应的灾后重建规划，在规划制定过程中，要充分吸收多方面专家以及社会公众的意见，考虑环境保护、资源节约等因素，将灾后重建与优化人口分布、优化产业布局、转变发展模式、调整主导产业等结合起来，统筹考虑，确定资金的使用。灾后重建既要考虑硬件的重建，如住房、基础设施以及产业恢复，也要重视软件建设，如心理康复、灾民互助机制、受灾地区人力资源建设、灾后文化建设、灾后重建工作制度、灾后重建信息网络等方面的建设，在这些方面的建设中，要特别注重资金的合理高效运作，既要保证这些建设项目的可持续发展，又要保证其科学性，将各方因素综合考虑其中，统筹兼顾，使有限的资金发挥最高效的作用。

高效节约原则，灾后重建在一定程度上具有重新开始建设的特征。资金使用计划的安排，要与灾后组织建设、制度建设和人力投入以及灾区的实际情况协调进行，既要避免资金投入不足影响重建进程，也要避免资金计划安排过大而闲置或仓促建设，影响资金使用效率。为此，必须采用最新建设理念，贯彻落实科学发展观，既要建好，又要坚持节约原则。对于事关抵御各类自然灾害能力的建设项目，如住宅、学校、医院、公共活动场所、应急体系建设等均应采取高标准，但也要防止一味追求高标准建设等铺张浪费现象，在不影响灾区群众生产生活的前提下，从实际出发，节约重建成本，能够循环使用的物资坚持集中回收，如汶川地震后灾区获得了大量帐篷、活动房屋等救灾物资支持，使用完毕后应及时回收，并统一消毒处理后送至各地救灾物资储备中心，以供今后其他地区发生重大灾害时使用。[①] 在汶川地震中使用过的这些救灾物资，在青海玉树地震时又产生了巨大的作用，使得救灾的成本可以有效控制，既节约了社会资源，又减少了国家财政的支出。

(二) 资金筹措

资金的及时筹措、合理应用，对抗灾救灾具有十分重要的作用。尤其在经济欠发达地区，遭受毁灭性打击之后，自我发展的能力和基础已极为薄弱，投入财政资金扶持其恢复和发展成为中央及各级地方政府责无旁贷之事。在汶川地震后不久，中央财政就下拨了 250 亿元用于抗震救灾，之后中央财政又安排 700 亿元，建立灾后恢复重建基金，考虑到抗灾救灾以

---

① 王建康：《如何完善赈灾及灾后重建资金的筹措、使用与监管机制》，《西部论丛》2008年第 8 期，第 56 页。

及灾后重建工程浩大，耗资巨大，并非在一两年内就可以完成，也不是中央财力可以完全承担的。因此，中央财政要做好长期扶持灾区的规划和准备，同时加大转移支付力度，形成全国各地共同支持灾区的机制。在汶川地震后，国家在灾后重建问题上就实施了"对口援建"的机制，让一些经济发展水平较高的省市对口援建在汶川地震中受损较为严重的县、乡、村，这样一来，不仅减少了中央财政的压力，而且有效地解决了灾后重建的重大问题。在资金筹措中，国家应当建立多渠道的社会资金动员和参与机制。

在汶川地震发生后社会公众和企事业单位等社会组织基于同情与爱心，积极捐款捐物，在 2009 年 5 月 25 日 12 时已接受国内外捐赠款物达290.55 亿元。可见，社会对于汶川地震有着强烈的支持意愿和巨大的支持能力。基于同情和爱心的无偿捐赠尚且如此可观，如果能采取有效措施，激励和调动社会支持灾区重建的积极性，必然会有更多的资金投入灾后重建工作。我们认为，目前在动员社会资金参与灾后重建方面可采取如下措施：

其一，强化宣传，建立灾区与社会公众之间的沟通机制。社会无偿捐赠的基础在于捐赠者基于对受灾者苦难处境的了解与同情，进而转化为支持受灾地区和群众的意愿与行动。因此，要通过各种媒体和信息沟通渠道，持续地将灾区受灾情况、重建情况、重建中遇到的困难等信息向社会公众传达，形成社会公众对地震灾区的持续关注，防止关注疲惫。只有持续的关注，才能有持续的支持行动。

其二，拓宽社会参与的捐赠渠道。在汶川地震、玉树地震、南方水灾等接连的自然灾害中，我们发现部分社会公众或单位，希望针对特定对象进行支持，甚至希望通过特定渠道进行捐赠，国家有关机构应当针对这样的情况，快速反应，积极鼓励各类民间公益基金的设立和运作，在短时间内最大限度地筹集资金和财务，为之后的重建工作打下较为坚实的经济基础。另外，可以适当地鼓励国际基金和非政府组织参与到抗灾救灾的工作中。

其三，发行赈灾彩票，筹措资金。这样可以将支持灾区重建的爱心与部分公众投机以谋求自我利益的动机有效结合起来，实现自利动机与利他动机的有效结合，使得支持灾区的行为能够得到激励，并扩展动员和参与面。汶川地震和玉树地震之后，我们可以看到有赈灾彩票的发行，这些彩票在市场受到许多民众的欢迎，大家积极地参与到彩票的购买活动中，无形中筹措了赈灾资金。

其四，发展巨灾保险，管好用好捐赠资金。必须明确，巨灾保险属于政策性金融，其建立和运行都离不开财政的支持。我们认为，可在贯彻《预算法》、足额提取预备费的基础上，将某一个比例的预备费投入到巨灾保险体系，以巨灾保险的方式来积蓄防灾救灾的资金。[①]

此外，还可以利用现代融资手段，减轻财政压力。一是积极争取世界银行、亚洲开发银行等国际金融组织的赠款以及无息、低息贷款，争取其他友好国家和地区的贷款支持，在国际范围内筹措资金，既缓解了资金压力，也有利于发展国际友好关系。二是以债券方式在全国范围内筹措资金。分散财政压力，增强财政支持灾区重建的能力。

值得注意的是，企业作为社会机构的重要组成部分，应当在灾后承担起一定的社会责任。从灾后企业宣布参与灾区重建后的社会反应来看，各方企业的参与度是极高的，但是公众对其动机持一定的怀疑态度，这无疑会损伤企业界参与灾后重建的积极性。我们认为，要解决这一问题，政府必须立即着手出台企业参与灾后重建的相关制度，即确保项目能够体现公益性质，防止企业从灾后重建中谋利，并将各个企业参与灾后重建的投入、产出企业效益和社会效益等情况定期向社会报告，既解除社会公众出于信息不对称而必然产生的疑虑，也使企业的公益行为真正得到社会的认可，形成正向的激励机制。此外，在宣传导向上坚持鼓励和引导的原则，以公开、公正和真实客观的报道化解社会的无端猜疑，消除对企业"为富不仁"的偏见。[②] 在汶川地震和青海玉树地震后的捐款活动中可以看到，国内许多知名企业已经有意识地开始承担一定的社会责任，在赈灾捐款中都有积极的表现，许多企业不止一次的捐款捐物。在这一方面，政府应该积极地引导，扩大企业参与的广度和深度，为灾后重建募集更多的社会资金。

（三）健全资金管理使用的责任制度

如果说资金筹措在整个救灾管理系统中处于重要位置，那么资金的实

---

① 冯俏彬：应急财政资金需引入科学管理机制，http://www.cfen.com.cn/web/meyw/2009-07/07/content-534572.htm。

② 王建康：《如何完善赈灾及灾后重建资金的筹措、使用与监管机制》，《西部论丛》2008年第 8 期，第 55 页。

际使用则显得更加重要，必须有科学合理的原则来指导救灾资金的有效使用。实践中会出现许多问题，如截留、挪用救灾资金，滞拨救灾资金，将救灾资金用于一般性社会救济和社会福利支出，预留救灾资金作慰问金，"戴帽"下拨救灾资金，救灾资金列支科目混乱，以及提取救灾扶贫周转金和有偿使用救灾资金等。实际运行中的这些问题将会对救灾工作产生极大的阻碍，因此国家必须要健全资金使用问责制度。

1. 建立健全救灾资金专户制度，实行救灾资金封闭运行、专账管理，在各级民政系统明确救灾资金的分配权

目前救灾资金的下拨大多采取从中央到省、省到地市、地市到县层层批标下拨的方式，到县后才从县级财政进行兑现。二级县财政经常由于资金周转问题不能及时兑现，造成资金的滞拨，甚至被挤占。实行救灾资金专户制度从省级国库中直接兑现，省以下以现金的形式下拨，封闭运行，能够有效解决上述弊端。

分配救灾资金时要严格按照中央政府以及各级地方政府的指示下发，严格禁止救灾专项资金用作他途。一经查出，必须要进行严格的法律程序，对相关的责任人进行严厉处罚。在下拨每一项专项资金时，一定要明确救助的对象和范围，并由专人负责下发，一旦发现违规使用，必须要实施严厉的惩罚制度，有效地建立起资金使用的责任制度。

2. 灾民救助资金实行分级负责

救灾资金要实行分级负责，由于大部分救灾资金属于中央财政拨款，层层下发，因此每一个环节都要明确相关部门和相关责任人，专项资金需要有专门的部门和人员负责发放到专门的人群中，不能相互挪用和调拨专项资金的使用。不仅资金的使用要做到清楚明晰，资金的发放更是要责任到人，实行严格的责任制度。在这个方面，由于我国尚未建立应急资金使用管理的明确制度，因此在实际运行中还存在许多的漏洞和错误，国际以及相关的政府部门在这一方面要加大力度，实行严格的问责制度，确保灾区资金的有效使用。

3. 县级以上政府民政部门应建立救灾信息网络，建立统计、汇总资金信息处理平台

我国目前的应急管理体系不能提供应急财政资金规范管理的基本平台，因此，国家应该在县级以上人民政府建立救灾信息网络，建立统计、汇总资金信息处理平台。建立有效的内、外部相结合的管理制度，切实加

强对救灾物资的管理和维护，专人负责，专账管理。

（四）健全救灾资金使用管理和监督检查机制

国内外的经验证明，赈灾及重建资金的运行安全是一个突出问题。某省水灾后通过行政渠道层层下拨赈灾资金，最后到达灾民手中的资金不到总资金的1%。这一案例说明，没有有效的资金监管机制，赈灾以及灾后重建的投入和效果根本无法保证。特别是社会公众基于爱心的无偿捐助，其积极性和捐助力度更是受到资金监管效果的影响。因此，必须高度重视赈灾及灾后重建资金的监管机制建设。在救灾资金预算安排、分配方案测算、储备物资调拨和资金使用管理等方面，加强制度建设，细化管理措施，规范操作程序，加大对地方的政策指导和培训力度，深入基层做好调查研究和监督检查工作，及时查处挤占挪用资金等问题，为灾区群众做好服务，维护灾区社会稳定。

建立健全救灾资金的管理使用以及审查制度的一个重要方面是加大对灾后重建资金的监督检查力度，运用监督检查人员，积极主动地开展灾后重建资金监督工作，着手制定灾后重建资金监督规划，做到重建资金流到哪里，财政的监督管理就延伸到哪里，不断督促国家重建救灾资金的有关政策及规章制度落到实处，保证资金用途，发挥资金使用效益。同时，建立部门监管协调配合机制，形成监管合力，在主管部门的统一领导、相关部门的通力协作中，相互配合，沟通协调，建立有效的协调监管机制。

另外，建立捐赠资金使用管理情况报告机制。社会捐赠者最大的愿望在于捐赠款物能否确实用于灾区和灾民并对灾区重建和灾民安置发挥积极作用，最大的担忧在于捐赠款物的流失。将社会捐赠情况、每笔款物的使用情况、受益人等信息通过网络等方式加以公布，动用全社会的力量进行有效的监督，不断更新捐赠查询的网络平台，定期向社会发布捐赠款物使用状况报告。对于不实捐款和捐款使用不当的行为，新闻传媒行业要追踪报道，增强社会的影响力，使监督监管工作在全社会的范围内有效地开展。

八　灾民安置

自然灾害发生后，灾区的社会公共系统已经不能为灾民提供日常生存所需的饮用水、食物、住所以及卫生环境。为尽快恢复灾区人民正常的生产生活需求，灾民安置问题就成为十分迫切的重要问题，也是社会稳定的潜在影响因素。由于受灾地区的情况较之灾前有所变化，在灾民安置这样的重大问题上当地政府的力量有限，需借助国家强有力的组织协调来解决，因此，灾民安置问题就成为灾害政治学中的应有之义。

自然灾害发生后，政府应当向灾民提供日常生活的必需品，确保持续满足灾民最低生活需求，对特殊人群要特殊照顾。灾民安置点的选建是个相对复杂的问题，要在短时间内选择适合灾民生活居住的地点，要考虑多方面的因素（如合理的供排水系统、足够大的空间、消防安全、有效的环境体系等），这些因素通常是细微而琐碎的，但又的确关系到灾区人民正常生活的基本方面，国家在灾民安置的问题上主要应该承担的责任是尽可能最大化地满足灾区社会的各方面需求，使灾民的受灾心理尽快恢复，投入到正常的生产生活中。

不同的灾种，产生不同的灾害后果，但是在灾民安置问题上还是有一些普遍的、基本的标准，这些标准包括：

（1）水资源的保障——尽可能保护原有水资源不被污染；用简单有效的方法储蓄更多的可饮用水；优先保障向灾民安置地运送水。

（2）食物的充足供应——满足灾民的最低需求，并可以持续足量供给；必要时建立食物存储设施；可以给特殊人群必要的特殊饮食方案。

（3）卫生防疫——在安置点进行必要的卫生防疫工作，防止疫病在安置点蔓延，一旦发现疫情，必须及时处理。

（4）卫生保健——由政府和当地的卫生部门提供必要的、有组织的卫生人员、基本药物以及设备。对灾民进行必要的卫生保健，维护好安置群众的基本身体健康环境。

灾民安置问题在救灾过程中也是一个不可忽视的重要问题，在汶川地震中，灾民安置问题实际上是存在很大、很多的难度的，许多受灾地区的人民不能够及时地得到很好的安置，在某种程度上安置点是不够灾民使用的，在玉树地震中，国家吸取了汶川地震的经验教训，不断扩大灾民的安置点和安置面积，让受灾群众能够第一时间获得相对稳定的处所，国家在第一时间调动各方力量进行活动板房的安置工作，政府也不断调运帐篷，使得灾民在最短时间内得到了安置。在2010年1月，海地地震中的许多受难群众，根本没有帐篷、板房等这些基本的救援物资，国家根本无能力为他们提供更多的援助，通过新闻媒体的报道，我们看到的是流离失所的人们在简陋、破旧的帐篷中度日，本已混乱的国家因为灾害陷入了更加危险窘困的地步，由于没有很好的安置灾民，社会上不断发生暴力哄抢事件，极大地危害了公共安全，引发社会秩序危机。可见，灾民的安置问题在灾害救助的后期十分重要，安置问题是灾害救助中的重中之重，对于社会秩序的良性运转具有十分重大的潜在影响。

九　灾区防疫

在自然灾害期，由于自然条件骤变，生活条件受到破坏，生活质量降低，人体免疫力下降，因此常导致疫病发生。疫病不但危害人类生命和健康，还常引起心理恐慌和社会混乱，严重时则引发次生灾害，对于灾区的进一步救援和重建是一个巨大的挑战，因此，灾后地区防疫工作通常是十分重要和关键的。我们看到，无论是国内还是国外，与紧急救援几乎同时进行的工作就是灾区的防疫工作，印度洋海啸、智利大地震、汶川大地震，在展开救援的同时就要实行灾区的防疫工作，它在整个灾害救助的过程中具有不可忽视的重要影响和作用。

（一）做好卫生防疫的准备工作

卫生防疫工作是灾害救助中的重要环节，在实施救援的同时，政府相关部门就要展开灾区的疫病防疫工作，尤其是在特大洪涝灾害、地震灾害之后，灾区的防疫检疫工作能有效防止次生灾害的发生，遏制灾情的进一步恶化。国家必须要统一调动、统一部署、统一指挥，各专业救援队伍各司其职，协同工作，充分做好灾区的防疫准备工作。

1. 配置专业人员

抗灾救灾工作是一项复杂的综合性行动，每一个救援环节都需要专业人员实施专业救助，才能确保救援工作的有效性和完备性。当灾害发生时，政府需要调集专业人员从专业的角度开展施救工作，灾区的疫病防治工作更是如此。2003 年发生的"非典"给了我们深刻的教训，在不明确疫情的情况下，一些非专业人士凭借自己主观臆断，在某种程度上减缓了疫病的控制，使灾情有所蔓延。在自然灾害的救助中，专业的医疗团队可以在全面掌控灾区疫情的情况后，制订符合不同灾情、不同程度的卫生防疫方案。

2. 充分准备防疫器具

卫生防疫工作的顺利展开需要相应配套设施的配合，政府要联合相关救灾部门，如国家减灾委、民政部、卫生部等，在灾害发生后的第一时间准备相关物资，配备相关的医疗防疫器械，充分开展水质、食品卫生、空气排毒，放射性物质检测以及环境消毒等工作，同时，在药物和器材补充方面，应考虑到实用性和便利性，将灾害救助的成本和效益相结合，最大限度地保证灾区救援工作的有效运行。在 2010 年 4 月 14 日的玉树地震中，卫生部组建的专业卫生防疫队伍于 16 日赶赴灾区。截至 4 月 18 日 17 时，累计消杀灭面积 35 万平方米、消毒帐篷 5400 顶、水质监测 8 个点、传染病监测 17 个点、鼠疫监测 380 公顷、健康教育 12600 人次。这些防疫措施能够迅速展开，离不开灾前各部门防疫器具的充分准备。

3. 分解并整合任务

在卫生防疫工作中应根据实际情况，注意把不同学科的工作进行分解和整合，例如在进行流行病学调查的同时，把卫生宣教（环境、饮食、营养）和建立疫情报告责任体系相结合，提高工作效率。同时，卫生防疫应有机地与医疗结合，及时发现和治疗因灾后生活和环境条件改变所带来的各种病患。

4. 普遍与特殊相结合，有针对性开展工作

卫生防疫工作要紧密结合当地的特点和条件。自然灾害发生后疫情的特点多以黑热病、出血性结膜炎、痢疾等为主，同时还要结合当地的人口分布特点以及确定他们的饮水水源情况，把卫生防疫重点放在环境消毒和水消毒方面。卫生宣教要侧重垃圾、粪便的处理和居住帐篷的卫生学常识的宣传。

（二）打破常规的防疫应急管理[①]

打破防疫机构常规管理，建立综合防疫机构应急管理模式，是应付灾害防疫应急行之有效的办法，该模式具有以下特点。

1. 跨地域建立综合防疫机构

例如：对于 2008 年汶川地震突如其来的灾害，面积之大、震级之高是罕见的，所以防疫量大、任务重是显而易见的。5 月正是炎热天气的开始，尸体腐烂发臭给卫生防疫带来了相当难度，必须与外地救援防疫机构人员、志愿者汇集在一起，建立非常时期的综合防疫机构。本地人员承担

---

① 施惠斌、减树立、郭冬宁：《抗震救灾中卫生应急防疫管理的思考》，《海军医学杂志》2009 年第 1 期，第 61 页。

综合管理责任，统一规划，统一调动，统一使用，有序地进行卫生防疫。

2. 用核心制度进行安全管理

保证防疫质量以"中华人民共和国传染病防治法"、"中华人民共和国食品卫生法"、"突发公共卫生事件应急条例"等为核心制度指导抗震救灾卫生防疫工作。（1）跨地域建立防疫机构。打破原来以地域为界限的防疫机构，将全部防疫人员统一整合分配，将专业人员与志愿者有机搭配组合，分别分散在临时避险安置点，有利于全面开展防疫工作。（2）按照防治结合的原则，防疫机构应主动作为。防疫机构应主动与医疗机构沟通，互相配合，尤其是做好灾区饮用水和食品卫生的监测工作。另外更要加强灾区预防接种管理，严格做好重大传染病的预防控制。（3）重在组织落实、改善防疫条件。在重建过程中不但要加强县级医疗机构的投入和建设，发挥其辐射、带动乡镇卫生院的龙头作用，还要重视乡、村两级卫生机构的恢复重建，按照国家的建设标准，改善基础设施条件。要注重加强各级卫生监督机构能力建设，改善其装备条件，提高快速检测和监督水平。

（三）灾区防疫措施

卫生防疫措施的科学有效的实施和开展，是灾区防疫工作的重中之重，2008年的汶川地震中，卫生部锁定地震灾区防疫重点提出五项防疫措施：

1. 建立灾后应急疾病监测体系。

2. 加强灾区食品、饮用水卫生监测，尽量消除安全隐患。

3. 通过对当地疫情综合评估，适时启动疫苗应急接种。

4. 环境的消、杀、灭。紧急调运灾区价值3000万元的消、杀药品，用于集中安置点、垃圾、厕所、遗体及水源消毒。

5. 大力开展健康教育。

在卫生部的指导下，灾区卫生防疫措施良好，未发生重大的疫情，四川省又结合当地的情况，将卫生部的措施进一步细化，使灾区的防疫工作有效地开展，具体措施主要有以下几点：①

其一，建立强有力的卫生防疫体系和机制。及早自上而下建立起当地政府、专业人员、广大群众三位一体的卫生防疫体系，建立起省、市州、

---

① 中华人民共和国政府网：http://www.gov.cn/gzdt/2008—06/24/content_ 1026194. htm。

县、乡、村五级联动卫生防疫机制，形成部门配合、上下联动、群防群治的有力、有序和有效的卫生防疫工作格局。按照属地化管理原则，统筹军地、省内外卫生防疫专业队伍，整合医疗卫生资源，组建乡村卫生防疫队，分片包干。对不通公路的乡镇实施了卫生防疫人员空降，实现了21个重灾县的所有重点乡、村卫生防疫全覆盖。

其二，始终坚持依法、科学、规范防治。始终坚持依法防治、科学防治、规范防治，提出了科学规范抗震救灾卫生防疫工作的十项措施，从不同层面制定完善了卫生防疫技术规范，大到总体要求、重大传染病疫情应急处置预案、安置点卫生防病技术方案等，小至消杀灭药剂的合理使用、蚊蝇密度监测方法等。可以说，涉及卫生防疫的方方面面，有一套较为完善、操作性强的卫生防疫技术规范。

其三，狠抓重点疾病的监测防控。会同国家、省卫生防疫专家对灾后疾病防控形势进行认真分析研究，提出了加强重点疾病的监测和防范措施。建立了县、乡、村传染病监测预报预警机制，实行日报告和零报告制度。对疫情网络直报系统遭到严重破坏的地方，及时建立实验室并启动手机应急报告疫情和监测信息系统。组织省、市州、县传染病医院（病区）开展了应急培训和应急演练，并做好人员、药品、物资等方面的储备。在年初实施麻疹疫苗强化免疫的基础上，组织医疗卫生人员采取固定、巡回等方式，对重灾区适龄儿童进行甲肝、乙脑疫苗群体性接种，建立起重点人群免疫屏障。同时，做好应急接种霍乱、狂犬病等疫苗的各项准备。

其四，狠抓重点人群的卫生防控。对居民安置点实行社区化管理，确保有防疫队、有医疗队、有公共厕所、有垃圾堆放处、有开水供应点的"五有"措施落实。实行了严格的巡查制度，每天早晚巡视可能发生的传染病患者，密切关注和排查发烧、咳嗽、腹泻、皮疹等症状的疑似病例，并做好疫情的报告、预测和预警。采用标语、广播、电视、报纸、短信等宣传形式，普及灾区群众卫生防病知识，增强健康意识。针对堰塞湖次生灾害，及时制订了堰塞湖泄洪淹没区卫生清理实施方案，特别是强化了对唐家山堰塞湖泄洪淹没区卫生防疫工作的指导。

其五，狠抓重点环节的防控措施。进一步加大对污染源的控制力度。四川省委、省政府领导多次召集有关部门专题研究切断污染源工作，卫生、环保、民政、畜牧、农业、林业、水利、经委、公安等部门密切协作，在切断污染源、控制传染源、保护易感人群方面开展了卓有成效的工作。加强了以灾区群众安置点、集中式供水、农村分散式供水为重点的饮用水卫生监督，按照饮用水卫生监督与管理规范进行监测，并实行每日通报制度。强化餐饮环节卫生监测监督，重点对灾区安置点集中供餐、灾后恢复餐馆（包括学校食堂）的监督检查，杜绝假冒伪劣、过期、腐败变质的食品流向灾区，严防食物性中毒事件的发生。

其六，狠抓重点区域的疾病防控。加强了对重灾区卫生防疫工作的分类指导、专业队伍调配、药品器械和后勤物资支持。加强了重灾区卫生行政部门的力量配置，首批 19 名优秀年轻干部已于 6 月 6 日赴 11 个重灾县卫生局挂职。

其七，发动群众广泛开展爱国卫生运动。深入发动群众，开展环境卫生整治，彻底清理污染的生产、生活环境。引导群众养成良好的卫生习惯，不食生冷、不洁食物，不食用病死禽畜，不随地吐痰、便溺，不乱扔垃圾，勤洗手、勤通风、勤晒衣被等。

（四）几点思考

1. 着眼长远，建立灾害后期卫生防疫体系

灾害发生后，灾区原有的卫生资源遭到巨大破坏，人员、场地、设备、器材、药品严重不足。灾后初期，主要依靠来自各方面的救援力量开展卫生防疫工作，有时在某些专业领域甚至出现人满为患的状况。但是，随着救灾工作由应急管理向常态运行的转变，各路救援队伍将陆续撤出，灾区当地的卫生防疫力量必须能够迅速承担工作重任。因此，各防疫救援队伍不但要立足当前，确保大灾之后不出现大疫，更重要和更艰巨的一项任务是要着眼长远，由"输血式"救援变"造血式"救援，帮助恢复重建灾区县、乡（镇）、村三级基层卫生防疫体系，组建疾病监测和疾病控制队伍，完整培训基层卫生防疫人员，使灾区卫生防疫工作不断档、不失控、不落后，这才是灾区今后卫生防疫工作长治久安的根本保证。

2. 立足平时，注重成建制防疫专业队伍建设

2008 年汶川地震发生后，全军卫生防疫系统坚决贯彻党中央的决策指示，发扬"听党指挥、英勇善战、服务人民"的优良传统，迎难而上，勇挑重担，从战略层次到战役层次甚至战术层面，全方位实施卫生防疫支援，有力维护了灾区群众和救援官兵身体健康，实现了党中央大灾之后无大疫的要求，为灾区专业救援作出了巨大贡献。但是，应该清醒地看到，在应对重大自然灾害和重大突发公共卫生事件时，我国现有的卫生防疫力

量还不是很充足，大部分单位都是临时抽组，仓促上阵，缺乏适用的相关预案和技术装备准备，许多单位是边摸索边实践边成军，造成卫生防疫质量参差不齐，对灾区卫生防疫工作产生了一定影响。近年来，由于气候变化，台风、洪水、雪灾、地震等各种自然灾害频发，应积极组织应对重大自然灾害和突发公共卫生事件的专门训练和演练，组建更多的类似现有的公共卫生应急处置大队这样的卫生防疫专业队伍，组织远距离跨区实战训练，分级协调，专项把关，在有限的时间内建设好、训练好、使用好各级专业队伍，快速提升有效处置各种突发事件的卫生防疫反应能力。

3. 科学训练，模块化提升卫生防疫综合处置能力

抗震救灾一线需要基本技能过硬的专家型卫生防疫技术人才，尽管在汶川、玉树抗震救灾过程中，经过广大卫生防疫人员和当地政府、群众的共同努力，灾区没有出现大的传染病疫情，但通过救灾防疫反映出的卫生防疫综合组织能力和专业技术能力，特别是现场应急指挥能力、局域化疾病统筹控制能力、联勤防疫保障系统组合能力和现场检测分析能力等都出现反应滞后和混乱问题。因此，切实加强和平时期防疫部队应急战备训练和演练，打造专业化、模块化技术队伍，提高专业分队临机处置能力是应对突发公共卫生事件技术储备的基础。实施有效的专业技术指挥、综合情况判断、突发状况模拟、专业分队实战，立体化综合培养现场指挥员、各级专业技术人才、现场公共卫生应急专家，使疾病预防控制和卫生防疫工作能够尽快适应国家发展建设的需要，能够在任何条件下承载国家履行应对各类突发事件的职能。

4. 系统论证，加速卫生防疫装备系列化研究

抗震救灾防疫是对卫生防疫工作的全方位艰巨考验，回顾32年前唐山大地震卫生防疫救援工作，我们惊喜地发现，在汶川、玉树地震中，抗灾防疫使用的卫生防疫车、摩托车载超低容量喷雾机、检水检毒箱、食品理化和微生物检测箱、脉冲式热烟雾机及背负式机动喷雾器等装备，发挥了极其重要的作用，是唐山大地震救援时代不可比拟的，充分反映出多年来我国在卫生防疫装备研究领域的丰硕成果。但从现代防疫救援理念和国际救援比较上看，我国卫生防疫装备仍然品种过少，项目单一，便携式组合化系列装备和快速生物检测判定设备与箱组缺乏，现有的消毒杀虫装备配套研发不足、自动化程度不高，性能不稳定，使用中易出现问题，加上耗材贵、配件少，维护保养人员缺乏，一旦损坏很难得到维修等问题比较

突出，特别是系列化大型装备和组合式智能分析判别系统，以及野外净水、环境监测、遗体处理、简易厕所、垃圾消解站等普通野战条件下的小型配套单元在现代防疫救援领域更加缺乏。这些现状都将影响着我国在未来应急救援条件下的快速反应能力和现场处置能力。因此，加大野战卫生防疫装备和器材的系列化开发研究力度，尤其是大容量、高射程、机动性能强、自动化程度高的卫生防疫系列装备的研制，使之能够适应战场和国际专业救援发展需要是今后我国重点研究的课题。①

附：中国国际救援队②

中国国际救援队（英文缩写 CISAR），对内称国家地震灾害紧急救援队，2001 年 4 月 27 日由时任国务院副总理温家宝同志亲自授旗成立，由中国地震局、某工程部队和武警总医院联合组建，其中，中国地震局牵头负责国内外组织协调、装备保障、信息保障、后勤保障、搜救技术研发指导、日常培训演练、建筑安全性鉴定、灾评科考等任务，某工程部队承担搜索救援、搜救犬培训等任务，武警总医院承担医疗救护、医疗设备维护等任务。建立国家地震灾害紧急救援队重大事项联席会议制度，统一领导和协调各组建单位与救援队的工作。联席会议下设办公室，负责落实、督办联席会议决定的各项事项。

救援队主要任务是对因地震灾害或其他突发性事件造成建（构）筑物倒塌而被压埋的人员实施紧急搜索与营救。救援队按照"一队多用、专兼结合、军民结合、平战结合"的原则组建，形成一支反应迅速、机动性高、突击力强的专业救援队伍。目前，中国国际救援队由某工程部队（170 人）、部分地震技术专家、急救医疗专家和搜救犬搜索专家（60 人）组成，总人数为 230 人左右，设总队长 1 名、副总队长 3 名，总队部和直属队 20—30 人，下设 3 个支队，每个支队约 65 人，内设支队长、副支队长，下设分队。中国国际救援队配有 8 大类 300 多种 6000 多套（件）救援装备和约 20 条搜索犬。

9 年来，中国国际救援队先后派出数百人次出国进行培训、交流和参

---

① 李锋、张辉、张明华、蔡勃燕、冷冰、袁正泉：《映秀镇抗震救灾卫生防疫工作的筹划与思考》，《首都公共卫生》2009 年第 1 期，第 37 页。

② 中国国际救援队官方博客：http://blog.sina.com.cn/s/blog_656c5b190100i8pm.html。

加国际演练，也邀请瑞士、德国、日本、荷兰、法国等发达国家的救援专家来华培训、交流，与瑞士、日本、德国、新加坡、荷兰、法国、澳大利亚、新西兰、俄罗斯、韩国、墨西哥、美国等国家的救援组织建立了良好的合作关系。积极派队员参加国内举行的各类型的专业培训和演练，提高自身综合水平的同时，也为全国 27 支省级地震灾害紧急救援队提供业务指导和技术支持。

2009 年 11 月 14 日，中国国际救援队通过了联合国重型救援队分级测评，成为全球第 12 支、亚洲第 2 支获得国际重型救援队资格的救援队，具有了在灾后 48 小时内抵达灾区，可同时在两个救援现场持续 10 天 24 小时连续不间断开展救援行动，在倒塌建筑物尤其是在钢混结构中开展高难度搜索和营救，同联合国和灾区政府保持密切合作和及时信息沟通的综合能力。

中国国际救援队成立以来，按照党中央、国务院和中央军委的要求，牢固树立和落实科学发展观，遵循"团结协作、不畏艰险、无私奉献、不辱使命"的精神，依照联合国 INSARAG 行动指南，成功开展了阿尔及利亚地震、伊朗巴姆地震、印度洋地震海啸、巴基斯坦地震、印尼日惹地震、汶川地震、海地地震等 11 次 13 批国内外救援活动，共救出 53 名幸存者，医治 17000 余名伤病灾民，以崇高的人道主义精神、过硬的业务素质和优良的工作作风，得到了国内外救援界的一致好评，赢得各级领导、灾区政府和群众的充分肯定和高度赞誉，树立了中国作为负责国家的良好形象。2010 年，中国国际救援队将完成扩编工作，队伍规模将达到 480 人，并增加相应的装备配备。中国国际救援队将不断加强训练，参与更多实战，扩大与其他国家的交流合作，共同应对自然灾害，为构建和谐中国、和谐世界作出更大贡献。

第五章

国家与灾后重建

国家自产生之日起便不可避免地与其政权管辖范围内的一切重大事件产生了密不可分的联系。特别是当其管辖范围内发生重大自然灾害时，个人与小社群因力量有限，短时间内无法完成自救，更无力迅速进行灾后恢复与重建，如此便会产生对第三者即国家救援力量的需求，从而使国家得以催生，这在一定程度上也佐证了国家产生的合法性。作为灾后重建最主要的行为体，国家不仅承担着向灾区提供公共物品的义务与责任，同时也拥有实施灾后重建所必需的强大的社会组织与动员能力，国家在灾后重建中所扮演的角色其他组织无法替代，离开了国家的支持和参与，任何灾区灾后重建工作都将无法有效完成。本章围绕国家与灾后重建，将分别论述国家参与并主导灾后重建的重建规划、组织实施、物资筹集、政府引导、政策扶持、生产恢复和"三孤"安排等七方面的内容。

一 重建规划

灾后重建是一项十分复杂的社会、科学难题，涉及经济、社会、政治、人文、自然生态等多领域。进行有效的灾后重建，首要任务便是制定科学、合理、全面的灾后重建规划，重建规划对灾区的灾后重建具有宏观和长远的指导意义，尤其是对灾区以后的经济社会发展将产生十分重大的影响。因此，制定一个科学、合理、全面、系统的灾区灾后重建规划对灾后重建和地区经济社会发展极为重要。

（一）重建规划的概念及其特征

灾后重建规划是国家的各个相关职能部门在对灾区发生区域灾害损失进行科学评估和灾后重建采取何种方式深入论证的基础上，综合考量灾区经济、人文、自然等各种因素，从而对灾区未来经济社会发展做出科学、系统、全面的规划方案。由于自然灾害发生的时间与范围往往具有不可预测性，因此，灾后重建规划在性质上属于专项规划，又称区域规划。灾后重建规划是一项具有长远指导意义的灾区经济社会发展纲领，既具有宏观性，又具有特殊性。重建规划一般具有如下特征：

1. 复杂性

灾后重建是一项十分复杂的社会、科学难题，其涉及经济、社会、政治、人文、自然生态等多领域的问题，这就决定了重建规划的复杂性，也要求重建规划应具有综合性，能够涵盖所涉及的各个领域，以确保重建规划的科学性。

2. 针对性

灾后重建规划具有明显的针对性。首先，在范围上是针对受到自然灾害影响的区域而编制的规划，因此又称区域规划；其次，在问题导向上，灾后重建规划是针对受灾地区面临的问题和可能在重建过程中遇到的问题而设计的规划。

3. 阶段性

重建规划的编制和实施均具有阶段性。灾后重建规划一般根据其内容和性质的不同，分为过渡期规划和长远规划两个阶段。由于灾后恢复重建工作不可能在短时间内一次性完成，而且重建工作有轻重缓急，涉及群众基本生活的需要及时解决，因此需要针对短期问题编制过渡期规划，而一些涉及长远问题的则需要编制长远规划。

4. 紧迫性

灾后重建规划的制定具有时间上的紧迫性，灾后重建规划是应对"灾害"这一突发公共事件的应急规划，强调的是在灾害发生后的应急期内，对灾后情况作出及时的、有针对性的、可操作性的反应策略。

（二）重建规划的目标及其遵循的原则

重建规划以在规划期限内科学、合理、快速完成恢复重建的主要任务，确保灾区基本生产生活条件和经济社会发展全面恢复并超过灾前水平为基本目标。重建规划一般应坚持以下几个原则。

1. 坚持统筹兼顾又突出重点

灾区的恢复重建要有系统性，不能盲目随意推进，但又必须区分重建工作的轻重缓急，明确重建的优先领域和重点难点，在系统推进的基础上，优先解决迫切的现实问题。一般而言，灾后的第一任务除了施展救援外，紧接着便是民生问题，要把保障民生作为恢复重建的基本出发点，优先考虑解决受灾群众的基本生活问题，尽快恢复灾区群众的生产生活秩序，确保公共服务设施和基础设施能够有效供给，在此前提下，又要着眼于灾区经济社会的长远建设，注重中长期发展的提高，不能只注重眼前利益，忽视灾区的长远发展。

2. 坚持尊重客观规律又有序推进

灾区的灾后重建工作要尊重科学和自然，在深入论证、科学规划的基础上，从当地实际情况出发进行恢复重建，充分考虑经济、社会、文化、自然和民族等各方面的因素，合理确定重建方式、建设时序；同时又要统筹安排、保证重点、兼顾一般，有计划、分步骤地推进重建工作，防止重建工作的随意性、盲目性，确保重建工作依法有序高质量的推进。

3. 坚持科学布局又协调发展

灾区重建规划要根据灾区经济、人文、地理尤其是灾后灾区的资源环境承载能力，考虑灾害和潜在灾害威胁，科学确定不同城市功能区域的主体功能，调整优化城乡布局、人口分布、产业结构和生产力布局；同时又要着眼长远，协调发展，考虑规划的适度超前性，确保灾区的规划布局能够有效适应未来经济社会发展的需要。

4. 坚持处理好外部援助与内部生产的关系

灾区的灾后重建虽然需要国家和其他地区的支持，但更要发挥灾区地方各级政府的主体性，充分调动灾区政府和人民群众的积极性与主动性，自力更生，努力提高灾区自我发展能力，只有灾区自身快速有效的经济社会发展才能完全实现灾区灾后重建和发展的目标，任何单纯的外部援助只能给灾区带来暂时的发展，却并不能确保灾区经济社会的长期繁荣。

（三）重建规划的主要内容

灾后重建规划一般包括三方面的内容，即灾区灾害影响专项评估、灾区灾害重建规划的具体编制以及灾区灾后重建的相关政策研究。

1. 灾区灾害影响专项评估

灾区灾害影响专项评估工作包括灾害范围评估、灾害损失评估和资源环境承载能力的再评价三个方面。

（1）灾害范围评估。灾害范围评估要求必须对灾区灾害的影响范围做出准确评估，明确划分标准，区分严重受灾地区和一般灾区，以便有针对性地制定灾区重建规划。在对灾害范围进行评估时，不能遗漏事实上已经受到灾害影响的地区，亦不能盲目随意扩大灾害影响范围和程度，将未受灾的地区列入受灾区域，浪费和挤占灾区重建资源。

（2）灾害损失评估。在完成灾害范围评估的基础上，迅速开展灾害损失评估，准确掌握灾区人员伤亡数字和灾害给灾区造成的直接、间接经济损失，以及救灾可能需要投入的费用，尤其是要重点了解灾害对灾区城乡住房、基础设施、公共服务设施、农业生态、工商企业等造成的损失并对其进行全面、准确的评估，以便为灾区重建规划的编制提供基本依据。

（3）资源环境承载能力再评价。资源环境承载能力再评价也相当重要，它将影响灾后灾区经济恢复发展的方式以及规模。因此要对灾区灾后水土资源、生态重要性、生态系统脆弱性、自然灾害危险性、环境容量、经济发展水平等进行系统、科学、准确的评价，确定灾后灾区可承载的人口总规模和可适应的经济发展方向，提出适宜人口居住和城乡居民点建设的范围以及经济产业发展导向。

2. 灾后重建规划的具体编制

灾区灾害重建规划的具体编制，就是在完成灾害影响评估的前提下，进行灾区重建总体规划的编制，确立灾区重建规划的指导思想和基本原则，明确灾区重建规划基本依据和灾区的重建目标以及灾区重建规划的期限等；同时在总体规划指导下，根据具体规划内容、对象等的不同，分门别类，有针对性地进行专项规划的编制，一般来说，主要有住房专项规划、城镇体系专项规划、农村建设专项规划、基础设施专项规划、公共服务设施专项规划、生产力布局和产业调整专项规划、市场服务体系专项规划、防灾减灾专项规划、生态修复专项规划和土地利用专项规划十个方面的内容。

3. 灾区灾后重建的相关政策研究

灾后重建的相关政策研究工作主要指对涉及灾后重建的各项政策进行专题研究和科学论证，并且提出能够支持和服务灾区灾后重建工作的有效建议和意见。一般主要涉及国家对灾区的财政补贴政策，税费优惠政策，金融、土地、产业等优惠政策，通过对这些政策的研究和论证，使国家能够对灾区在政策上提供更有力的支持；还有其他非灾区对灾区的对口支援和帮扶政策研究，以及社会募集等其他相关政策研究。

（四）重建规划还需注意的其他事项

（1）对灾后遗迹，应纳入文化重建的考量范围，自然灾害发生后，应适当留存部分比较典型的灾害遗迹，如建筑物受损遗迹和自然景观变动遗迹，同时建立灾害博物馆、展览馆和死难者纪念碑，以增强公众和民族的危机意识。

（2）灾后重建规划不是一次性的规划，而是需要在重建过程中不断进行评估和修正，这是灾后重建规划尤其需要重视的。

（3）灾后重建规划应注重市场和社会力量的运用。在重建过程中，政府无疑是主要的行为体，但重建只依靠政府是无法单独完成的，应鼓励和动员社会、市场力量积极参与到灾后重建中来，保证市场和社会力量能够与规划的目标有很好的结合。

附：美国公共安全管理灾后重建规划阶段的划分

灾害评估（Disaster Assessment）	
形式快速评估 （Rapid assessment）	被害者需求评估 （Victims' needs assessment）
初步损失评估 （Preliminary damage assessment）	应该汲取的教训 （Lessons learned）
受灾现场评估 （Site assessment）	

短期重建（Short Term Recovery）	
灾害影响区的安全（Impact area security）	应急事态的破坏 （Emergency demolition）
临时避难所/住宅 （Temporary shelter/housing）	修复许可 （Repair permitting）
基础设施重建 （Infrastructure restoration）	捐赠管理 （Donations management）
废墟管理 （Debris management）	灾害援助 （Disaster assistance）

长期重建（Long Term Reconstruction）	
危险源控制与区域防护 （Hazard source control and area protection）	基础设施抗灾力 （Infrastructure resilience）
土地利用规划 （Land use practices）	历史遗址保护 （Historic preservation）
大楼建筑规划 （Building construction practices）	环境重建 （Environment recovery）
公共卫生/心理健康重建 （Public health/mental health recovery）	灾害纪念 （Disaster memorialization）
经济发展 （Economic development）	

续表

灾害评估（Disaster Assessment）	
重建管理（Recovery Management）	
部门告知与动员 （Agency notification and mobilization）	公共信息 （Public information）
重建设施与装备的动员 （Mobilization of recovery facilities and equipment）	重建的执法与资金筹措 （Recovery legal authority and financing）
内部指导与控制 （Internal direction and control）	行政与后勤支持 （Administrative and logistical support）
外部协调 （External coordination）	档案编撰 （Documentation）

二 组织实施

灾后重建规划制定完成后，如何有效地组织实施重建规划成为灾后重建工作的关键。从宏观层面来看，国家至少应从三方面来组织实施灾后重建工作，一是运用公共权力整合重建资源（包括进行物资筹集、提供政策扶持、确保制度供给），二是加强重建力量建设（包括政府自身力量、民间社会力量、个人力量），三是增强重建过程监督（包括重建资源使用监督、重建质量监督、重建绩效评估等）；而在具体原则上，国家应坚持整体推进，全面覆盖；相对独立，平战结合；软硬并重，全面提升；减法推进，动态调整；立足基层，示范推广的基本原则，确保重建工作顺利进行。

（一）整合重建资源

国家组织实施灾后重建，面临的第一个问题便是以最快的速度在全社会范围内整合重建资源，为灾后重建工作提供资源支撑，重建资源是灾后重建工作的基础，缺乏或者没有重建资源，灾后重建无从谈起。从性质上划分，重建资源一般主要包括基本物资筹集、国家政策扶持以及相应的制度供给。

1. 基本的物资筹集

从广义来看，一切与灾区相关的生产资料和生活资料都属于灾区重建所需基本物资的筹集范围，如药品、食品、衣物帐篷等日用品、维修器材以及必要的运输工具等。这些基本物资是灾后重建工作最基础的重建资源。

2. 国家政策扶持

国家针对灾后重建出台的扶持政策亦属于重建资源的重要组成部分，由于受灾区域的特殊性，国家需要重新校正原有的政策供给方法，对灾后重建所涉及的领域给予特殊的优惠和扶持鼓励政策，鼓励和引导社会各方面力量参与到灾后恢复重建中来。如财政政策扶持、金融政策扶持、土地政策扶持、产业政策等都属于国家的政策扶持种类。

3. 相应的制度供给

有效的制度供给是灾后重建资源又一重要组成部分，它主要指国家颁布的为规范灾后重建活动以及与之相关的法律、法规和具体制度。国家这种有效的制度供给，是开展灾后恢复重建工作的重要法律依据，是灾后重建顺利进行的重要保障。法律法规方面，如我国针对地震灾害颁布的《破坏性地震应急条例》、《中华人民共和国防震减灾法》、《中华人民共和国突发事件应对法》以及在汶川地震后颁布的《汶川地震灾后恢复重建条例》；日本针对自然灾害而颁布的《灾害对策基本法》、《灾害救助法》、《受灾者生活支援法》以及《严重灾害特别财政援助法》。制度方面如新西兰针对自然灾害灾后重建所确立的灾后重建保险制度等。

（二）加强重建力量

灾后重建工作的顺利进行，除了具备必需的物力支撑，同时还应具备必需的人力支撑，二者缺一不可。因此，国家应加强灾后重建力量的组织与协调，保障重建工作有效开展。一般而言，灾后重建力量一般主要包括国家力量和社会力量两大方面。

1. 国家力量

这里的国家力量指狭义上的国家力量，或者政府的力量，即政府自身组织体系的力量。包括中央政府、地方政府和基层政府及由此衍生出的相应的各级政府职能部门。为提高重建效率，政府应设立专门的灾后重建管理组织机构，统一指挥和协调灾区的灾后重建工作，同时加强和优化自身队伍建设，培养各类具备专业素养的灾后重建队伍。具体根据灾后重建领域、对象以及任务的不同，进行专业分工，设立从中央政府、地方政府到基层社区的、多层次的专门管理机构，确保重建工作任务明确、责任明晰。（如国家财政部门对重建资金的管理拨付；国家审计部门对重建资金使用的审计和监督；国家农业、工业部门对相应领域重建工作的指导。）

2. 社会力量

灾后的恢复重建，国家以及各级政府显然担负着最重要的职责，但灾后重建是一个系统性工程，既包括受灾群众的生活安置、基础设施修复和建设，更包括经济社会的恢复和发展，而这些仅依靠政府是难以完成的，需要来自全社会的共同努力。国家应充分动员社会力量，调动社会各方面的积极性，鼓励社会力量参与重建，并为它们的参与创造必要的条件。社会力量一般主要包括企业、非政府组织、民间团体以及个人。

（三）增强重建监督

为了确保灾区灾后重建的效率和质量，国家应加强对灾后重建过程的监督和检查。主要包括重建资源使用监督、重建质量检查以及重建工作绩效评估。第一，国家审计部门要对灾后重建资源的安排、拨付、使用及投资效益进行全过程跟踪，防止套取、贪污、截留克扣、挤占挪用国家灾后重建资源；第二，国家监察部门要加强对灾后重建工作质量的检查，防止重建工程、项目的不达标，如对重建项目的组织实施、招标投标、竣工验收等各环节进行重点检查，并及时公布检查结果，处理违法违纪问题；第三，重视灾后重建工作的绩效评估，通过对部分已经完成的重建进行科学合理的绩效评估，以此不断优化和完善灾后重建工作。

三　物资筹集

随着抗震救灾工作由抢险向灾后安置的过渡，用于灾区群众维持基本生活的赈灾物资筹集成了灾后安置最重要的工作之一，如何有效筹集、管理、配置和发放赈灾物资，成为灾后救援工作中十分重要的一环。赈灾物资筹集作为政府调动国家经济资源和社会物力、财力，应对灾害事件进行赈灾的管理活动，在灾害救援中具有重要意义。

（一）赈灾物资筹集的概念

赈灾物资筹集是指政府应对灾情而依法对灾区进行赈灾所需物资的筹措。"一切与灾区相关的生产资料和生活资料都为赈灾物资筹集的内容，如药品、食品（一般以速食为主）、衣物帐篷等日用品、维修器材以及必要的运输工具等。"赈灾物资筹集作为政府调动经济资源和社会物力、财力，应对灾害事件进行赈灾的管理活动，其活动主体是国家，由政府代表国家履行其职责。赈灾物资筹集的活动客体是国民经济的所有组成要素，包括国家的生产部门和为生产部门提供服务的流通部门。

（二）赈灾物资筹集的来源及其实质

一般而言，赈灾物资的构成来源有四种，即由国家或政府提供的、企业或社会团体组织提供的、私人提供的以及由国际社会捐助的。政府是赈灾物资筹集的主要行为体，由政府筹集的赈灾物资因有政府主导参与，因而具有强制性、公共性；而由企业或社会团体以及私人提供的赈灾物资因出于情感和自愿，因而具有非强制性和公益性，在经受灾国同意的前提下，国际社会基于人道主义向受灾国捐助的赈灾物也构成了赈灾物资的重要来源，但不论何种来源的赈灾物资，一经合法程序被政府予以登记接收，便全部具有公共性，因其消费对象的特殊性，而成为一种特殊的公共物品。从这个意义上讲，赈灾物资筹集的实质是政府运用公共权力，依据灾区的实际需要，在全社会范围内调动一切可以利用的包括物质资源在内的经济资源，为灾区提供救援支持的政府干预行为。

（三）赈灾物资筹集的主要方式

由于赈灾物资的来源具有多样性，因此其筹集手段、方式也具有灵活性与多样性。政府作为赈灾物资筹集的主要行为体，根据赈灾物资的储备成本、生产周期、获得的难易程度等，综合利用行政、法律、经济等筹集手段，进行赈灾物资的筹集，具体的方式有调用防灾储备物资、征收征用防灾物资、紧急扩产救灾物资三种，这三种方式构成了政府筹集赈灾物资的主要方式；而企业社会团体和个人主要是以捐赠的方式向灾区提供赈灾物资。

1. 调用防灾储备物资

防灾储备物资是政府为应付重大自然灾害而进行储备的战略物资。当某一区域发生灾害时，直接调用中央政府和该地区的防灾储备物资是赈灾物资筹集的第一选择，因为这样不仅可以迅速缩短物资筹集的时间，储备物资在第一时间可以直接调往灾区，同时也不会对社会的正常生产生活和经济秩序造成过大的影响；但从另一方面来说，调用防灾储备物资也有自己的缺陷和不足，因为是事前的战略储备物资，基于物资的储备成本、储备周期等问题，物资储备的数量、范围和种类一般都是有限的，因此，灾区所需的部分救灾物资往往无法从防灾储备物资中获得，同时，防灾储备物资只是临时的储备物资，并不能有效解决灾区长期缺少生产生活物资的现实。

2. 征收征用救灾物资

除了紧急调用防灾储备物资外，征收征用救灾物资也是赈灾物资筹集的一种重要方式，当发生灾害时，政府会根据灾区物资需求的实际情况，依照国家的相关法律，对一些生产流通部门和企业生产、经销的物资进行紧急征收征用，并按照所征用物资的种类、规格、数量、市场平价以及征用时间等对物资供应商进行一定的补偿。征收征用救灾物资，其实质是政府综合运用法律和行政手段，对市场经济进行调节和干预的行为，征收征用救灾物资体现的是国家的意志，而这一行为的合法性则是基于国家政权的合法性与权威，因此，征收征用救灾物资往往也成为快速筹集赈灾物资的一种有效方式，但在运用这种方式时，也应酌情考虑照顾市场经济个体的利益。为此，政府一要尽快出台征收征用救灾物资领域的基本法，以使征收征用救灾物资工作有法可依，有章可循；二要完善征收征用救灾物资的执法监督机制，确保征收征用物资公开透明、公平公正，防止相关企业将政策行为演化为商业行为。

3. 紧急扩产救灾物资

紧急扩产救灾物资是政府根据灾区当下物资的实际需要和未来的可能需求，组织相关的物资生产部门和企业在原有生产线的基础上，快速进行转产、扩产，确保灾区赈灾物资的充足供应。与调用防灾储备物资和临时征收征用赈灾物资不同，紧急扩产救灾物资虽然在时效上相对滞后，但却能够从根本上解决灾区物资的供应问题。但紧急扩产救灾物资，需要一定的物资生产周期，而调用防灾储备物资和临时征收征用赈灾物资恰好可以为生产流通部门争取一定的生产时间。

4. 民间、社会捐赠

当某一地区发生灾害时，来自个人和各类社会团体的捐助，也是灾区赈灾物资筹集的重要方式。这种物资筹集方式参与群体广泛，社会影响较大，物资筹集速度较快，且成本更小，短时间内能够为灾区的救助行动提供重要的支持，在一定程度上能够为政府筹集物资争取更多的时间。但捐赠是行为体的自发行为，国家和政府可以进行号召和鼓励，却不能强迫行为体进行捐赠，这样不仅会挫伤个人的积极性，也会带来负面的影响。

（四）赈灾物资的管理、调度

一般而言，国家通过各种途径筹集的赈灾物资来源广、数量大、品种多、时间集中，因此，赈灾物资的管理、调度就显得极其重要，如何实现对赈灾物资的科学有效管理和调度，防止赈灾物资的不明流失、毁损腐蚀、冒领冒用，确保赈灾物资的有序流通和规范使用成为灾后救援工作面临的一大考验。

1. 规范赈灾物资管理流程

制定各类应急预案以及仓库管理、安全管理、各类人员岗位责任管理等规章制度。在物资存贮上，救灾储备物资应按物品的属性分类存放，按消防规定合理堆垛，分垛挂签，标记清楚，安全通风，方便出入；在物资分发上，应加强分发登记管理，赈灾物资的分发必须由专人负责把关，有专人进行详细登记、分类造册；在物资调配上，应加强运输管理，赈灾物资的押运必须由专人负责，同时要对物资运输车辆牌照、驾驶员姓名、去向等登记造册。加强物资出库、调运、分发等重点环节的管理，确保救灾物资储备、调配、发放等环节的规范运行。

2. 加强赈灾物资监督审计

国家和地方审计单位应对救灾储备物资实施统一监督管理，强化对救灾款物接收、发放、使用和存放的跟踪检查监督，提高救灾款物管理使用效益和公开透明度。建立健全并公开各项救灾款物的发放标准和发放程序，做到手续完备、凭证齐全、账目清楚、公开透明、群众知情满意；特别要重点加强对基层救灾物资发放的监管，派遣专门的工作人员到灾区接收站和基层发放点对物资接收发放进行督察检查，确保发放对象能够及时领取救灾物资，保证物资的不流失。切实提高救灾物资的使用效率，充分发挥好救灾物资的使用功能。对于违规接收、发放、使用、管理救灾物资，造成严重后果的，应严肃追究相关负责人的责任。

附：中国国家救灾物资储备体系简介

经过近几年来的发展与完善，我国国家自然灾害应急救助预案体系基本建立，救灾物资储备网络基本形成，灾害应急救助联动工作机制基本建立。国家物资储备系统采用以行政管理为基础的三级垂直管理结构，在全国26个省、市、自治区设立了管理局或办事处，由国家物资储备局统一管理、统筹运作。国家物资储备系统拥有综合仓库数十座，各综合仓库设施设备完善，拥有铁路专用线、消防设施、装载和运输设备等。在管理方面，各管理局、办事处普遍引入了质量管理、现场管理等先进的管理理念，并大力发展现代物流，努力打造"国储物流"品牌，推动了自身运营效率、管理水平的不断提高。

目前，中央和省级灾害应急救助预案已颁布实施，93%的地（市）和82%的县（市）都出台了救灾应急预案。国家设立了天津、沈阳、哈尔滨、合肥、郑州、武汉、长沙、南宁、成都和西安等11个中央级救灾物资储备库。全国31个省（区、市）和新疆生产建设兵团建立了省级救灾物资储备库，救灾仓库建筑面积137943m^2（含中央级物资储备库），库容 368623m³。251 个地（市）和 1079 个县（市）也建立了相应的救灾物资储备库和储备点。国家救灾物资储备体系在应对自然灾害等突发公共事件方面正在发挥着积极而重要的作用。

四　政府引导

政府在灾后重建中自然占据核心位置。然而，灾后重建是一项系统、复杂、繁重而又具有长期性的工作，单靠政府是无法完成的。且随着政府职能由全能型政府向服务型政府的转变以及市场经济体制改革的进一步深化，都要求必须在政府之外，找寻其他的灾后重建治理主体。市场（企业）和社会（NGO、公民）作为独立于政府之外的重要力量，在灾后重建中扮演着十分重要的角色。政府充分整合社会资源和力量，积极引导企业、非政府组织以及民间救助力量和个人有效参与到灾后重建中，构建灾后重建的多元治理主体结构，实现各主体间的良性互动，形成政府引导、全社会广泛参与的灾后重建力量格局。

（一）积极引导企业参与灾后重建

在市场经济时代下，企业作为国民经济活动的细胞和最重要的市场主体，在国民经济活动中发挥着十分重要的作用。政府在灾后重建工作中居于领导地位，政府往往受到知识、资源和技术的限制而无法承揽全部的工作，即使强行承揽，也必然出现"力不从心"和治理"盲区"的现象。而企业作为社会生产和流通的直接承担者，灾后重建工作离不开企业的参与。企业对灾后重建工作能否顺利开展以及能否高效完成具有十分重要的影响。政府应积极创造更多优惠条件，推动企业参与灾后重建。

1. 市场经济活动的主体——企业

现代经济学认为，市场是资源配置的最重要方式，尤其在完全竞争市场中，资源配置效率可以得到最大程度的优化，而企业作为市场经济活动的主体，专门从事生产、流通、服务等经济活动，是社会生产和流通的直接承担者，从资源配置的角度看，企业力量的有序引入，不仅可以有效弥补政府在部分领域的失效，同时又能实现有限资源的最优配置。在这个意义上，灾后重建工作更加需要企业的参与，企业参与灾后重建工作具体来说有如下几方面优势：

（1）资金优势。灾后重建工作所需资金一般多是来自国家的财政拨款和专项资金，因为政府均有提供公共产品、维护群众利益、保障社会福利的职责和义务，但在市场经济条件下，政府的财政拨款是不计成本的，以至于无法确保在所有的建设领域均能取得良好绩效；而企业恰好相反，企业拥有充足的生产流动资金，因此，重建资金的来源渠道应该多元化，应该考虑民间和市场力量的积极引入。

（2）效率优势。灾后重建是一项长期而系统的建设工程，涉及众多项目类别。政府的主要投资领域一般多为公共产品领域（如灾后灾民住房、道路、桥梁、通信、水利等基础设施建设等），其目的是首先解决灾民的基本生产生活问题，因此，政府在这些领域的投资是无法用效率来衡量的；但随着灾区公共产品的逐渐完善和经济社会秩序的不断恢复，市场机遇将会激发商业性投资的更多进入，特别是在私人产品特征较强的领域，以效率和资源的最优配置为核心的市场将成为灾后重建的主要驱动力量，特别是大量的企业和商业投资将成为推动灾区经济社会重建的新的增长点。

2. 企业参与灾后重建应注意的问题

（1）企业的灾后重建应以灾区重建需求为导向。在灾后重建过程中，部分企业存在急功近利的现象，以企业自身需求为出发点，更多地就将参与灾后重建当作推广企业品牌的舞台，很少去实际关注灾后重建。为提高灾后重建效率，优化资源合理利用，企业参与灾后重建之前，应对灾区现有资源和实际重建需求进行专项评估，以恢复和促进灾区经济社会发展为导向和目的，以此来决定企业参与灾后重建的具体形式和内容。

（2）企业的灾后重建更应重视绩效评估。企业捐款主观或者客观不了解资金的使用去向和效果，这不但有悖企业运作原则，也是社会资源的极大浪费。企业参与灾后重建应制订相应的资金使用计划，确定拟达到的效果，并要对灾后重建效果进行评估，以此促进资源的合理有效利用。

（3）企业参与灾区重建应建立多元的公私伙伴关系。企业的参与不仅需要和当地政府之间建立伙伴关系，还应注重与民间社会组织之间深化合作关系。很多专业的社会组织在需求调研、灾害救助、心理抚慰、社区融合与重建，特别是社区个性化的需求满足和长期陪伴上具有企业缺乏的专业优势，因此，企业应选择更多地关注和支持这些社会组织在灾后重建过程的工作，形成有效的伙伴关系。

（4）推动社会创新，实现企业社会价值。企业参与灾后重建，会存在局部信息的不对称、资源碎片化、参与走过场、个体分散等现象，这不但是企业在参与灾后重建暴露出的问题，也是在常态商业环境上需要改进的方面。灾害应对为社会创新提供了许多常态社会下无法打开的机会窗口，因此企业在灾后重建过程中可以充分利用机会，以灾害应对为契机，推动政府、社会、企业之间的深度协同合作，将各自利益诉求统一到创造更大社会价值的共同目标上来。

3. 塑造多元利益诱导机制，形成企业参与灾后重建的外在动力和内在动力，实现政府与企业的互动协作

政府应积极塑造多元利益诱导机制，形成企业参与灾后重建的外在动力和内在动力，实现政府与企业的互动协作。通过多元利益诱导机制合理引导企业资金走向和资源配置结构，最大化利用社会资源，这不仅有助于减轻政府部门的工作量和压力，还能有效调动企业参与灾后重建工作的自觉性。具体的要积极制定优惠政策，建立信息透明机制，如包括直接的财政补贴机制、税收减免—优惠机制、倾斜的金融优惠政策、行业准入机制、企业社会形象塑造机制等。通过综合运用财税、金融、土地、产业、就业等政策手段，结合媒体的聚焦和传播功能，对包括企业在内的多元主体参与灾后重建形成强大的外在动力和内在动力。

（二）积极引导非政府组织参与灾后重建

在地震等自然灾害的灾后重建中，单一的政府作用或市场努力往往难以取得理想效果，寻求政府力量和市场作用的有机结合，充分发挥民间组织的作用，无疑是最优的重建路径。非政府组织作为一种不以营利为目的，独立于政府之外，不受当政者支配，不介入政党权力之争的民间性公益组织，在社会事务的管理中扮演着十分重要的角色。政府应将非政府组织纳入到灾后重建的行为体中来，积极引导非政府组织广泛参与灾后重建工作，有效缓解政府在灾后重建工作中的压力，提高灾后重建的工作效率。

1. 独立于政府之外的非政府组织

非政府组织并不是一个具有明确内涵和外延的术语。《国际组织年鉴》将其定义为：非政府组织，是指那些非政府的、非营利的、志愿性的、致力于公益性事业的社会中介组织，是存在于政府组织和企业组织之外的一种社会组织形式。各类志愿者组织、慈善协会、社会团体、行业协会、社区组织等社会组织，都被看作比较典型的非政府组织。非政府组织具有组织性、非营利性、民间性、志愿性、公益性和自治性特征。非政府

组织的这些特性决定了其在灾后重建工作中相比其他行为体具有很大的优势:

(1) 资源优势。当突发自然灾害事件发生时,非政府组织的公益性使得它可以进行广泛的社会动员,能够动员政府无法充分动员的本土资源和海外资源,凝聚民间资本,调动广大民众的力量投入突发事件应对工作中,从而弥补政府应急资源的短缺。而且其志愿性特征也可以吸引大批志愿者加入应对突发事件,做好群众疏导和后勤保障工作,弥补政府在汲取人力资源方面的缺陷。

(2) 效率优势。突发自然灾害事件发生后,正常的社会秩序受到破坏,社会成员遭受严重的生命财产损失,民众心理处于恐慌期。此时的政府组织由于其严格的权力节制的等级体系可能会反应滞后,非政府组织却由于在组织体制、组织结构以及活动方式上的灵活性,可以根据不同地区、不同领域的情况变化迅速地做出反应,灵活地调整自己具体的工作方法和工作内容,依据民众的心理借助示范、说服、创新等方式来促进各种社会支持资源的使用效率。

(3) 专业性优势。非政府组织在专业方面具有独特优势,非政府组织一般均是从事某一专业领域工作的机构或团体,在成立之初就有明确的目标,并根据自己的目标来吸纳具有相关经验的组织成员,具备一定的专业知识和相关的工作经验,非政府组织的专业性使它们在应对突发事件时可以提供专业知识和专家帮助,能够为灾区重建工作提供有效的专业服务。

(4) 维护社会公平的优势。政府作为公共权力的主体,在应对突发自然灾害事件时更多的是着眼于整个国家、社会和全体公民的利益,因而其决策往往需要权衡利弊,协调整体的社会关系,力求突发自然灾害事件不严重影响经济和社会稳定,使得政府很难及时关注回应少数弱势群体的利益,也无法对社会的多元需求做出及时、恰当的反应。而非政府组织遵循"需求—满足"的行为方式,以社会公共利益的需求为导向开展活动,并更多的关注部分没有利益表达渠道的弱势群体的利益并给予必要的物质和精神支持,从而有效弥补政府行为的不足,使社会任何一个群体的任何一个成员的利益都得到切实有效的保障,起到维护社会公平的作用。

2. 政府应为非政府组织参与灾后重建创造更多条件

(1) 建设灾区重建有关公共信息平台,全面及时地通报灾区建设中亟待解决的问题和发布有关重建工作的进展情况的信息，实现政府、企业与 NGO 信息资源共享与工作职能互动，提高灾区重建工作的效率，确保民间社会、公民对灾后重建过程持续、稳定、广泛和有效介入。

（2）建立各 NGO 分工协调与资源整合机制，统一调配 NGO 的人员、物资和资金投放，克服功能重叠造成的恶性竞争与资源浪费。另外，要加强对自发性零散的志愿者进行引导与管理，避免志愿者"游击队"式作战带来的社会秩序混乱。

（3）拟定 NGO 在灾后重建的有序退出机制。灾后重建是一项漫长而艰巨的工作，也是一项有步骤分阶段进行的工作。由于 NGO 的多元化与专业性，并非所有的 NGO 都能持续性地在灾后重建中发挥作用，在部分 NGO 专业组织完成灾后重建任务后，应适时退出，避免盲目参与，挤占灾后重建资源。

（4）完善非政府组织之间的合作制度建设。一方面，要明确不同领域的非政府组织各自在灾后重建工作中的责任范围，各取所长，实现管理、决策、协调、监督等方面的经验分享并推广科学、合理的制度；另一方面，不同地域相同领域的非政府组织之间在处理好合作与竞争的关系的基础上加强相互支持，不同领域的非政府组织之间也应该相互监督。

五 政策扶持

灾后重建工作的顺利进行离不开国家政策的指导与扶持。由于受灾区域原有经济社会状况均受到不同程度的破坏，且灾后重建工作在时间上具有紧迫性，这便要求国家必须在政策上对灾后重建工作予以大力扶持，制定专门针对灾区灾后重建工作的法律法规和特殊优惠政策，成为国家主导参与灾后重建工作的重要内容。国家对灾后重建区域的扶持政策一般主要包括财政政策、税费政策、金融政策、土地政策、产业政策扶持以及其他相关的政策扶持。

（一）政策扶持的概念及其种类

政策扶持指当某一区域因重大自然灾害而造成人民生命财产和经济社会发展发生重大损失，国家和政府为支持和帮助受灾地区开展生产自救，鼓励和引导社会各方面力量参与灾后恢复重建工作而出台的一系列优惠和鼓励政策。国家对灾区的扶持政策，从性质上来说，是国家宏观性政策的一部分，但由于灾区情况的特殊性，也决定了国家必须将灾区的扶持作为中央政府宏观调控职能的重要组成部分。

政策扶持的种类，因分类标准不同，有多种划分。按政策扶持的领域，可分为公共基础领域的政策扶持和非公共基础领域的政策扶持，一般公共基础领域的政策扶持力度相对较大；按政策扶持的具体内容，可分为财政政策扶持、税费政策扶持、金融政策扶持、土地政策扶持、产业政策扶持等几类。

（二）政策扶持的基本原则

虽然说国家对灾区灾后重建工作在政策上具有很大的扶持力度，但这并不意味着国家的政策扶持就会对市场在各个领域对资源进行高效配置形成严重冲击，在坚持既积极调动各方参与灾后重建的积极性又确保国家和社会资源合理、充分高效利用的前提下，国家对灾区灾后重建的扶持政策一般具体遵循以下几项原则。

1. 全面支持，突出重点。国家的扶持政策在原则上其支持范围覆盖灾后恢复生产和重建的各方面，同时又重点支持城乡居民倒塌毁损住房、公共服务设施、基础设施和重点工业等的恢复重建。

2. 因地制宜，分类扶持。根据受灾程度、恢复重建对象的不同，国家政策扶持实行分类支持，对受灾严重地区给予重点支持；对公共服务设施和公益性基础设施恢复重建，以政府投入为主，社会捐赠等其他投入为辅；对工商等企业恢复生产和重建，运用市场机制，以企业生产自救为主，国家给予财税等政策支持，带动金融银行信贷资金投入。

3. 立足自救，多元参与。国家在对灾区灾后重建采取政策扶持的同时，积极鼓励和支持灾区进行生产自救，增强灾区的自我造血功能，充分发挥灾区人民的主体性作用；同时又鼓励各界社会力量参与灾后重建，将国家支持、社会援助和生产自救有机结合，加快灾区的恢复重建。

4. 统筹协调，形成合力。国家综合运用财政、税收、金融、产业、就业等各类政策，统筹中央与地方政府各类财政投入、银行金融信贷等资金，引导监督使用好各类社会捐赠资金，使政策安排、资金投入及重建规划相互衔接，有机配合，形成有效合力。

（三）国家具体的扶持政策

1. 财政政策扶持

财政政策广义指国家根据一定时期政治、经济、社会发展的任务而规定的财政工作的指导原则，狭义指政府变动税收和支出以便影响总需求进而影响就业、生产和国民收入的政策。国家对灾后重建的财政政策支持，应属狭义上的，政府根据国家当年财政情况，在对灾区灾害损失进行科学评估的基础上，并根据重建领域的不同，建立灾后恢复重建基金，安排一定资金作为灾后重建专项资金。政府对受灾区域灾后恢复重建工作在财政上给予扶持，既是国家履行经济职能的体现，也是国家承担供给社会公共产品和服务义务，国家财政也因而成为国家灾后重建的主要资金来源。一般而言，灾后恢复重建基金由国家预算资金以及其他财政资金构成。在内容上具体应包括：（1）基础设施和公共服务设施发展专项资金，运用政府采购等形式提供基本的公共服务设施，最大限度发挥资金效用；（2）企业工业发展专项资金，重点扶持受灾地区工业企业技术改造、技术创新、结构调整、产业升级等；（3）农业发展专项资金，用于恢复和发展农田水利等农业生产；（4）服务业恢复和发展专项资金，用于第三产业的恢复和发展。

2. 税费政策优惠

税收政策是国家根据经济和社会发展的要求而确定的指导制定税收法令制度和开展税收工作的基本方针和基本准则。政府对在灾后重建中企业和个体在从事经营活动过程中所涉及的诸如企业所得税、个人所得税、房产税、资源税、土地使用税等税收方面均给予一定的政策鼓励和优惠，具体有以下几方面。

（1）企业所得税方面，政府对因灾害造成财产损失的企业，在计算应纳税所得额时予以扣除和优惠；同时，对企业发生的公益性捐赠支出，按企业所得税法及其实施条例规定在计算应纳税所得额时予以扣除和优惠。

（2）个人所得税方面，政府因灾害造成重大损失的个人，可减征个人所得税。对受灾地区个人取得的抚恤金、救济金，可考虑免征个人所得税。个人将其所得向地震灾区的捐赠，按照个人所得税法的有关规定可考虑从应纳税所得中扣除。

（3）房产税方面，政府对毁损不堪居住和使用的房屋和危险房屋，在居民停止使用后，可免征房产税。房屋大修停用在半年以上的，在大修期间免征房产税，免征税额由纳税人在申报缴纳房产税时自行计算扣除。

（4）资源税方面，对纳税人在开采或者生产应税产品过程中，因灾害遭受重大损失的，政府考虑减征或免征资源税。

（5）城镇土地使用税方面，纳税人因地震灾害造成严重损失，缴纳确有困难的，可依法申请定期减免城镇土地使用税。

3. 金融政策优惠

金融政策是指国家（一般指国家中央银行）为实现经济目标而采用各种方式调节货币、利率和汇率水平，进而影响宏观经济的各种方针和措施的总称。国家根据受灾地区各个行业的损失情况，向灾区的房屋贷款和公共服务设施恢复重建贷款、工业和服务业恢复生产经营贷款、农业恢复生产贷款等提供财政贴息，优惠再贷款利率和存款准备金等政策，同时通过项目投资补助等形式支持重灾区金融机构恢复重建，增强受灾区域金融行业的盈利能力，保障受灾区域灾后恢复重建资金的需求。

4. 工商政策扶持

国家对参与灾后重建的企业和个体在工商政策上给予一定的优惠和扶持，建立灾后重建绿色通道，放宽企业年检条件，便捷企业营业执照补（换）、变更登记，减免登记费用，放宽企业准入、出资、住所（经营场所）限制；建立行政审批绿色通道，简化行政审批程序，对涉及灾后重建领域和行业的企业生产经营活动的行政审批事项实行"一站式"审批，为企业积极开展灾后重建工作创造良好的政务环境。

六　生产恢复

生产恢复是灾后重建工作的首要环节和基本前提，特别是重点领域的生产恢复，将直接影响灾区灾后重建工作能否顺利进行。国家必须做好灾区的生产恢复工作，按照领域的不同，分步骤分阶段地优先恢复基础性领域和重点领域的生产，确保灾区的重建工作能够有效顺利地进行。生产恢复一般包括灾区基本设施恢复、灾区农业生产恢复、灾区工业生产恢复以及灾区服务业生产恢复四方面内容。

（一）主导灾区基础设施恢复

灾后基础设施恢复重建既是灾后重建的重要内容，也是其他灾区重建工作和经济社会发展的重要保障。因此，在实施灾后重建整体规划的过程中，应优先考虑恢复和重建的灾区基础设施，以确保灾区后续重建工作的顺利进行。灾区基础设施恢复一般主要包括道路交通基础设施恢复，能源、水利等基础设施恢复，邮电通信行业基础设施恢复和防卫防灾安全设施恢复等方面。

1. 道路交通基础设施的恢复

在灾害救援阶段，灾区的道路交通被称为灾区救援的"生命线"，对灾区的救援工作十分重要，对道路交通的首要要求是确保顺利通车，因此，灾区受损道路一般是通过临时抢修实现通车，并实行交通管制，以期最大限度保障生命救援通道的通畅；但救援结束后，进入恢复重建阶段，由于参与重建的行为体增多，因此，不仅要确保灾区道路交通通畅，对道路交通的基础设施也提出一定要求，这时应尽快恢复和重建灾区道路交通基础设施，提供道路交通后勤服务保障，改善道路交通运营状况，保证灾区交通畅通、安全和高效。

2. 能源供应、供水排水、邮电通信等基础设施的恢复

在灾害救援和灾后重建阶段，灾区基本的能源、饮用水供应以及邮电通信等基础设施具有十分重要的作用，是进行灾害救援和灾后重建的基础和前提，因此，在进入灾后重建阶段，应首先对这些基础设施进行恢复重建和完善。能源供应系统主要包括电力、煤气、天然气、液化石油气和暖气等；供水排水系统主要包括水资源保护、自来水厂、供水管网、排水和污水处理；邮电通信系统主要包括邮政、电报、固定电话、移动电话、互联网、广播电视等。

（二）指导灾区农业生产恢复

人类社会生产的推动和发展，首先肇始于农业，在农业发展的基础上才有工业的产生和发展。当下，努力实现国家现代化已成为世界上多数国家的共同目标，但这并不能否认农业在一个国家国民经济体系中的重要作用。在发生重大自然灾害地区，特别是经济发展相对落后的地区，在灾后重建中，优先考虑恢复农业生产，确保农业生产有序进行，不仅在战略上具有重要意义，在具体的实践中也是可行的。

（1）农业基地及农田水利建设生产恢复和重建。对涉及的农业生产性的基础设施，特别是在农村饮水安全、农村沼气、农村道路、农村电力等基础设施以及农业生产必需的资料，如土地整理以及受损农田水利设施、规模化种养殖棚舍池、良种繁育设施、森林防火设施等方面进行资金投入和专项补贴，为灾区农业生产提供可靠保障。

（2）主要农作物生产恢复和重建。国家应积极组织恢复农业生产，对主要农作物的种子、种苗、种畜等在财政上予以大量投入，或采取项目投资补助、贷款贴息方式给予适当支持；同时，为提高农作物生产恢复效

率，政府应为灾区免费提供农作物生产技术工作人员，为农作物的生产恢复提供有效的技术指导。

（3）主要林业生产恢复和重建，对受灾严重的林苗及时清理，对受灾较小的林苗及时修补、扶正、培土、固株，同时进行新的幼苗移植，对受灾林苗加强管护，加速受灾林木生产恢复。

（三）加紧灾区工业生产恢复

工业是唯一生产现代化劳动手段的部门，其决定着国民经济现代化的速度、规模和水平，是国家经济自主、政治独立、国防现代化的根本保证，在当代世界各国国民经济中起着主导作用。因此，灾区重建工作的重点应放在工业生产的恢复以及重建上。按照企业隶属关系和经营领域的不同，政府对重点骨干企业生产、生活设施的恢复重建，采取按因灾毁损恢复重建投资的一定比例注入资本金并通过项目投资补助或贷款贴息给予重点支持，同时，充分发挥市场的作用，鼓励企业开展生产自救，具体的有以下几方面：

（1）分类分批组织恢复生产。组织技术力量，指导组织重点企业对厂房、设备加快检测鉴定，分批抓紧恢复生产。基本具备恢复生产条件的，尽快恢复生产；需要重建或异地重建的，纳入灾后重建规划。

（2）抓紧恢复生产要素的生产供应。加大煤炭、成品油、天然气、矿石等物资的调运力度，加快电力系统抢修进度，优先恢复供电、供气、供水、煤矿等企业生产，为全面恢复工业生产创造条件。

（3）努力确保生产救灾、重建物资企业的恢复。协调解决企业流动资金、原材料供应、产品运输等突出问题，加紧组织帐篷、活动板房、食品、消毒防疫用品、水泥、建材、化肥、农药、农膜、农用机械、饲料等企业尽快恢复生产。

（4）重点支持大型骨干企业恢复生产。对短期内可以恢复生产的重点骨干企业，组织力量重点帮扶，指导制订复产方案，尽快恢复生产。同时统筹考虑其他企业恢复生产工作，积极协调解决生产要素供应和供电、供水、供气等外部保障条件，以及职工安置和住房重建问题。

（5）加强对中小企业恢复生产的政策指导。优先恢复资信好、技术含量高以及劳动密集、与大企业协作配套的中小企业生产。对于受损较重、严重浪费资源、污染环境和不具备安全生产条件的企业不再恢复，或者采取合理关停并转等措施。

（6）加快工业园区恢复。对先天具有资源优势和环境承载能力的受灾地区，加快修复该区域工业园区的基础和服务设施，尽快恢复工业园区功能，为企业恢复生产和产业集聚创造良好的外部条件。

（四）金融服务

（1）银行业恢复营运。抓紧修复受损机构网点，尽快恢复金融服务；核实震前存贷款的风险状况，做好风险评估和不良资产处置工作，维护债权人、债务人的合法权益，防止恶意逃废银行债务；抓紧制定和落实灾区金融机构网点、基础设施恢复重建规划；加强银行业金融服务应急管理，在地方政府的支持下，防范和打击金融犯罪，保障金融安全，维护金融秩序和金融稳定。

（2）证券业恢复。加快对营业网点建筑物进行安全评估和排险加固；尽快恢复证券期货经营机构场地、设备等交易和服务设施；维持网上交易、电话委托等交易途径通畅；妥善处理震灾死难、失踪人员家属对死难者和失踪人员证券基金期货资产的权利主张。

七　"三孤"安排

重大自然灾害的突发，不仅直接导致了大量人口的伤亡，同时也间接导致了新的特殊受灾群体"三孤"人员的产生，即由于重大自然灾害造成的无生活来源、无劳动能力、无法定抚养人的孤儿、老年人和残疾人员。"三孤"人员相对其他受灾群体而言，是受灾群体中最困难的群体，因其身份的特殊性，"三孤"人员安排是灾后人员安置工作的重要组成部分，因此，作为灾后重建的主要行为体，国家和政府应该将"三孤"人员安排作为灾后重建的重要内容，对灾后的"三孤"人员安置给予优先考虑和安排，保障"三孤"人员基本的生活，促进其身心健康发展。

（一）"三孤"安排概述

严格来说，"三孤"人员指由重大自然灾害造成的无基本生活来源、无基本劳动能力、无法定抚养人的孤儿、老年人和残疾人员，他们是受灾群体中最困难的群体，也是国家和政府进行灾后安置的重点对象。"三孤"人员身份的甄别是一项十分复杂的工作，受到诸多因素的影响，既不能扩大"三孤"人员范围，浪费社会资源，同时更不能缩小、遗漏真正的"三孤"人员，导致受灾个体无法维持基本生活。"三孤"人员安置一般应遵循如下原则：

（1）坚持临时安置与长期安置相结合的原则。由于"三孤"人员身份的特殊性，在未确定其身份前，应采取临时性安置较为合理；当其"三孤"身份得到完全确认后，宜采取长期性安置方式，并根据这部分受灾群体身心状况的不同分别采取不同的供养与安置方式。

（2）坚持集中安置与分散供养相结合的原则。特别对于暂时没有确定身份的"三孤"人员，宜采取相对集中的安置措施（如学校和社会福利机构），以便于这部分受灾群体的家人和亲属能够及时寻找和联系；同时，根据"三孤"人员来源等的不同，以就近安置为主，采取分散供养，减少安置工作难度，并可节约社会资源。

（二）"三孤"安排的基本内容

灾后"三孤"人员的生活安置带有极大的社会福利性质，一般来讲，可以由部分非政府组织承担，但基于国家公共产品和社会保障义务提供者的角色，国家仍然是"三孤"人员安排的主要承担者。由国家和政府主导的"三孤"人员安置工作一般包括四方面的内容：一是"三孤"人员身份识别和统计；二是"三孤"人员生活的具体安置；三是"三孤"人员心理抚慰和心理健康疏导；四是孤儿、残疾青少年的个人发展。

1. "三孤"人员身份识别和统计

"三孤"人员的身份识别和统计指对灾区所有受灾群体中部分没有生活来源、丧失劳动能力、无法定抚养人的群体进行身份鉴别和统计的过程。"三孤"人员身份识别是一项相对复杂的工作。首先，在"三孤"人员身份识别上，需要将"三孤"人员与因灾害影响而临时与家人失去联系的儿童、老人和残疾人区分清楚，对暂时与家属和亲人失去联系的政府应尽快安排他们回归自己的家庭；其次，在"三孤"人员统计上，在灾害中失去父母但有法定监护人效力的（如其祖父、祖母）人员，在安置原则上应优先考虑家属和亲属供养，但仍应将其纳入"三孤"人员中孤儿的范围之内。

2. "三孤"人员生活的具体安置

在"三孤"人员身份识别和统计工作完成后，政府应对已确定的"三孤"人员的生活进行具体安置，确保这部分群体的基本生活不受灾害影响，主要包括"三孤"人员的日常基本生活（如"三孤"人员的衣食住行等方面）、健康医疗卫生（如"三孤"人员的伤病治疗康复、疾病预防等，特别是对肢体残疾的孤残人员和有需求的孤老，根据其残疾状况和实际需要，通过政府出资，为其装配康复器具，帮助其解决医疗、康复问题，使他们尽可能恢复生活自理和劳动能力）。此外，对于暂时没有确定身份的"三孤"人员，由于其在生活等方面的困难，政府应采取临时安置措施，将这部分受灾群体暂时安置到条件较好的福利机构或者学校，实行集中供养，以保障其基本生活；同时应积极组织大量支援工作者通过多种途径寻找其家人和亲属，使其尽快返回家庭。

3."三孤"人员心理抚慰和心理健康疏导

在基本的物质生活和身体健康状况得到改善的情况下，关注"三孤"人员的心理健康成为政府安置工作的又一重要环节。开展灾后"三孤"人员心理抚慰十分必要，一是在灾害中不幸成为孤儿的青少年正处在成长的关键期，如不及时进行心理安抚工作，对其今后的成长会带来不利影响；二是在灾害中失去子女的孤老和致残的孤残人员，其心理承受能力可能更弱，更需要及时地心理安抚。因此，政府相关部门应积极鼓励和支持社会工作和儿童心理方面的专业人员及时开展针对"三孤"人员的心理抚慰工作，要引导孤老、孤残人员积极参与社会活动，走出灾难的阴影，重拾对生活的信心，并适应新的环境和生活。

4.孤儿、残疾青少年的个人发展

在"三孤"人员基本生活得到妥善解决后，"三孤"人员特别是其中的孤儿和残疾青少年的个人发展问题便得到凸显，特别是孤儿和残疾青少年的教育和就业问题，如何让孤儿和残疾青少年接受良好的教育，获得基本的生活技能，并在社会中得到一份满意的工作，以便真正融入社会中来，适应新的环境和生活，不再成为一个特殊的群体，则成为政府重点解决的问题。政府应积极出台与教育相关的优惠政策，充分保障孤儿、孤残青少年接受教育的机会，提高他们的文化素质；同时在就业方面，政府应免费提供与就业相关的职业介绍、职业指导和职业培训，帮助他们从社会中获得一份合适的工作，更好地适应社会生活。

附1：汶川地震灾后恢复重建总体规划

国务院关于印发汶川地震灾后恢复重建总体规划的通知国发〔2008〕31号

各省、自治区、直辖市人民政府，国务院各部委、各直属机构：

《汶川地震灾后恢复重建总体规划》已经国务院同意，现印发给你们，请认真贯彻执行。

汶川地震灾后恢复重建关系到灾区群众的切身利益和灾区的长远发展，必须全面贯彻落实科学发展观，坚持以人为本、尊重自然、统筹兼顾、科学重建。各地区、各有关部门要充分认识恢复重建任务的艰巨性、复杂性和紧迫性，树立全局意识，切实加强组织领导，全面做好恢复重建的各项工作。

国务院

二〇〇八年九月十九日

汶川地震灾后恢复重建总体规划

编制依据：

《中华人民共和国防震减灾法》

《汶川地震灾后恢复重建条例》（国务院令第 526 号）

《国务院关于做好汶川地震灾后恢复重建工作的指导意见》（国发〔2008〕22 号）

编制单位：

国务院抗震救灾总指挥部灾后重建规划组

组长单位：

国家发展和改革委员会

副组长单位：

四川省人民政府、住房和城乡建设部

成员单位：

陕西省人民政府、甘肃省人民政府、教育部、科学技术部、工业和信息化部、国家民族事务委员会、公安部、民政部、财政部、人力资源和社会保障部、国土资源部、环境保护部、交通运输部、铁道部、水利部、农业部、商务部、文化部、卫生部、国家人口和计划生育委员会、中国人民银行、国务院国有资产监督管理委员会、国家税务总局、国家广播电影电视总局、国家新闻出版总署、国家体育总局、国家林业局、国家旅游局、中国科学院、中国工程院、中国地震局、中国气象局、中国银行业监督管理委员会、中国证券监督管理委员会、中国保险监督管理委员会、国家电力监管委员会、国家能源局、国家文物局、国家食品药品监督管理局、国务院扶贫开发领导小组办公室支持单位：

国家汶川地震专家委员会、国家测绘局

谨 以 本 规 划

向汶川特大地震中不幸遇难的同胞致以深切悼念

向自强不息重建家园的广大灾区人民致以崇高敬意

向所有关心支持抗震救灾和恢复重建的人们致以真挚感谢

目　录

前　言

2008 年 5 月 12 日 14 时 28 分，汶川发生里氏 8.0 级特大地震，数万同胞在灾害中不幸遇难，数百万家庭失去世代生活的家园，数十年辛勤劳动积累的财富毁于一旦。面对突如其来的巨大灾难，在党中央、国务院和中央军委的坚强领导下，全党全军全国各族人民众志成城，灾区广大干部群众奋起自救，国内各界和国际社会积极施援，经过顽强努力，抗震救灾斗争在抢救人员、安置受灾群众等方面取得重大阶段性胜利。

汶川地震灾后恢复重建是一项十分艰巨的工作。面对受灾面积广大、受灾人口众多、自然条件复杂、基础设施损毁严重的困难局面，灾后恢复重建任务异常繁重，工作充满挑战。灾后恢复重建关系到灾区群众的切身利益和长远发展，必须全面贯彻落实科学发展观，坚持以人为本，尊重自然，统筹兼顾，科学重建。充分依靠灾区广大干部群众，弘扬中华民族自力更生、艰苦奋斗的优秀品质。充分发挥社会主义制度的政治优势，举全国之力，有效利用各种资源。通过精心规划、精心组织、精心实施，重建物质家园和精神家园，使灾区人民在恢复重建中赢得新的发展机遇，与全国人民一道全面建设小康社会。

为有力、有序、有效地做好灾后恢复重建工作，尽快恢复灾区正常的经济社会秩序，重建美好家园，夺取抗震救灾斗争的全面胜利，特制定本规划。

第一章　重建基础

第一节　灾区概况

汉川地震波及四川、甘肃、陕西、重庆、云南等 10 省（区、市）的 417 个县（市、区），总面积约 50 万平方公里。本规划的规划范围为四川、甘肃、陕西 3 省处于极重灾区和重灾区的 51 个县（市、区）[①]，总面积 132596 平方公里，乡镇 1271 个，行政村 14565 个，2007 年年末总人口 1986.7 万人，地区生产总值 2418 亿元，城镇居民人均可支配收入和农村居民人均纯收入分别为 13050 元和 3533 元。

专栏 1　规划范围

所在省	县（市、区）	个数
四川	汉川县、北川县、绵竹市、什邡市、青川县、茂县、安县、都江堰市、平武县、彭州市、理县、江油市、广元市利州区、广元市朝天区、旺苍县、梓潼县、绵阳市游仙区、德阳市旌阳区、小金县、绵阳市涪城区、罗江县、黑水县、崇州市、剑阁县、三台县、阆中市、盐亭县、松潘县、苍溪县、芦山县、中江县、广元市元坝区、大邑县、宝兴县、南江县、广汉市、汉源县、石棉县、九寨沟县	39
甘肃	文县、陇南市武都区、康县、成县、徽县、西和县、两当县、舟曲县	8
陕西	宁强县、略阳县、勉县、宝鸡市陈仓区	4

规划区的主体区域地处青藏高原向四川盆地过渡地带，以龙门山山脉为界，西部与东部的地质地貌差别明显，经济社会发展水平差异较大，总体上具有以下特点：

——地形地貌复杂，平原、丘陵、高原、高山均有分布，部分地区相差悬殊，气候垂直变化明显，属典型高山峡谷地形。

——自然灾害频发，高山高原地区地震断裂带纵横交错，发生地震灾害的概率较高；滑坡、崩塌、泥石流等地质灾害隐患点分布多、范围广、威胁大。

——生态环境脆弱，山高沟深，高山地区耕地零碎、土层瘠薄、水土流失严重。

——生态功能重要，高山高原地区的动植物资源丰富，生态系统类型多样，属于长江上游生态屏障重要组成部分和我国珍稀濒危野生动物重要栖息地。

——资源比较富集，世界文化自然遗产和自然保护区比较集中，旅游资源丰富，水能、有色金属和非金属矿等资源蕴藏较多。

——经济基础薄弱，平原地区工业化程度相对较高，高山高原地区经济规模较小，产业结构单一，贫困人口集中。

——少数民族聚居，有我国唯一的羌族聚居区，是主要的藏族聚居区之一，多元文化并存，历史人文资源独特。

第二节　灾害损失

汶川地震是新中国成立以来破坏性最强、波及范围最广、灾害损失最大的一次地震灾害。震级达到里氏 8.0 级，最大烈度达到 11 度，并带来滑坡、崩塌、泥石流、堰塞湖等严重次生灾害。

——人员伤亡惨重，截至 2008 年 8 月 25 日，遇难 69226 人，受伤 374643 人，失踪 17923 人。

——城乡居民住房大量损毁，北川县城、汶川县映秀镇等部分城镇和大量村庄几乎被夷为平地。

——基础设施严重损毁，交通、电力、通信、供水、供气等系统大面积瘫痪。

——学校、医院等公共服务设施严重损毁，大量文化自然遗产遭到严重破坏。

——产业发展受到严重影响，耕地大面积损毁，主要产业、众多企业遭受重创。

——生态环境遭到严重破坏，森林大片损毁，野生动物栖息地丧失与破碎，生态功能退化。

第三节　面临挑战

——生态环境恶化，植被、水体、土壤等自然环境被破坏，次生灾害隐患增多，余震频繁，导致生存发展条件变差。

——资源环境承载能力下降，人均耕地减少，耕地质量下降，保障农民收入稳定增长难度极大。

——部分地区可供建设的空间狭小，不少地方失去基本生存条件，异地新建城镇、村庄选址及其人员安置难度很大。

——企业损毁严重，就业压力大，而许多地区并不具备通过就地发展工业解决就业问题的基本条件。

——不少灾区群众成为无宅基地、无耕地、无就业的人员，加之灾害造成的恐惧心理，医治灾区群众心理创伤需要较长过程。

——物质文化遗产和非物质文化遗产载体大量损毁，保护和传承羌族文化更加紧迫。

——依法解决灾区群众当前急迫问题与保持区域长远可持续发展面临十分复杂的矛盾和情况。

第四节 有利条件

——科学发展观的指导思想，以人为本的执政理念，为科学重建新家园提供了思想保障。

——灾区广大干部群众自力更生、艰苦奋斗的精神，自强不息、互助自救和寻求发展的积极性、主动性，是重建新家园的不竭动力。

——改革开放以来我国积累的强大物质基础和良好市场环境，为恢复重建提供了经济、技术基础和体制环境。

——各地区的支援，全社会的支持，国际社会的援助，是恢复重建的重要力量。

——国内外地震灾后恢复重建的经验教训，为科学重建新家园提供了有益借鉴。

第二章 总体要求

第一节 指导思想

深入贯彻落实科学发展观，坚持以人为本、尊重自然、统筹兼顾、科学重建。优先恢复灾区群众的基本生活条件和公共服务设施，尽快恢复生产条件，合理调整城镇乡村、基础设施和生产力的布局，逐步恢复生态环境。坚持自力更生、艰苦奋斗，以灾区各级政府为主导、广大干部群众为主体，在国家、各地区和社会各界的大力支持下，精心规划、精心组织、精心实施，又好又快地重建家园。

第二节 基本原则

——以人为本，民生优先。要把保障民生作为恢复重建的基本出发点，把修复重建城乡居民住房摆在突出和优先的位置，尽快恢复公共服务设施和基础设施，积极扩大就业，增加居民收入，切实保护灾区群众的合法权益。

——尊重自然，科学布局。要根据资源环境承载能力，考虑灾害和潜在灾害威胁，科学确定不同区域的主体功能，优化城乡布局、人口分布、产业结构和生产力布局，促进人与自然和谐。

——统筹兼顾，协调发展。要着眼长远，适应未来发展提高需要适度超前考虑，并与实施西部大开发战略、推进新型工业化、城镇化、新农村建设相结合，注重科技创新，推动结构调整和发展方式转变，努力提高灾区自我发展能力。加大对少数民族地区和贫困地区的扶持力度，增进民族团结。

——创新机制，协作共建。要坚持市场化改革方向，解放思想、开拓创新，正确区分政府职责与市场作用。充分发挥灾区广大干部群众的积极性、主动性和创造性，自力更生、艰苦奋斗。充分发挥对口支援的重要作用，建立政府、企业、社会组织和个人共同参与、责任明确、公开透明、监督有力、多渠道投资的重建机制。

——安全第一，保证质量。要严格执行抗震设防要求，提高学校、医院等人员密集的公共服务设施抗震设防标准。城乡居民点和重建项目选址，要避开重大灾害隐患点。严格执行国家建设标准及技术规范，严把设计、施工、材料质量关，做到监控有力，确保重建工程质量。

——厉行节约，保护耕地。要坚持按标准进行恢复重建，不超标准，不盲目攀比，不铺张浪费。尽量维修加固原有建筑和设施，尽量统建共用设施和用房。规划建设城镇、村庄和产业集聚区，要体现资源节约、环境友好的要求。坚持节约和集约利用土地，严格保护耕地和林地。

——传承文化，保护生态。要保护和传承优秀的民族传统文化，保护具有历史价值和少数民族特色的建筑物、构筑物和历史建筑，保持城镇和乡村传统风貌。避开自然保护区、历史文化古迹、水源保护地以及震后形成的有保留价值的新景观。同步规划建设环保设施。

——因地制宜，分步实施。要从当地实际情况出发进行恢复重建，充分考虑经济、社会、文化、自然和民族等各方面因素，合理确定重建方式、优先领域和建设时序。要统筹安排、保证重点、兼顾一般，有计划、分步骤地推进恢复重建。

第三节　重建目标

用三年左右时间完成恢复重建的主要任务，基本生活条件和经济社会发展水平达到或超过灾前水平，努力建设安居乐业、生态文明、安全和谐的新家园，为经济社会可持续发展奠定坚实基础。

——家家有房住，基本完成城镇和农村居民点恢复重建，灾区群众住上安全、经济、实用、省地的住房。

——户户有就业，有劳动人口的家庭至少有一人能稳定就业，城镇居民人均可支配收入和农村居民人均纯收入超过灾前水平。

——人人有保障，灾区群众普遍享有基本生活保障，享有义务教育、公共卫生和基本医疗、公共文化体育、社会福利等基本公共服务。

——设施有提高，交通、通信、能源、水利等基础设施的功能全面恢复，保障能力达到或超过灾前水平。

——经济有发展，特色优势产业发展壮大，产业结构和空间布局优化，科学发展能力增强。

——生态有改善，生态功能逐步修复，环境质量提高，防灾减灾能力明显增强。

第三章　空间布局

第一节　重建分区

根据资源环境承载能力综合评价，按照国土开发强度、产业发展方向以及人口集聚和城镇建设的适宜程度，将规划区国土空间划分为适宜重建、适度重建、生态重建三种类型[②]。

专栏2　重建分区[③]

类型	面积 （平方公里）	占规划区比重 （％）	人口（万人）	占规划区比重 （％）
适宜重建区	10077	7.6	772.8	38.9
适度重建区	38320	28.9	1180.1	59.4
生态重建区	84199	63.5	33.8	1.7

一 适宜重建区

——主要指资源环境承载能力较强，灾害风险较小，适宜在原地重建县城、乡镇，可以较大规模集聚人口，并全面发展各类产业的区域。

——主要分布于四川的龙门山山前平原和与龙门山山脉接壤的浅丘地区，甘肃的渭河泾河河谷地带和徽成盆地，陕西的汉中盆地边缘和关中平原过渡地带，以及其他零散分布的少数地块。

——功能定位推进工业化城镇化，集聚人口和经济，建成振兴经济、承载产业和创造就业的区域。四川、甘肃、陕西各自的适宜重建区要分别成为成（都）德（阳）绵（阳）经济区、天水经济区、关中经济区的重要组成部分。

二 适度重建区

——主要指资源环境承载能力较弱、灾害风险较大，在控制规模前提下可以适度在原地重建县城、乡镇，适度集聚人口和发展特定产业的区域。

——主要分布于四川的龙门山山后高原地区和山中峡谷地带，甘肃的西秦岭山区，陕西的秦巴山区，以及其他应当控制开发强度的区域。

——功能定位为保护优先、适度开发、点状发展，建成人口规模适度、生态环境良好、产业特色鲜明的区域。

三 生态重建区

——主要指资源环境承载能力很低，灾害风险很大，生态功能重要，建设用地严重匮乏，交通等基础设施建设维护代价极大，不适宜在原地重建城镇并较大规模集聚人口的区域。

——主要分布于四川龙门山地震断裂带核心区域和高山地区，甘肃库马和龙门山断裂带，陕西勉略洋断裂带，以及各级各类保护区等。

——功能定位以保护和修复生态为主，建成保护自然文化资源和珍贵动植物资源、少量人口分散居住的区域。

第二节 城乡布局

——位于适宜重建区的城镇应原地恢复重建，其中条件较好的，与经济发展和吸纳人口规模相适应，可适当扩大用地规模。村庄应就地恢复重建，并相对集中布局。

——位于适度重建区的城镇应以原地重建为主，其中不宜发展工业的，应调整功能；发展空间有限的，应缩减规模。村庄应以就地重建为主，有条件的可适度相对集中。

——位于生态重建区且受到极重破坏、通过工程措施无法原地恢复重建的城镇，应异地新建。通过工程措施可以避让灾害风险的村庄，可在控制规模的前提下就地重建；灾害风险大或耕地灭失而且无法恢复的村庄，应异地新建。

——规划区的县城（城区）可以分为重点扩大规模重建、适度扩大规模重建、原地调整功能重建、原地缩减规模重建和异地新建等类型。

——就地重建县城（城区）的重建类型，由灾区省级人民政府决定。需要异地新建县城和市级行政中心异地迁建的选址，应从灾区实际出发，综合考虑地质地理条件、经济社会发展和干部群众意愿等各方面因素，由灾区省级人民政府提出建议报国务院审定。

——乡镇的重建类型，由灾区省级人民政府决定。村庄的重建类型，由灾区市级或县级人民政府决定。

第三节 产业布局

——适宜重建区应根据自身特点发展相关产业，延伸产业链，增强配套能力，逐步形成优势产业带和产业基地。

——适度重建区应重点发展以旅游、生态农业为主的特色产业，建设精品旅游区，适度开发优势矿产资源。严格控制工业园区的规模，撤并或迁建不具备恢复重建条件的工业园区。

——生态重建区应在不影响主体功能的前提下，适度发展旅游业和农林牧业，严格限制其他产业发展，原则上不得在原地恢复重建工业企业。

第四节 人口安置

——受灾群众安置总的原则是，主要在规划区内就地就近安置，不搞大规模外迁。人口安置的对象主要是耕地和宅基地因灾严重损毁、无法在原村民小组范围内生产生活的农村人口。

——坚持就地就近分散安置为主，尊重本人意愿，按就地原址、村内跨组、乡镇内跨村、县内跨乡镇、市（州）内跨县、省内跨市的顺序在本行政区域内安置，并实行农业安置与务工安置相结合。

——少数民族人口的安置，应尊重其生产生活习俗，原则上在本民族聚居区安置。

——适宜重建区在本区域内就地就近安置受灾人口，并适当吸纳生态重建区需要异地安置的受灾人口。适度重建区原则上在本区域内就地就近安置受灾人口。生态重建区的少量受灾人口先考虑在县域内安置，无法安置的可以跨行政区安置。

——在政府有序组织和政策引导下，遵循市场规律，对少量自愿通过投亲靠友、自主转移等方式到其他地区安家落户的灾区群众，尊重其自主选择。

——鼓励规划区长期在外地务工经商的农村人口及其家庭成员，转移到就业地安家落户，就业地应当在就业、居住、教育、医疗、社会保障等方面给予当地居民的同等待遇。

第五节　用地安排

——坚持节约集约用地，保护耕地特别是基本农田，各类重建项目都要尽量不占用或少占用农用地，充分利用原有建设用地和废弃地、空旷地。

——统筹安排原地重建与异地新建用地，合理安排各重建任务建设用地的规模、结构、布局和时序。

——适度扩大位于适宜重建区的城镇特别是接纳人口较多城镇的建设用地规模。控制适度重建区和生态重建区的城镇建设用地，结合工业园区撤并和企业外迁，适度压缩工矿用地和农村居民点用地，恢复并逐步扩大生态用地。

专栏3　恢复重建新增用地[④]　　　　　　　　　　单位：公顷

类　别	合计	四川	甘肃	陕西
城镇建设用地	23190	19200	1910	2080
农村居民点用地	11000	9500	726	774
独立工矿用地	6246	4000	762	1484
基础设施用地	16367	14600	1212	555
其他建设用地	590	500	—	90
合　计	57393	47800	4610	4983

——优先保证异地新建城镇、村庄的建设用地，以及重点重建任务、

项目的新增用地。

——增加循环经济产业集聚区的用地，适度扩大少数国家级和省级开发区的用地。

第四章　城乡住房

城乡住房的恢复重建，要针对城乡居民住房建设和消费的不同特点，制定相应的政府补助支持政策。对经修复可确保安全的住房，要尽快查验鉴定，抓紧维修加固，一般不要推倒重建；对需要重建的住房，要科学选址、集约用地，合理确定并严格执行抗震设防标准，尽快组织实施。

第一节　农村居民住房

——农村居民住房的恢复重建，要与新农村建设相结合，充分尊重农民意愿，实行农户自建、政府补助、对口支援、社会帮扶相结合。

——改进建筑结构，提高建筑质量，符合抗震设防要求，满足现代生活需要，体现地方特色和民族传统风貌，节约用地，保护生态。

——灾区各级人民政府要组织规划设计力量，为农村居民免费提供多样化的住房设计样式和施工技术指导。

专栏 4　农村居民住房

项　目		合计	四川	甘肃	陕西
加固	户数（万户）	168.36	144.38	11.88	12.10
新建	户数（万户）	218.87	191.17	22.98	4.72
	间数（万间）	656.61	573.51	68.93	14.17

第二节　城镇居民住房

——城镇居民住房的恢复重建，要按照政府引导、市场运作、政策支持的原则，依据城镇总体规划和近期建设规划，实行维修加固、原址重建和异址新建相结合。

——对一般损坏的住房要进行加固，对倒塌和严重破坏的住房进行新建。

——做好与现行城镇住房供应体系的衔接，重点组织好廉租住房和经济适用住房建设，合理安排普通商品住房建设。中央直属机关企事业单位职工的住房，纳入所在地城镇居民住房重建规划。

——恢复并完善原址重建居住区的配套设施，异址新建住房原则上应按居住小区或居住组团配套建设公共服务设施、基础设施、商贸网点和公共绿地等。

专栏5　城镇居民住房

	项　目	合计	四川	甘肃	陕西
加固	面积（万平方米）	4712.99	4437.03	220.06	55.90
新建	套数（万套）	72.03	68.71	2.85	0.47
	面积（万平方米）	5489.29	5290.97	170.12	28.20

第五章　城镇建设

城镇的恢复重建，要按照恢复完善功能、统筹安排的要求，优化城镇空间布局，增强防灾能力，改善人居环境，为城镇可持续发展奠定基础。

第一节　市政公用设施

——原地重建城镇应以修复原有设施为主，结合未来发展需要适当提高水平；异地新建城镇要根据功能定位、人口规模、建设标准和技术规范，合理配置市政公用设施。

——优先恢复城镇道路、桥梁和公共交通系统，统筹考虑生产生活需要和应急救灾需要，改善路网结构。道路的恢复重建要与供排水、电力、供气供热、通信、广电、消防等市政管线统一规划，一并实施。

——保障饮用水安全，满足长远需要，修复重建水源地、水厂和供水管网。城镇原则上应设置独立供水系统，供水压力能满足需要的，可以几个城镇共用供水系统，并向周边村庄延伸。

——根据资源情况，统筹考虑城镇能源结构，推广使用清洁环保能源。以现有城镇供气系统为基础，恢复重建配气站和供气管网。具备供气供热条件的，在恢复重建中要统一规划建设供气供热设施。

——恢复重建受损污水处理厂和污水管网。没有污水处理设施的城镇，应在恢复重建其他市政设施时同步规划建设污水管网。污水较易汇集的城镇，可共用污水处理系统；县城应按雨污分流进行规划和建设。

　　——有条件的地区要按照村收集、乡镇运输、县（市）处理的方式，恢复重建生活垃圾无害化、资源化处理设施。

　　——按标准设置紧急避灾场所和避灾通道。恢复重建公共绿地。

专栏6　市政公用设施

领域	项目	合计		四川		甘肃		陕西	
		修复	新建	修复	新建	修复	新建	修复	新建
道路交通	道路（公里）	2548	1509	2301	1332	180	94	67	83
	桥梁（座）	728	123	635	58	54	22	39	43
	公交场站（处）	450	207	419	130	24	3	7	74
供水	水厂（座）	451	15	442	12	8	—	1	3
	管网（公里）	4153	2363	4055	2085	74	119	24	159
供气供热	燃气储气站（座）	203	15	203	10	—	2	—	3
	供气管网（公里）	2052	791	2049	590	—	—	3	201
	热源厂（座）	3	4	—	—	3	4	—	—
	供热管网（公里）	6	41	—	—	6	41	—	—
污水处理	处理厂（座）	331	27	328	21	3	3	—	3
	管网（公里）	800	7256	765	6350	29	471	6	435
垃圾处理	处理场（座）	47	8	39	1	5	5	3	2
	转运站（座）	665	87	565	9	44	60	56	18

第二节　历史文化名城名镇名村

　　——历史文化名城名镇名村的恢复重建，要尽可能保留传统格局和历史风貌，明确严格的保护措施、开发强度和建设控制要求。

　　——历史文化街区内受损轻微、格局完整的建筑，应对重点部位进行加固或修缮；确需重建的，其外观要延续传统样式，尽可能利用原有建筑材料或构件。

　　——恢复重建历史文化街区内损毁的现代建筑，应与整体风格相协调。

　　——对拟申报国家级、省级历史文化名城名镇名村的，应在恢复重建中切实保护其历史文化特色和价值。

专栏7　历史文化名城名镇名村

项　目		合计	四　川	甘肃	陕西
历史文化名城	国家级	2	都江堰、阆中		
	省级	10	绵阳、什邡、松潘、汶川、广元、江油、绵竹、广汉、剑阁		勉县
历史文化名镇	国家级	2	安仁、老观		
	省级	9	昭化、孝泉、街子、怀远、元通、安顺场、郫江、青莲	碧口	
历史文化名村	省级	1		杨店村	

第六章　农村建设

农村生产生活设施的恢复重建，要与统筹城乡综合配套改革、新农村建设和扶贫开发相结合，做到资源整合、分区设计、分级配置、便民利民、共建共享。

第一节　农业生产

——稳粮增收，突出优势，做强产业，因地制宜恢复发展优势特色农产品，积极发展生态农业，稳步提高农业综合生产能力。

——立足资源优势，恢复重建一批专业化、标准化、规模化的优质特色农产品生产基地。

——恢复重建受损农田、蔬菜及食用菌生产大棚和农机具库棚、畜禽圈舍、养殖池塘、机电提灌站、机耕道等设施。

——扶持农业产业化经营龙头企业和各类农业专业合作组织及农产品流通基础设施的恢复重建，抓好农产品加工和收购、仓储、运输的恢复重建。

专栏8　农业生产设施和基地

农业生产设施　修复受损农田10.05万公顷，恢复重建农业生产大棚2880万平方米、畜禽圈舍2211万平方米、养殖池塘1.23万公顷、机电提灌站9982座、机耕道18392公里

优质粮油生产基地　建设20个水稻生产基地、14个玉米生产基地、21个马铃薯生产基地、23个"双低"油菜生产基地、0.73万公顷油橄榄基地

特色果蔬生产基地	建设 33 个蔬菜基地、18 个特色水果基地、13 个食用菌基地
茶药桑生产基地	建设 13 个茶叶生产基地、23 个中药材生产基地、28 个蚕桑产业基地
畜牧业生产基地	建设年出栏 890 万头肉猪生产基地、年出栏 226 万只肉羊生产基地、年出栏 42 万头肉牛生产基地、年存栏 4.2 万头奶业生产基地、年出栏 800 万只土鸡生产基地、年存栏 650 万只兔业生产基地、年产 5000 吨蜂产品生产基地
水产生产基地	建设 39 个特色水产养殖基地
林业产业基地	建设 1.93 万公顷木竹原料林基地、1.53 万公顷核桃等特色经济林基地

第二节　农业服务体系

——加大对农业技术推广应用的支持力度，开发新产品，发展新产业，促进农业结构调整。

——恢复重建良种繁育、动植物疫病防控、农产品质量安全和市场信息服务、农业技术推广服务体系和农业科研机构等。

专栏 9　农业服务体系　　　　单位：个

项　目		合计	四川	甘肃	陕西
良种繁育场（站）	农作物良种繁育场（站）	79	66	4	9
	畜禽良种繁育场	141	80	31	30
	水产良种繁育场	32	28	1	3
农业技术综合服务站	市级	5	3	1	1
	县级	51	39	8	4
	乡级	1271	1021	160	90
农业科研机构	农科所	4	3	1	—

第三节　农村基础设施

——利用成熟适用的技术、工艺和设备，鼓励使用当地材料和人力，恢复重建农村公路、村庄道路、供水供电、垃圾污水处理、农村能源等设施。继续实施农村饮水安全工程。

专栏 10　农村基础设施

项　目		合计	四川	甘肃	陕西
饮水安全	集中供水设施（处）	4586	3357	1079	150
	分散供水设施（处）	300151	270931	29000	220
	解决饮水安全人数（万人）	860.7	721.3	107.0	32.4
农村公路（公里）		39948	29345	7414	3189
县客运站（个）		49	39	8	2
乡客运站（个）		363	342	18	3
农村沼气（处）		430010	419400	8473	2137
垃圾收集转运处理设施（处）		15759	11891	2700	1168

——就地重建的村庄应以原有设施为基础，在保证安全的前提下，修复重建基础设施。异地新建的村庄，应尊重当地农民的生产方式和生活习惯，合理确定基础设施的重建水平和方式。

——农村生产、生活设施以及服务体系的恢复重建，要考虑贫困村、国有农场和国有林场的特殊情况，统筹安排相关设施的恢复重建。

第七章　公共服务

公共服务设施的恢复重建，要根据城乡布局和人口规模，整合资源，调整布局，推进标准化建设，促进基本公共服务均等化。优先安排学校、医院等公共服务设施的恢复重建，严格执行强制性建设标准规范，将其建成最安全、最牢固、群众最放心的建筑。

第一节　教育和科研

——实施灾区教育振兴工程，以义务教育为重点，恢复重建各级各类教育基础设施。统筹企业办教育机构和民办教育机构的恢复重建。

——高质量地恢复重建中小学校，扩大寄宿制学校规模和寄宿生比重，实施中小学骨干教师支教计划。

——农村地区普通高中、中等职业学校（技工学校）原则上建在县城，初中建在中心乡镇，小学布局相对集中。

　　——合理布局重建幼儿园、特殊教育学校等。

　　——恢复重建受损的高等院校和科研机构。

专栏11　教　育　　　　　　　　　　　　　单位：所

项　目		合计	四川	甘肃	陕西
小学		3462	1973	1194	295
	其中：寄宿制	1503	955	253	295
初中		970	769	144	57
	其中：寄宿制	891	710	124	57
高中	153	112	28	13	——
中等职业学校		217	189	20	8
	其中：技工学校	60	56	1	3
高等院校（点）	24	22	1	1	
特殊教育学校		23	21	1	1
幼儿园		270	250	17	3
其他		62	62	——	——

第二节　医疗卫生

　　——重点恢复重建县级医院和疾病预防控制、妇幼保健、计划生育服务机构，以及乡镇卫生院、中心乡镇计划生育服务站，全面恢复市县乡村基本医疗和公共卫生服务体系。恢复重建地方病防治设施。统筹企业办医疗机构和非公立医疗机构的恢复重建。恢复市级药品监督检验所。

　　——加强基层计划生育、妇幼保健与其他医疗卫生服务资源的有效整合。服务人口较少的乡镇计划生育服务用房与乡镇卫生院原则上统一建设，不再单独重建。适当配置计划生育流动服务车，增强服务能力。

专栏 12 医疗卫生和计划生育服务 单位：个

项　目	合计	四川	甘肃	陕西
医院	169	137	23	9
疾病预防控制机构	63	48	11	4
妇幼保健机构	52	39	9	4
乡镇卫生院（含统建普通乡镇计生站）	1263	1021	160	82
药品检验所	7	5	1	1
其他卫生机构	67	57	2	8
计划生育服务机构	66	53	9	4
中心乡镇计划生育服务站	348	268	46	34
计划生育流动服务车（辆）	450	346	62	42

第三节　文化体育

——合理布局公共文化和体育设施，抓好县级图书馆、文化馆、档案馆、影剧场（团）、广播电视、新闻出版、体育场馆、青少年活动场所、乡镇综合文化站等各类设施的恢复重建。

——公共文化设施要尽可能集中规划建设，乡镇综合文化站要充分发挥文化宣传、提供信息、科普及技术培训等服务功能。恢复重建文化信息资源共享工程服务网络。

——恢复广播电视网络功能，恢复重建广播电台、电视台和无线广播电视发射、监测台站等，修复广播电视村村通设施。乡镇广播电视站业务用房与乡镇综合文化站统一建设。

——恢复重建公益性出版机构、新华书店等的设施以及农家书屋、公共阅报栏。

——恢复重建受损体育场（馆）等设施，乡镇体育场所的恢复重建原则上要与学校或文化设施统筹规划，共建共享。

专栏 13　文化体育

公共文化设施　恢复重建图书馆 52 个、文化馆 54 个、档案馆 56 个、乡镇综合文化站 1177 个（含统建乡镇广播电视站），影剧场（团）和全国文化信息资源共享工程服务县级支中心、基层点
广播影视设施　恢复重建无线广播电视发射、监测台 90 座，广播电视台 54 座，修复广播电视传输覆盖网络 29522 公里，广播电视有线前端 51 个，修复配置乡镇广播电视播出和传输设备 18332 台（件），广播电视村村通设施 15688 套，流动电影放映车及设备 2526 套
新闻出版设施　恢复重建公益性出版机构 4 个、新华书店 1146 处，农家书屋和受损公共阅报栏
体育设施　恢复重建受损体育场 42 个、体育馆 37 个、后备人才训练等设施 83 处，配套建设基层全民健身设施

第四节　文化自然遗产

　　——注重世界文化自然遗产和民族文化的抢救保护，保护非物质文化遗产，保护具有历史价值和少数民族文化特色的建筑物。

　　——修缮恢复世界文化自然遗产、文物保护单位、烈士纪念物保护单位和博物馆、文物中心库房、文物管理所、非物质文化遗产专题博物馆、民俗博物馆和传习所以及相关宗教活动场所。

专栏 14　文化自然遗产

世界文化自然遗产　修复青城山—都江堰、九寨沟、黄龙、四川大熊猫栖息地
中国世界遗产预备名录　修复三星堆遗址、藏族羌族碉楼与村寨、剑南春酒坊遗址
文物保护单位　修复二王庙、彭州领报修院、江油云岩寺、平武报恩寺、广元皇泽寺、理县桃坪雕楼羌寨、徽县新修白水路摩崖、宁强同心羌寨等各级文物保护单位 190 处，少数民族物质文化遗产 20 处
博物馆及文物库房　修复绵阳市博物馆、什邡市博物馆、茂县羌族博物馆、陇南市博物馆、广元市中心库房、汉源县文管所等 65 处，馆藏文物 3473 件（套）
非物质文化遗产　修复北川羌族民俗博物馆、剑南春酒酿造技艺专题博物馆、绵竹年画博物馆、文县白马池哥昼传习所、略阳江神庙民俗博物馆等 111 处

第五节　就业和社会保障

　　——实施就业援助工程，加强对青壮年的职业技能培训，通过对口支援、定向招工、定向培训、劳务输出等，解决规划区 100 万左右劳动人口的就业问题。

　　——恢复重建就业和社会保障服务设施，原则上县城建设一个就业和社会保障综合服务设施，街道（乡镇）、社区建设劳动保障工作平台，提供就业、人才、社会保障和争议调解仲裁等服务。恢复重建就业和社会保障服务信息系统。

专栏 15　就业和社会保障

单位：个

项　目	合计	四川	甘肃	陕西
县级就业和社会保障综合服务机构	51	39	8	4
基层劳动保障工作平台⑤	1855	1507	217	131
县乡社会福利机构⑥	1855	1350	476	29
县乡残疾人综合服务设施	157	138	12	7

　　——实施灾区孤儿、孤老、孤残人员特殊救助计划，增强各级各类社会福利、社会救助和优抚安置服务设施能力。重建并适当在县城新建福利院、敬老院和残疾人综合服务等设施，在成都建设残疾人康复中心，恢复重建殡仪馆和救助管理站。

第六节　社会管理

　　——社会管理设施的恢复重建，要节俭实用，严格控制建设标准，结合行政区划的调整，适应政府职能转变和机构改革要求，同级同类机构的用房和设施要尽可能集中建设、共建共享。

　　——恢复重建各级党政机关、政法机构的办公和业务用房，以及工商、卫生、食品药品、质检、安全生产、环境、金融、文化等监督监管机构的业务用房。恢复重建消防设施。

　　——恢复重建城市（城区）社区服务设施。

　　——建设乡镇公职人员周转住房，为乡镇挂职干部、支教、援医等人员提供宿舍。

　　——统筹村级公共服务，新建村级综合公共服务设施，为村级组织办公、医疗卫生、计划生育、文体活动、就业和社会保障、党员教育、警务、农业生产服务等提供统一共用场所。

第八章　基础设施

基础设施的恢复重建，要把恢复功能放在首位，根据地质地理条件和城乡分布合理调整布局，与当地经济社会发展规划、城乡规划、土地利用规划相衔接，远近结合，优化结构，合理确定建设标准，增强安全保障能力。

第一节　交　通

——加快公路的恢复重建，充分利用原有公路和设施，以干线公路为重点，兼顾高速公路，打通必要的县际、乡际断头路。适当增加必要的迂回路线，力争每个县拥有两个方向上抗灾能力较强的生命线公路，初步形成生命线公路网。

——对干线和支线铁路中受损的路段和运营设施设备等进行全面检测、维护和加固，对受损严重的线路和生产运营设施进行改建或重建，提高对外通道能力。

——区分轻重缓急，修复受损民航设施设备，全面恢复并提高民航运输能力。

——建立健全交通应急体系，建设应急交通指挥、抢险救助保障系统。

专栏16　交　通

高速公路　修复勉县至宁强至广元、广元至巴中、雅安至石棉、都江堰至映秀、成都至绵阳、绵阳至广元、成都至邛崃、成都至都江堰、成都至彭州、宝鸡至牛背等高速公路

干线公路　修复国道108、212、213、316、317、318线等受损路段共约1910公里，以及22条省道（含2条省养县道）约3323公里，12条其他重要干线公路约848公里，适时启动绵竹至茂县、成都至汶川高等级公路

铁路　修复加固宝成、成昆、成渝等干线铁路和成汶、广岳、德天、广旺等支线铁路，改建或重建宝成线109隧道等路段及受损严重的绵阳、广元、江油、德阳等主要车站，建设成都至都江堰城际铁路、成绵乐客运专线、兰渝铁路、成兰铁路、西安至成都铁路

民航　修复成都、九黄、绵阳、广元、康定、南充、泸州、宜宾、汉中、咸阳、兰州、庆阳等机场以及民航空管、航空公司、航油等单位受损的设施设备

——适时启动对规划区经济社会发展有重要先导和支撑作用的公路干线、铁路干线的建设。

第二节　通　信

——按照资源共享、先进实用、安全可靠的要求，加快公众通信网的恢复重建，加强应急通信能力建设，推进网络化综合信息服务平台建设，提升通信服务水平和灾备应急能力。

——恢复重建邮政设施，按照城乡分布完善邮政局（所）布局。

专栏17　通信

公众通信网　恢复重建固定通信网交换机 113 万线、宽带接入设备 56 万线，移动通信网交换机 1036 万户、基站 7809 个，基础传输网光缆 70775 皮长公里、电缆 12833 皮长公里、传输设备 17332 端，业务用房 68.7 万平方米

通信枢纽　建立从成都到国际出入口的高效、直达数据专用通道和数据灾备中心

应急通信　建立通信应急指挥调度系统、应急卫星通信系统

邮政　恢复重建邮政综合生产营业用房 57 处、邮政支局 385 处、邮政设备设施 2178 台（套）、邮政配套设施及车辆

第三节　能　源

——恢复重建重点输电设施，骨干电源与外送通道，以及城乡中低压配电网络和进户设施，规划建设电力结构与布局调整项目。

——加强停运水电站设施安全养护，排除隐患，安全度汛。做好水电资源开发的统一规划，根据交通和送出工程等外部条件恢复情况，积极稳妥推进受损水电站的恢复重建。

——对电力设施和水电站大坝按照新的设防标准进行设计复核，对不能满足安全运行要求的实施补强加固。

——支持受损煤矿恢复重建，尽快发挥正常生产能力。对损毁严重、剩余储量小、开采条件复杂、安全条件差的煤矿，不支持恢复重建。

——修复气井、净化厂、炼油厂、管线及其保护设施、油库和加油站等，恢复受损天然气生产和输送能力、成品油管输送能力。

专栏 18　能　源

电网	恢复重建 35 千伏以上变电站 324 座，变电容量 1809 万千伏安，线路 7372 公里；10 千伏及以下配电容量 380 万千伏安，线路 9.24 万公里
电源	恢复重建江油、略阳电厂，紫坪铺、映秀、太平驿、福堂、杂谷脑河、碧口、汉坪咀、葫芦头、东方红等发电设施，其中大中型水电站 129 座、装机总容量 700 多万千瓦
煤矿	恢复重建天池、红星、大昌沟、赵家坝、荣山、坤达、西坡等 164 个煤矿及外部基础设施
油气	恢复重建气井 1176 口、中坝净化厂、南充炼油厂、兰成渝输油管道及保护设施、天然气管线 100 多条、油库 8 座、加油站 922 座

第四节　水　利

　　——对影响防洪安全的受损堤防、水库进行全面除险加固，疏浚淤堵河道，恢复防洪能力。消除堰塞湖（坝）对防洪的影响。恢复重建水文及预警预报等设施。

　　——结合受损水库除险加固和受损灌区重建，对受损供水设施进行全面修复，恢复供水能力。

　　——恢复重建农田水利基础设施和水土保持与水资源监测设施。

专栏 19　水　利

防洪减灾	除险加固水库 1263 座、堤防 1199 公里，整治堰塞湖（坝）105 处，恢复重建水文站 112 个
农田水利	恢复重建大型灌区 7 处、中小型灌区 1289 处、独立微型水利设施 55498 处
水资源监测	恢复重建水源地及主要河流水质监测设施 4454 处

第九章　产业重建

　　产业的恢复重建，要根据资源环境承载能力、产业政策和就业需要，以市场为导向，以企业为主体，合理引导受灾企业原地恢复重建、异地新建和关停并转，支持发展特色优势产业，推进结构调整，促进发展方式转变，扩大就业机会。

第一节 工 业

一 结构调整

——坚持高起点、高标准，发挥规划区中心城市科技资源集中、产业基础较好的优势，重点发展电子信息、重大装备、汽车及零部件、新材料新能源、石油化工、磷化工、精细化工、纺织等产业。立足特色农林资源，发展食品、饮料、中药材等农林产品加工业。应用先进适用技术改造传统产业，积极发展高技术产业。

——坚持节能减排，发展循环经济。抓好工业节能、节水、节地、节材，重点抓好高耗能企业节能减排，推广清洁生产技术和工艺。加强废旧建筑材料、建筑垃圾等废弃物的综合利用。支持利用建筑垃圾、工业固体废弃物、煤矸石等开发环保建材产品，发展新型墙体材料。

——合理确定产业重建规模和布局，防止低水平重复建设。坚决淘汰或关闭不符合国家产业政策的落后产能和企业。

二 企业重建

——恢复重建重大装备、建材、磷化工、医药等企业。依托优势资源和产业基础，优先启动服务灾区重建和有利于扩大就业的项目。

——支持东汽、二重、攀长钢、长虹、九州、宏达、阿坝铝厂、厂坝铅锌矿、成州矿业等中央企业和地方骨干企业恢复重建。支持军工企业恢复重建。

——扶持个体私营经济，以及中小企业、劳动密集型企业、带动农民增收作用大的农业产业化经营龙头企业和少数民族特需商品定点生产企业的恢复重建。

专栏20 工业企业恢复重建项目
单位：个

	小计	四川	甘肃	陕西
原地恢复项目	2261	2057	152	52
原地重建项目	729	564	99	66
异地新建项目	611	459	103	49
合计	3601	3080	354	167

——支持受灾企业按照产业政策和行业准入条件，通过兼并联合重组等方式，调结构、上规模、上水平、上档次。积极引导和承接产业转移，

支持国内外投资者特别是对口支援地区的企业采取各种方式参与受灾企业重组、重建。

三　产业集聚区

——调整优化工业布局，发挥现有国家级、省级开发区的作用，引导企业集中布局，培育特色优势产业集群。

——结合灾区企业异地新建，撤并和迁建部分县（市、区）产业园区，适当扩大部分现有国家级、省级开发区的面积。

——新设循环经济产业集聚区，鼓励发展"飞地经济"，承接适度重建区和生态重建区企业的异地新建，和其他企业集中布局。

——支持对口支援地区与受援地区按合理布局的原则，合作建设产业园区，吸引东、中部地区产业转移。

专栏21　产业集聚区

撤并和迁建的工业园区	阿坝水磨工业园区、平武南坝工业园、北川工业园、安县花荄工业园区、青川工业集中区、什邡鋫华工业园、什邡穿心店工业园、绵竹龙蟒河工业集中区、绵竹高尊寺化工集中发展区
扩大面积的国家级、省级开发区	绵阳高新技术产业开发区、江油工业园区、德阳经济开发区、广汉经济开发区、彭州工业园区、都江堰经济开发区、陇南西成（陇南）经济开发区等
新设立的循环经济产业集聚区	成都、德阳、绵阳、广元、天水、汉中循环经济产业集聚区

第二节　旅　游

——实施重振旅游工程，加强重点旅游区和精品旅游线建设，恢复重建重要景区景点、民族特色旅游城镇和村落。恢复发展以农家乐为主要形式的乡村旅游。

——恢复重建旅游交通设施及沿线旅游服务区、服务站。做好旅游宾馆等设施的加固重建。建设旅游安全应急救援系统。

——加强旅游市场宣传，及时通报旅游安全保障状况，恢复中外游客信心。加强旅游新资源、新产品的促销。

专栏 22　旅　游

重点旅游区	建设羌文化体验旅游区、龙门山休闲旅游区、三国文化旅游区、大熊猫国际旅游区
精品旅游线	建设九寨沟旅游环线、藏族羌族文化旅游走廊、地震遗址旅游线、大熊猫栖息地旅游线、三国文化旅游线、川陕甘红色旅游线
景区景点	恢复重建都江堰—青城山、九寨沟、黄龙、剑门蜀道、蓥华山、李白故里、四姑娘山、武都万象洞、成县西狭颂、康县阳坝、舟曲拉尕山、青木川古镇、定军山、宝鸡炎帝陵、千佛崖、略阳五龙洞等

第三节　商　贸

　　——优化城乡服务设施网点布局，恢复重建关系群众基本生活的商业服务网点、民族贸易网点以及便民利民的生活生产服务网络。重点恢复重建钢材和水泥等建材批发市场、农产品批发市场和农业生产资料流通服务设施。

　　——整合现有物流设施，重建日用消费品和农业生产资料配送中心、生鲜食品和农产品冷链系统、食糖等重要商品储备库，新建民族特需商品储备设施。引进大型物流企业，促进现代物流发展。

　　——恢复重建粮食和食用油库、粮油供应站、军供站点、粮食批发市场、粮食收购站点等粮食流通设施。恢复重建成品油、通用物资等国家物资储备设施。

　　——城镇应恢复重建百货店、超市、便利店、专卖店、专业店、农贸市场等零售业态，振兴传统商业街区，恢复发展社区生活服务业。

　　——农村应恢复重建"万村千乡市场工程"农家店，日用消费品和农业生产资料销售网点、供销社经营服务体系等。

专栏 23　商贸网点

批发市场	恢复重建生产资料批发市场 6 个、农产品（含畜产品）批发市场 85 个、家装建材批发市场 24 个、日用消费品批发市场 30 个、其他批发市场 36 个
零售业	恢复重建百货店 39 个、超市 79 个、农贸市场 267 个
配送中心	恢复重建日用消费品配送中心 44 个、农产品配送中心 11 个、农资配送中心 28 个、公共物流平台 13 个
粮油储备设施	恢复重建粮食储备库 161 个，其中中央储备粮代储粮库 28 个、地方储备粮库 133 个
物资储备设施	恢复重建肉类储备库 9 个、其他重要商品储备库 28 个，其中国家物资储备库 2 个

第四节　金　融

——恢复重建银行业、证券业和保险业分支机构，合理布局基层营业网点。优化金融资源配置，完善金融服务网络。

——恢复重建营业用房、金库、金融网络信息系统。鼓励商业银行、保险公司设立分支机构。做好证券期货、保险经营机构信息系统安全保障和异地灾备工作。

专栏 24　金融机构

银行业	修缮加固网点 1085 个、原址重建 776 个、异地新建 232 个、撤并 12 个
证券业	修缮加固网点 19 个、原址重建 2 个、异地新建 12 个
保险业	修缮加固网点 1211 个、原址重建 11 个、异地新建 50 个

第五节　文化产业

——恢复重建三星堆、绵竹年画、广元和都江堰文化产业园以及九寨沟演艺群、建川博物馆聚落等文化产业基地，加固改造徽县河池和成县同谷书画院，打造羌绣、强巴版画等优势品牌。

——恢复重建受损的演出展览、创意动漫，以及图书音像发行分销、文化娱乐、艺术品经营等网点。

第十章　防灾减灾

防灾减灾体系的恢复重建，要坚持预防为主、合理避让、重点整治、统筹调度的原则，加强防灾减灾体系和综合减灾能力建设，提高灾害预防和紧急救援能力。

第一节　灾害防治

——加强对滑坡、崩塌、泥石流等地质灾害和堰塞湖等次生灾害隐患点的排查和监测，尽快治理险情紧迫、危险性大、危害严重的隐患点。

——加强地震、地质、气象、洪涝灾害等的专业监测系统、群测群防监测系统、信息传输发布系统和应急指挥调度系统及其配套设施建设，提高监测预测预警能力。建设监测预警示范区。

——加强基础测绘工作，恢复建设测绘基准点，建设地理信息系统。

第二节　减灾救灾

——加强紧急救援救助能力建设，充实救援救助力量，提高装备水平，健全抢险抢修和应急救援救助专业队伍。

——加强救灾指挥系统建设，建立健全综合救灾应急指挥、抢险救援和灾情管理系统。

——结合交通网建设疏散救援通道，建立应急水源、备用电源和应急移动通信系统。健全救灾物资储备体系，提高储备能力。

——完善各类防灾应急预案，加强城乡避难场所建设，普及防灾减灾知识，提高全民防灾减灾意识。

——合理确定抗震设防标准，按灾情地震烈度提高灾区原有设防等级。

专栏25　防灾减灾

监测预警	建设地质灾害监测点 10301 个、地震灾害监测点 324 个，气象观测站和预警信息发布点 264 处
救援救助	建设省市县灾害救援救助应急指挥平台，救灾物资储备库 121 个
综合减灾	建设省级减灾中心 3 个、综合减灾宣传教育基地 105 个、城乡避难所 129 个
地质灾害治理	治理重大地质灾害隐患点 8693 处，其中搬迁避让 4694 处

第十一章　生态环境

生态环境的恢复重建，要尊重自然、尊重规律、尊重科学，加强生态修复和环境治理，促进人口、资源、环境协调发展。

第一节　生态修复

——坚持自然修复与人工治理相结合，以自然修复为主，加快推进林权制度改革。做好天然林保护、退耕还林、退牧还草、封山育林、人工造林和小流域综合治理，恢复受损植被。

——在岷江、嘉陵江、涪江上游地区和白龙江流域实施生态修复工程，逐步恢复水源涵养、水土保持等生态功能。

——恢复重建种苗生产基地、森林防火、林业有害生物及生态监测、动植物病害防控设施和林区基础设施。

　　——在龙门山断裂带中心区域划定特殊保护区域，以保护珍稀濒危动植物、独特地质地貌和震后新景观为主体功能，兼顾旅游业和其他不影响主体功能的产业发展。

　　——加强各级自然保护区、风景名胜区、森林公园和地质公园保护设施的恢复重建。具有较高知名度和较大保护价值，受损严重、安全性差的各类保护区，要以保护为主，影响保护对象的生产设施等原则上不予恢复。

　　——恢复重建卧龙、白水江等大熊猫自然保护区，异地新建卧龙大熊猫繁育研究基地，做好大熊猫及其栖息地的监测，建立大熊猫主食竹开花预警监测系统。

专栏 26　生态修复

林草植被恢复　修复生态公益林 48.53 万公顷，退耕还林等补植补造 12.47 万公顷

种苗生产基地　修复种苗生产基地 1.26 万公顷、苗圃用房和温室大棚 43.1 万平方米

自然保护区　修复国家和省级自然保护区 49 个、大熊猫等珍稀野生动物栖息地 12 万公顷、自然保护区生活生产设施 16 万平方米

风景名胜区　修复国家级风景名胜区 9 个、省级风景名胜区 30 个

森林公园　修复国家森林公园 17 个、省级森林公园 18 个

森林防火与森林安全监测　修复防火瞭望塔 350 座、通信基站和中继台 152 座、专业营房和物资储备库 5 万平方米

林区基础设施　修复林区道路 8202 公里、给水管线 2512 公里、供电线路 3643 公里、通信线路 2829 公里

草地恢复　修复草地 15.53 万公顷

水土保持　治理水土流失面积 2073 平方公里

第二节　环境整治

　　——加强对污染源和环境敏感区域的监督管理，做好水源地和土壤污染治理、废墟清理、垃圾无害化处理、危险废弃物和医疗废弃物处理。

　　——恢复重建灾区环境监测设施，提升环境监管能力。加强生态环境跟踪监测，建立灾区中长期生态环境影响监测评估预警系统。

专栏 27　环境整治

饮用水源地保护　建设饮用水水源地污染防治设施 323 处	
土壤污染治理　高风险区和重污染土壤治理 22 处	
核与辐射环境安全保障　建设放射性废物库、辐射环境监测网点、辐射安全预警监测系统等	
环境监测　恢复重建环境监测设施和设备	

第三节　土地整理复垦

——加强土地整理复垦，重点做好耕地特别是基本农田的修复。

——对损毁耕地，要尽可能复耕，最大限度地减少耕地损失。对抢险救灾临时用地和过渡性安置用地，要适时清理，尽可能恢复成耕地。

——对损毁的城镇、村庄和工矿旧址，以及其他具备整理成建设用地条件的地块，要抓紧清理堆积物，平整土地，尽可能减少恢复重建对耕地的占用，对废弃的建设用地，能复垦为耕地的要尽可能复垦。

专栏 28　土地整理复垦　　　　　　　　　　　　　　单位：公顷

	小计	灾毁耕地 整理复垦	临时用地 整理复垦	建设用地 整理复垦	其　他
四川	145164	111880	6152	27132	—
甘肃	15506	12403	345	1441	1317
陕西	2826	1280	149	910	487
合计	163496	125563	6646	29483	1804

第十二章　精神家园

精神家园的恢复重建，要加强心理疏导，体现人文关怀，重塑积极乐观向上的精神面貌，坚定自力更生、艰苦奋斗的信心，弘扬伟大抗震救灾精神和中华民族优秀传统文化。

第一节　人文关怀

——实施心理康复工程，采取多种心理干预措施，医治灾区群众心理创伤，提高自我调节能力，促进身心健康。

——各级政府要指导和帮助灾区群众尽快恢复重建自主管理的社区（村民委员会）组织，构建灾区群众和谐和睦、团结互助的邻里关系，发挥社区对安定人心、增进情感、反映民意、化解矛盾、提供服务等方面的重要功能。

——营造关心帮助孤儿、孤老、孤残的社会氛围。

第二节　民族精神

——保留必要的地震遗址，建设充分体现伟大抗震救灾精神的纪念设施。对在恢复重建中作出重大贡献的国内外机构或个人，通过颁发荣誉证书、冠名给予鼓励。

——鼓励文艺工作者创作优秀作品，大力宣传抗震救灾中激发的伟大民族精神和自强不息重建新家园的感人事迹。

专栏29　精神家园

心理康复工程　在中小学校开展心理疏导教育，在医院设置心理门诊，在新闻媒体开办专栏节目，组织专业人员和志愿者进社区（村庄），开设心理咨询热线，培训心理疏导专业人员，编写灾区志愿者服务工作手册和心理辅导手册
羌族文化抢救工程　建立国家级羌族文化生态保护实验区，修复严重受损的羌族文物、珍贵非物质文化遗产实物和资料，抢救灾区文物、文化典籍和非物质文化遗产，建立民间文化数据库，编写羌族文化普及读本
汶川地震遗址保护和建设　保护北川县城、映秀镇、汉旺镇等地震遗址，建设博物馆及其他纪念地、纪念设施

——抢救修复灾区文物、文化典籍及珍贵非物质文化遗产实物和资料，抢救和保护具有历史价值、民族特色的非物质文化遗产。培养民族民间文化传承人。

第十三章　政策措施

坚持特事特办，根据恢复重建需要，制定实施针对性强的政策措施，加强协调配合，形成合力，为实现本规划确定的目标和完成重建任务提供政策支撑。

第一节　财政政策

——建立恢复重建基金。中央财政建立地震灾后恢复重建基金。灾区省级财政比照建立地震灾后恢复重建基金。

——调整财政支出结构。压缩中央和灾区各级政府行政事业支出，加大转移支付力度，保障县乡基层政权机构正常运转。调整现有专项建设规划和专项资金安排，按用途不变原则整合资金，向灾区特别是受灾贫困地区倾斜。

——支持利用国外贷款。国际金融组织和外国政府提供的灾后恢复重建优惠紧急贷款资金，与中央恢复重建基金配合使用。规划区内国际金融组织和外国政府贷款项目，因灾无法按期偿还贷款本息的，先暂由中央财政垫付偿还。

第二节　税费政策

——减轻企业税收负担。扩大规划区企业增值税抵扣范围，灾区企业享受企业所得税优惠政策。对进口国内不能满足供应并直接用于恢复重建的大宗物资、设备等给予进口税收优惠。对专项用于抗震救灾和恢复重建新购的特种车辆，免征车辆购置税。

——减轻个人税收负担。对灾区个人获得的救灾和捐赠款，以及抗震救灾一线人员按照规定标准取得的补贴收入，免征个人所得税。

——支持城乡住房建设。对灾区城镇廉租住房和经济适用住房建设给予税收优惠。对农民重建住房，在规定标准内免征耕地占用税。

——免收部分政府基金。免收规划区内的三峡工程建设基金、大中型水库移民后期扶持基金，以及属于中央收入的文化事业建设费、国家电影事业发展专项资金和水路客货运附加费。

——减免部分行政收费。免收规划区内属于中央收入的建筑企业和矿产资源开采企业有关收费，减免金融机构以及电力企业的有关监管费。

第三节　金融政策

——恢复金融服务功能。全国性金融机构对口支持受损分支机构。鼓励金融机构对灾区受损严重的地方法人金融机构兼并重组。支持适当减免金融机构交易费用、客户查询等收费。

——加大信贷支持力度。实施倾斜和优惠的信贷政策。允许符合条件的银行业金融机构开展并购贷款和跨地区贷款业务。增加扶贫贴息贷款规模投放。对城镇住房建设给予贷款优惠，鼓励发放农民自建住房贷款。拓宽农村贷款抵押担保物范围。

——增强机构贷款能力。继续执行倾斜的准备金政策，允许提前支取特种存款。增加再贷款（再贴现）额度，降低支农再贷款利率、拓宽使用范围。发展新型农村金融机构，增强农村信贷投放能力。

——发挥资本市场功能。支持符合条件的企业优先上市融资、发行债券和短期融资券以及对上市公司的并购重组。扶持符合条件的中小企业发行短期融资券、中小企业集合债券等。支持灾区符合条件的地方法人金融机构发行金融债券。

——加大保险创新力度。支持为恢复重建提供工程、财产、货物运输、农业以及建设人员意外健康等各类保险。对支持恢复重建的各类保险给予费率优惠。

——加强信用环境建设。依法保护遇难者账户资金、金融资产所有权和继承权。对因灾形成的不良债务实施有效重组。依法维护金融债权。

第四节　土地政策

——调整用地计划。调整灾区土地利用规划和年度用地计划，核定新增建设用地总规模，适当增加适宜重建区新增建设用地规模，扩大城乡建设用地增减挂钩周转指标范围。对恢复重建项目，先行安排使用土地，简化审批程序，边建设边报批，并按照有关规定办理用地手续。

——实行特殊供地。对恢复重建项目用地，按规定分别采取免收新增建设用地土地有偿使用费和土地出让收入，实行划拨供地、降低地价等特殊政策。

——节约集约用地。依法保护耕地，支持土地整理复垦。促进工业集中布局，城镇内部紧凑布局，有条件的村庄相对集中，公共服务设施共建共享，大力提高土地利用效率。

第五节　产业政策

——重振旅游经济。把旅游业作为恢复重建的先导产业，优先安排恢复重建基金和鼓励各类投资基金等用于旅游基础设施和旅游企业的恢复重建，尽快全面恢复旅游业的发展。

——促进农业生产。中央财政对受损农田、种子种苗种畜等农业生产资料生产，以及规模化种养殖、良种繁育、农业技术推广和服务设施的恢复重建给予支持。对抛售中央储备粮统负盈亏。粮食直补、农资综合直补等资金向灾区倾斜。

——支持骨干企业。中央财政对中央国有重点骨干企业恢复重建给予注入资本金或贷款贴息支持，对中央军工企事业单位恢复重建给予投资补助或贷款贴息支持，对符合产业政策的地方骨干企业给予贷款贴息支持。

——扶持中小企业。鼓励地方政府出资引导建立中小企业贷款担保基金。对符合条件的中小企业特别是劳动密集型中小企业、带动农民增收作用大的农业产业化经营龙头企业，给予小额担保贷款和贷款贴息等支持。扶持少数民族特需商品和民族手工艺品的生产。

——推动科技创新。有效整合灾区产学研力量，尽快恢复重建高技术企业，以及科技实验基地、条件平台和配套设施。支持灾区企业、科研机构提高自主研发和配套能力，并在财税、金融政策和政府采购等方面给予扶持。

——促进商贸流通。对受损粮库抢修、重建，中央财政给予支持。对农产品批发市场、农贸市场、物流配送中心、民族贸易网点等流通基础设施以及重要商品储备设施的恢复重建，国家给予适当支持。

——调整行业准入。适度调整煤炭新建项目规模限制，鼓励国有煤矿企业整合受灾小煤矿。适当放宽水泥生产"上大压小"条件，建设一批新型干法水泥项目。实行直购电试点。

——淘汰落后产能。淘汰高耗能高污染企业和不符合国家产业政策的落后产能，关闭无法达到安全生产条件的矿山企业和重要水源保护区内污染严重企业。中央财政对地方淘汰"两高一资"落后产能给予奖励，妥善解决好淘汰和关闭企业职工的生活。

第六节 对口支援

——明确支援任务。19个支援省（市）按每年不低于本省（市）上年地方财政一般预算收入1%的实物工作量，对口支援四川、甘肃、陕西省的24个县（市、区）[⑦]。

——鼓励各界投资。鼓励各地区的企业、社会团体和个人，按照市场化运作方式，到灾区投资办厂、兴建经营性基础设施。

——提供便利条件。鼓励金融机构向对口支援企业提供优惠贷款。对恢复重建大宗货物运输，铁路部门优先列入运输计划，公路部门开辟"绿色通道"。

第七节 援助政策

——开展教育援助。鼓励各地区吸收灾区中等职业学校学生到本地就学。地方各级人民政府要尽快落实将灾区进城务工人员随迁子女义务教育纳入公共教育体系的政策。加大对中小学教师特别是特殊教育师资配置和培训的支持力度。加大对家庭经济困难学生的资助力度。扩大高校在灾区的招生计划。

——实施孤残救助。支持社会福利、社会救助、康复等设施建设。新建公共服务场所应配置残疾人专用设施。鼓励企业、社会团体和个人为孤残人员提供多种扶助。

——加大就业援助。将因灾就业困难人员纳入就业援助范围，确保每个家庭至少有一人就业。对规划区内招用因灾失业城镇职工的企业，以及因灾失业城镇职工从事个体经营的，给予税收优惠。按规定降低规划区内企业失业保险费率。采取社会保险补贴、小额担保贷款等措施促进就业。

——加强扶贫援助。加大农村低保投入力度，将因灾返贫的困难群众按规定全部纳入低保。恢复重建基金中安排资金用于贫困村恢复重建。对少数民族地区和贫困地区的恢复重建项目不要求省级以下地方政府提供配套资金。

——提供社会保障。确保参保人员工伤保险支付，通过社会捐助、救助制度扶助未参保伤亡职工。确保灾区企业离退休人员基本养老金支付，因灾停产企业可缓缴社会保险费，破产企业清偿后仍欠缴的养老保险费经批准后予以核销。按时足额发放失业保险金，实施临时生活救助，提供城乡最低生活保障。

——开展法律援助。各级法律援助机构应依法为灾区群众提供法律咨询、代理、刑事辩护等无偿法律服务。律师协会应为法律援助工作提供必要协助。司法、行政部门要做好法律援助监督工作。

第八节　其他政策

——开展社会募集。倡导社会各界继续捐赠款物。鼓励港澳台同胞和海外华人华侨在恢复重建中发挥积极作用。积极争取国际组织、外国政府和非政府组织提供技术援助和赠款。对单位、个体经营者和财产所有人无偿捐赠物资、资金、财产的，给予税收优惠。

——推进以工代赈。采取以工代赈方式组织灾区群众参与恢复重建。恢复重建基金安排以工代赈资金，用于废墟清理和农业农村小型基础设施的修复等。鼓励采取以工代赈方式组织实施对口支援项目的建设。以工代赈的恢复重建项目不要求省级以下地方政府提供配套资金，适当提高劳务报酬所占比例。

——稳妥安置人口。统筹安置规划区内需要安置的受灾农村人口。对实行农业安置的，应依法调剂安排耕地、林地和宅基地，并给予后期扶持。对实行城镇安置的，应妥善解决好居住、社会保障、创业就业以及户籍等问题。

——实行同等优先。在同等条件下，恢复重建项目的建设优先选择灾区施工单位，优先招用灾区劳动力，优先采购灾区材料和设备。

——培养引进人才。整合培训资源，加大对恢复重建急需的城乡规划设计、建设项目管理、农村住房建设技术指导、心理疏导、特殊教育、民族民间文化传承等人员的培训力度。采取更积极、更灵活的政策，大力引进各类专业人才，支持高校毕业生到灾区工作和创业。

——鼓励社会参与。支持民办非企业机构、基金会、行业协会等社会组织参与恢复重建，在资金募集、企业重建、职业技能培训和中介服务等方面发挥重要作用。鼓励国内外专家和志愿者参与恢复重建，在教育援助、孤残救助、心理疏导、技术指导、规划咨询等方面发挥积极作用。

第十四章　重建资金

坚持用改革的办法多渠道筹措恢复重建资金，充分调动各方面积极性，积极创新筹资方式和使用方式，提高资金使用效率，完善资金管理和监督机制，为实现本规划确定的目标和完成重建任务提供资金保障。

第一节　资金需求和筹措

——根据本规划确定的目标和重建任务，恢复重建资金总需求经测算约为 1 万亿元。

——中央财政按照恢复重建资金总需求 30% 左右的比例建立中央地震灾后恢复重建基金。

——通过地方政府投入、对口支援、社会募集、国内银行贷款、资本市场融资、国外优惠紧急贷款、城乡居民自有和自筹资金、企业自有和自筹资金、创新融资等，多渠道筹措恢复重建资金。

第二节　创新融资

——采取多种方式，增强省级地方政府筹措资金能力。

——拓宽住房融资渠道，发展住房融资担保业务，开展住房融资租赁业务试点，解决城乡居民住房融资困难。

——在规划区内有条件的县（市、区），建立适合农村特点的小额贷款公司和农村资金互助社等。

——鼓励设立支持中小企业和科技创新的创业投资企业。探索开展基础设施项目等资产证券化试点。通过政府引导募集社会资金，探索设立支持恢复重建的公益性基金和产业投资基金等各类基金。

第三节　资金配置

——财政性资金，主要是中央地震灾后恢复重建基金，按照统筹安排、突出重点、分类指导、包干使用的原则，主要用于城乡居民住房补助、人口安置、公共服务、公益性市政公用设施和基础设施、农业服务体系和农村基础设施、流通基础设施、防灾减灾、生态修复、环境整治、土地整理复垦和精神家园等领域的恢复重建，以及中央国有重点骨干企业资本金补充和贷款贴息。

——对口支援资金，主要用于城乡居民住房、公共服务、市政公用设施、农业和农村基础设施的恢复重建，以及规划编制、建筑设计、专家咨询、工程建设和监理等服务。

——社会募集资金，在坚持尊重捐赠者意愿的前提下，优先用于农村居民住房、学校、医院、文化、社会福利、农村道路和桥梁、地震遗址纪念地和设施、自然保护区、文化自然遗产、精神家园等的恢复重建。

——信贷资金，主要用于城乡居民住房、农业产业化、农业生产基地、交通、通信、能源、工业、旅游、商贸和文化产业等的恢复重建。

——资本市场融资，主要用于交通、通信、能源、工业、旅游、商贸和文化产业等的恢复重建。

——国外优惠紧急贷款资金，主要用于城镇和农村公益性设施、基础设施、廉租房、生态修复、环境整治等的恢复重建。

——创新融资，主要用于增强省级人民政府筹措资金能力，引导信贷和社会资金投入，支持城乡居民住房建设和中小企业融资，扶持旅游等产业的恢复重建等。

第十五章　规划实施

建立健全规划实施机制，明确目标任务，把握重建时序，落实工作责任，完善监督考核，有效推进本规划的顺利实施。

第一节　组织领导

——地方各级人民政府和国务院有关部门要充分认识恢复重建任务的艰巨性、复杂性和紧迫性，树立全局意识，切实加强组织领导，全面做好恢复重建的各项工作。

——灾区各级人民政府要建立健全恢复重建领导机构，省级人民政府对本地区的恢复重建负总责，统一领导、统筹协调、督促检查恢复重建规划的实施，市、县级人民政府具体承担和落实恢复重建的主要任务。

——国务院有关部门要按照职责分工，做好指导、协调和帮助恢复重建的各项工作。

——各地区在制定重建任务阶段性目标时，要从实际出发，因地制宜，不搞"一刀切"。

——依据本规划，建立恢复重建目标考核体系，作为考核灾区各级领导班子和领导干部政绩的重要内容。

第二节　规划管理

——本规划是制定恢复重建专项规划、政策措施和恢复重建实施规划的基本依据，是开展恢复重建工作的重要依据，任何单位和个人在恢复重建中都要遵守并执行本规划，服从规划管理。

——国务院有关部门与灾区省级人民政府应依据本规划，尽快编制完成城乡住房、城镇体系、农村建设、基础设施、公共服务设施、生产力布局和产业调整、市场服务体系、防灾减灾、生态修复、土地利用等恢复重建专项规划，并积极组织实施。

——灾区省级人民政府要根据本规划制订恢复重建年度计划，明确重建时序，落实责任主体。

——灾区市、县级人民政府要在省级人民政府指导下，编制本行政区恢复重建实施规划，具体组织实施。根据需要编制或修改相应的城乡规划。

——在本规划实施的中期阶段，由国务院发展改革部门牵头组织对本规划实施情况进行中期评估，评估报告报国务院。灾区省级人民政府也要对本省实施本规划的情况进行中期评估。在本规划实施结束后，由国务院发展改革部门牵头组织有关地区和部门对本规划实施情况进行全面总结。

——规划范围以外其他灾区的恢复重建规划由灾区省级人民政府组织编制和实施，国家通过现行体制加大财政转移支付、扶贫开发等方面力度给予支持。

第三节 分类实施

——可以分解落实到县级行政区的重建任务，由县级人民政府根据本地实际统筹组织实施。主要是农村住房、城镇住房、城镇建设、农业生产和农村基础设施、公共服务、社会管理、县域工业、商贸以及其他可以分解落实到县的防灾减灾、生态修复、环境整治和土地整理复垦等。

——交通、通信、能源、水利等基础设施，重点工业和军工项目，以及其他跨行政区的重建任务，主要由省级人民政府或国务院有关部门组织实施。

——对口支援和非定向社会捐赠资金、捐建项目，要统一纳入恢复重建年度计划和实施规划。

第四节 物资保障

——灾区各级人民政府要积极组织好恢复重建物资的生产和调运。国家对恢复重建物资的货源组织、运输保障等给予必要支持，做好统筹协调。

——加强对恢复重建物资质量的监督检查。对进口的物资，在依法检验检疫的同时要及时验放。

——加强对砖瓦、水泥、钢材等恢复重建重要物资的价格监管，防止不合理涨价。

第五节 监督检查

——灾区各级人民政府和国务院有关部门要加强对资金、项目和重要物资的跟踪与管理，自觉接受同级人大、政协以及社会各界的监督。

——定期公布捐赠款物的接受使用情况、恢复重建资金和物资的来源、数量、分配、拨付及使用情况，主动接受社会监督。发挥城乡社区在恢复重建资金和物资监督检查中的作用。

——加强对恢复重建资金和物资的筹集、分配、拨付、使用和效果的全过程跟踪审计，定期公布审计结果，确保重建资金按照规定专款专用，不被侵占、截留或挪用。

——严格实行项目法人责任制、招标投标制、合同管理制和工程监理制。加强对建设工程质量和安全，以及产品安全质量的监管，组织开展对重大建设项目的稽查。严格执行工程竣工验收规定，未经竣工验收不得投入使用。

——对建设项目以及恢复重建资金和物资的筹集、分配、拨付、使用情况登记造册，建立健全档案，在建设工程竣工验收和恢复重建结束后，及时向建设主管部门或者其他有关部门移交档案。

——任何单位和个人对恢复重建中的违法违纪行为，都有权进行举报。接到举报的人民政府或者有关部门，应当立即调查，依法处理，并为举报人保密。实名举报的，应当将处理结果反馈举报人。社会影响较大的违法违纪行为，处理结果应当向社会公布。

地震灾后恢复重建任务艰巨，时间紧迫，影响深远。在以胡锦涛同志为总书记的党中央坚强领导下，在全国各族人民的大力支持下，灾区广大干部群众一定能够用自己勤劳的双手，重建起一个安居乐业、生态文明、安全和谐的新家园！

地震裂度分布图

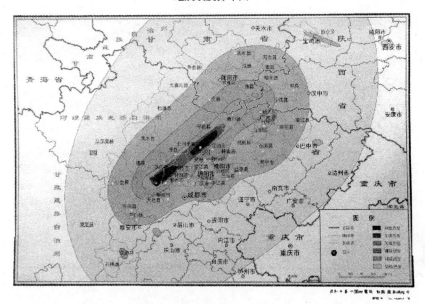

地震裂度分布图

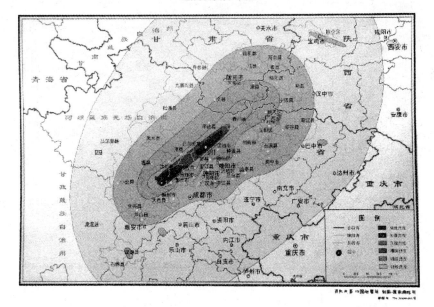

规划区地势图

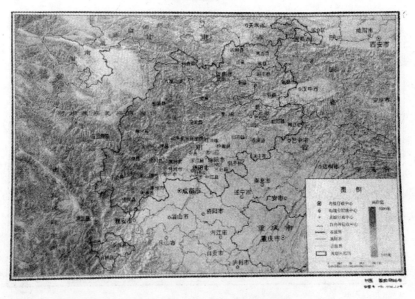

生态功能重要性评价图

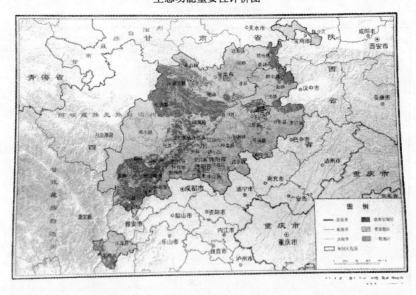

　　① 极重灾区和重灾区的范围，根据民政部等部门《汶川地震灾害范围评估结果》确定。

重建分区图

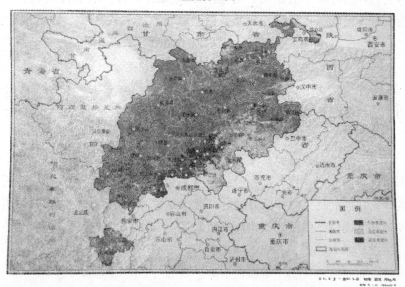

② 重建分区的范围和面积根据中国科学院《资源环境承载能力评价报告》确定。

③ 该专栏中各重建分区的数据、面积是按自然分布实际量算的结果，人口是按乡镇统计数据加工的结果。

④ 该专栏数据为各项建设新占用土地数。

⑤ 基层劳动保障工作平台主要包括街道（乡镇）劳动保障事务所、社区劳动保障工作站。

⑥ 县乡社会福利机构主要包括社会福利院（儿童福利院、精神病院）、敬老院、救助管理站、殡仪馆（站）、光荣院和优抚医院、烈士纪念设施、军休所。

⑦ 对口支援对象除已经公布的四川省18个县（市）外，增加了甘肃省的文县、武都区、康县、舟曲县和陕西省的宁强县、略阳县。

附2：《关于汶川大地震四川省"三孤"人员救助安置的意见》

四川汶川大地震造成的孤儿、孤老和孤残人员（即无生活来源、无劳动能力、无法定扶养人的儿童、老年人、残疾人，以下简称"三孤"人员），是受灾群众中最困难的群体，要坚持"政府主导、多方参与、就近为主、异地为辅"的原则，对他们予以妥善安置，给予特别关爱。经与四川省人民政府共同研究，并征得国家发改委、教育部、财政部同意，对"三孤"人员救助安置工作，提出以下意见：

一　孤儿的安置

坚持"一切为了孩子"的原则，通过采取临时安置与长期安置相结合的办法，保障孤儿的生活、学习和身心健康。

（一）临时安置

对于暂时无人认领的儿童，要尽量尽快将其与其他受灾群众分开，一方面尽快帮助他们查找父母和亲属，一方面尽快把他们妥善安置到四川省内条件较好的福利机构和公办学校，暂时集中养育或在学校寄宿。四川省内安置有困难的，由民政部协调安置。

（二）长期安置

待孤儿身份确认后，采取以下办法安置：

1. 亲属监护。坚持亲属优先的原则，孤儿首先满足有监护能力亲属监护抚养的意愿，依法履行监护职责。孤儿亲属有监护意愿，但生活困难、抚养能力不足的，应当给予必要的生活保障，确保孤儿尽可能在熟悉的家庭环境成长。

2. 家庭收养。坚持依法进行收养，尽早对符合条件的孤儿依法开展家庭收养。遇难学生家庭中有收养地震孤儿意愿的，可优先安排。收养年满十周岁以上孤儿的，应当征得孤儿本人的同意。为保障孤儿生活、学习，促进其健康成长，收养人除具备法定条件外，还应具备一定的与收养孤儿有关的心理、教育、交流等方面的能力，收养残疾孤儿的，应具备有关的康复知识。

3. 家庭寄养。对于无法被家庭收养的孤儿，要通过家庭寄养为孤儿提供家庭化的照料模式。当地民政部门要按照民政部《家庭寄养管理暂行办法》的要求，选择有爱心、有条件、有能力的家庭开展家庭寄养，并切实加强对寄养家庭的监督、指导和服务。

4. 类家庭养育。招募社会上符合条件的爱心家庭，通过建立集中或者分散的家庭式设施养育孤儿。每个家庭为3—5名孤儿提供养育服务，使孤儿能够在家庭环境中健康成长。

5. 集中供养。要充分利用四川省内灾区和其他地市条件较好的儿童福利机构妥善安置孤儿。要根据灾后孤儿的身心特点，精心照料，使孤儿在亲情化的环境中生活，促进其身心健康发展。

6. 学校寄宿。对目前在中小学就读的孤儿，要根据他们的意愿，尽可能使其在原学校或国内其他条件较好的学校完成学业。学校要为他们提供住宿服务，负责生活照顾。

7. 社会助养。社会上爱心人士可以通过资助、提供志愿服务等形式，定向或者不定向、定期或者不定期地为一名或者多名孤儿提供生活、教育、医疗、康复等方面的资金保障或服务。被助养的可以是在福利院生活的孤儿，也可以是已经被收养、寄养的孤儿、在类家庭养育的孤儿以及在学校寄宿的孤儿。

（三）具体要求

1. 保护儿童权利。孤儿安置工作要坚持儿童权利优先的原则，充分尊重孤儿的意愿。对可以被亲属收养、抚养、寄养的孤儿，要尽可能维系其已有的亲缘和地缘关系；对确实不能在当地安置的孤儿，选择临近城市安置；对省外安置的孤儿，选择大中城市条件较好的福利机构或家庭安置。孤儿是少数民族的，要尊重他们的宗教传统和风俗习惯。

2. 开展残疾孤儿医疗康复。对残疾孤儿，要及时进行治疗和康复。凡是具有手术适应症的，全部纳入民政部"残疾孤儿手术康复明天计划"实施手术矫治和康复；需要安装假肢、矫形器等康复器具的，由民政部门负责及时装配。

3. 保障孤儿学习。要采取一切办法，保障孤儿接受良好教育的权利，完成义务教育。对不能到学校就读的残疾孤儿由本行政区域内学校提供送教上门服务；对考上普通高中和高等学校的孤儿，落实国家各项资助政策，提供各种帮助，以支持其完成学业；愿意接受中等职业教育的孤儿，都能免费进入中等职业学校学习，接受良好的职业教育。

4. 做好孤儿成年后的住房和就业工作。要按照民政部等15部门《关于加强孤儿救助工作的意见》（民发〔2006〕52号）精神，采取更加有力的措施，着眼长远，切实解决他们成年后的住房和就业等方面的问题，使他们的生活、劳动就业得到较好保障。

二　孤老和孤残人员的安置

采取临时安置与长期安置相结合的办法，坚持集中供养与分散扶养相结合，保障孤老、孤残人员的基本生活和身心健康。

（一）临时安置

充分挖掘利用四川省内现有福利机构，并采取其他有效途径，临时安置孤老、孤残人员和暂时找不到家人的老人、残疾人。四川省内安置有困难的，由民政部协调经济发达省份在其大中城市福利机构妥善安置。根据孤残人员急需医疗康复的状况，可建立对口支援机制，安排部分孤残人员实施异地医疗康复。已疏散到省外医疗机构的，由接收地政府负责医疗康复。

（二）长期安置

待孤老、孤残人员身份确认后，采取以下办法安置：

1. 机构照料。按照就地就近安置的原则，利用现有和新建的福利机构进行安置。福利机构应努力营造和睦的大家庭氛围，发挥在设施、人员、技术等方面的优势，为孤老、孤残人员提供专业化照料、规范化护理和亲情化服务。

2. 居家照料。对选择在自己住所生活的孤老、孤残人员，要采用政府购买服务等方式，依托现有福利设施或社会中介组织，无偿为他们提供生活照料、康复护理、家政服务、精神慰藉等服务。

3. 亲属照料。鼓励有能力的亲属对孤老、孤残人员开展亲属赡养，要征得孤老、孤残人员的同意，签订赡养协议，明确权利义务，保障他们的合法权益。要探索研究制度性的措施，对赡养老人的亲属给予资金支持、物质帮助和表彰奖励，帮助他们解决赡养中遇到的实际困难和问题。

4. 社区照料。要充分发挥"星光老年之家"、托老所、日间照料中心、老年人残疾人康复中心等社区服务设施的作用，配置设施设备，完善强化其服务功能，为孤老、孤残人员提供日托、康复、护理、助餐等照料服务，丰富他们的文体生活。

（三）具体要求

1. 动员社会力量。要引导社会力量对孤老、孤残人员的社会扶养和社会捐助，充分利用新闻媒体，大力弘扬中华民族敬老、助残的优良传统，鼓励和吸引企业、高收入人群、知名人士等社会力量给予孤老、孤残人员资金和物资的扶助，努力提高社会力量扶养孤老、孤残人员和捐资的积极性，尤其是鼓励社会力量捐资设立基金或定向资助孤老、孤残人员的生活。

2. 开展医疗康复。要做好孤老、孤残人员医疗康复工作，尤其对肢体残疾的孤残人员和有需求的孤老，根据他们的残疾状况和实际需要，通过政府出资和社会捐助的方式，为他们装配康复器具，帮助他们解决医疗、康复问题，使他们尽可能恢复生活自理和劳动能力。

3. 促进社会融入。要引导孤老、孤残人员积极参与社会活动，帮助他们适应新的环境和生活。机构、社区和亲属要经常组织或帮助孤老、孤残人员进行必要的情感交流和社会交往，不定期为其开展送温暖、送欢乐活动，消除他们的心理障碍，照顾他们的特殊需要。提倡社会爱心人士对孤老、孤残人员开展"一对一"的帮扶活动，帮助孤老、孤残人员建立新的社会联系，满足他们的社会参与意愿。

三　保障措施

"三孤"人员救助安置工作时间紧、任务重、难度大，当地政府要高度重视，加强领导；民政部门要积极主动，发挥参谋助手作用；有关部门要协调配合，分工负责，切实把"三孤"人员救助安置工作落到实处。救助安置经费应以政府投入为主，通过社会力量捐助等多种途径筹措，并强化审计和社会监督，切实管好用好各类资金，为各项救助安置政策和措施提供保障。

（一）筹措城乡福利设施建设资金。福利设施建设资金，要纳入灾后重建规划，并通过灾后恢复重建资金、专项建设资金、救灾捐赠资金、福利彩票公益金、社会力量资助等多种方式筹集。采取必要的优惠政策，大力动员企业、基金会等对"三孤"人员进行定向的临时性或长期性资助。对于捐赠人定向捐赠建设的福利设施，可以设置显著的资助标识或冠名。

（二）保障日常费用。"三孤"人员生活费、福利机构管理经费、寄养家庭费用等，通过地方政府财政预算安排、社会捐助等多渠道筹资，使"三孤"人员的生活水平不低于当地群众的平均生活水平。中央按现行政策规定对"三孤"人员生活费给予一定补助。各级财政按照规定安排补助资金，帮助"三孤"人员参加新型农村合作医疗、城镇居民基本医疗保险制度，并实施医疗救助，保障其基本医疗需求。

（三）建立社会福利服务网络体系。在灾后重建中，要根据孤儿、孤老和孤残人员的特点，统筹规划福利设施建设，合理设计福利机构模式、种类和布局，形成省、市、县（区）、乡（镇、街道）分层次、广覆盖的福利机构网络。

（四）开展心理抚慰和疏导工作。针对孤儿、孤老、孤残人员心理状况，动员社会各方面力量，组织专业人员和志愿者队伍，积极开展心理抚慰和辅导，医治心理创伤，帮助孤残人员走出心理阴影，促进他们的身心健康。

第六章

灾害与国际救援

重大灾害不仅仅给灾害发生国带来巨大损害，也累及其他国家与地区。由于灾害所带来的突发性灾难，往往使一个国家、一个地区措手不及，因此，灾害的国际援助就成为灾害管理的重要组成部分。灾害国际救援的实践不断证明，当一国有难时，国际社会及时伸出援助之手，不仅是一种高度共识，也逐渐成为一种普适性惯例。重大自然灾害的国际援助，不仅成了国际合作的一种重要形式，而且基于灾害国际救援的救援外交也成了国家外交的一种新方式，并发挥着重要的作用。本章围绕灾害的国际救援，分别论述灾害国际救援释义、灾害国际救援制度的形成与发展、以国家为主体的灾害国际救援、以国际政府组织为主体的灾害国际救援、以非政府组织为主体的灾害国际救援以及灾害国际救援与国家外交。

一　灾害国际救援释义

灾害国际救援作为一项涉及多行为体、多领域、多渠道、多方式的世界性问题，其复杂性、必要性、时效性都是应对特大灾害急需探析的课题。目前，在国际社会中，对于应对特大灾害而展开的国家间的救援活动的界定，多使用国际救援/援助（International/Foreign Aid）、对外救援/援助（Foreign Aid）、全球援助（Global Aid）等术语。作为一项超越国界的应对灾害的国际活动，灾害国际救援必然会涉及定义、救援的主体、救援的原则及救援的法律依据等问题。

（一）灾害国际救援的定义

严格地说，灾害国际救援有广义与狭义之分，广义的灾害国际救援与狭义的灾害国际救援在救援原则、救援理念、救援法律依据上有相似之处，但在救援主体、救援内容、救援目的上也有所区别。

首先，救援主体的差别。狭义的灾害国际救援主体是国家，以一国中央政府及相应的救灾减灾部门为平台，扮演灾害国际救援的组织者、参与者、协调者，通过国家对国家、政府对政府的多边及双边方式，开展国际救援；而广义的灾害国际救援行为体除了国家之外，还包括各种政府性国际组织（如联合国）、非政府组织（如国际红十字会、跨国公司、民间团体），他们通过各种渠道向灾区提供帮助，构成了庞大的救援主体。

其次，救援内容的差异。狭义的灾害国际救援主要是直接向受灾国家提供急需的救援物资及派出救援和医疗队伍，援助国提供的救援物资大多交由受灾国家统一使用，而不参与援助物资的分配、监管及派遣人员的调度与管理。而广义的救援不仅提供资金、物品、医疗用品、救援队伍等方面的帮助，还提供心理疏导、心理咨询、陪护等救助。

再次，灾害国际救援方式的不同。狭义的灾害国际救援主要是在国家间展开的，因此以国家间的双边和多边为主；而广义的灾害国际救援除国家间的双边与多边方式外，还包括其他国际政府组织、非政府组织与灾害发生国之间的双边、多边合作。

最后，灾害国际救援的目的有所不同。广义的灾害国际救援一般是以帮助灾害发生国尤其是受灾地区尽快恢复正常的生产生活为主要目的，因此具有长期性和持续性；而狭义的灾害国际救援一般是帮助受灾地区在短时间内有效减少伤亡和损失，以达到减灾的目的，因此具有短期性。

综上所述，广义的灾害国际救援是指某一国家或地区遭受重大自然灾害（飓风、龙卷风、地震、火山爆发、水灾或森林火灾等）或人为灾害（战争、骚乱、碳氢化合物、有毒或放射性物质污染等）侵袭，造成重大人员伤亡和经济损失，其他国家、国际政府组织、非政府组织等在尊重灾害发生国主权意志和联合国国际公约的前提下，对灾害发生国给予人道的、义务的、无条件的、及时的人力、物力、财力和其他方面的支持与帮助的行为。

（二）灾害国际救援的主体

学界目前虽然对灾害国际救援这一概念没有统一明确的界定，但对灾害国际救援的主体则有着一定的共识。杨亚清、李玉桃认为灾害国际救援从救援主体看，可以分为政府援助和非政府援助，政府援助是指主权国家或主权国家的集团及其所属机构提供的援助，非政府援助是由私人基金组织或个体提供的援助。①　一般来说，灾害国际救援主体包括国家、国际政府组织、非政府组织和个人。其中，国家是最主要的行为体，由于国家在社会动员、可控资源、时效性等方面的优势，决定了在灾害国际救援中自然扮演着主导性角色；而非国家行为体对国际救援的积极参与在一定程度上起到了辅助、补充的作用，使得国家的救援行动更为顺畅、及时、有效；对于灾害国际救援客体的界定便更明确，从国家层面看指受到自然或人为灾害侵袭的国家，而从区域层面来看则是指某一国的具体受灾地区。

（三）灾害国际救援的原则

灾害的国际救援是在现行国际体系下进行的，必须符合国际社会的基本准则，这些准则与灾害的国际救援活动相结合，就构成了灾害国际救援的原则。这些原则主要有：

1. 尊重受灾国的主权意志是灾害国际救援首要的原则

1991年12月19日，联合国大会通过了46/182号决议，即《加强联合国人道主义紧急援助的协调》，这个决议明确指出："必须按照《联合国宪章》尊重各国的主权、领土完整和国家统一。关于这方面，必须在受灾国同意的原则上，应受灾国呼吁的情况下，提供人道主义援助。"灾害国际救援是人道主义精神的体现，也是一国应急管理体系的重要组成部分，但灾害国际救援必须尊重灾害发生国的主权意志，不能将灾害国际救援凌驾于国家主权之上，更不能成为一些国家肆意干涉别国内政的借口和幌子。

2008年5月2日，热带风暴"纳尔吉斯"袭击缅甸，造成数以万计的伤亡，但是缅甸外交部宣布不接受国际灾害救援队伍及其人员入境进行搜救工作，这使缅甸风暴灾害扩大化，并引发了一些国家的不满。为此，法国外交部部长库什内建议联合国应该以"保护平民的责任"为由，通过决议允许运送国际援助，即使没有得到缅甸军政府的同意。他在巴黎对记者说："考虑到那里的食物、船只和救援队伍，如果我们不履行保护的责任，不能获得联合国决议——授权运送物质和要求缅甸政府接受物质运送，我们就只能在联合国眼睁睁看着。"但基于尊重受灾国国家主权的原则，他的这项提议并未获得联合国以及国际社会的广泛认同。可见，在目

① 杨亚清、李玉桃：《从汶川地震看国际援助》，《中共山西省委党校学报》2009年第1期，第50页。

前国际体系下，大多数国家都坚持灾害的国际救援必须尊重受灾国的主权，如果主权国不接受国际救援，国际社会应当尊重其意见。但是，如果由于受灾国的统治集团担心自身统治地位受到威胁而拒绝国际救援，则是不应当的。因为真心诚意的国际救援，对受灾国尽快从灾害的威胁和影响下摆脱出来，是很有必要的。当然，必须看到，一些受灾国之所以不接受国际救援，往往是与其内政有关，要么是担心其主权受到影响，要么是担心别国干涉其内政，要么是怕失去对社会的控制。

2. 平等、非歧视、不附带政治条件是灾害国际救援的基本原则

灾害国际救援本是人道主义精神的体现，但在国际无政府状态的现实下，由于没有强有力的中央权威约束，使得灾害国际救援被某些国家用来作为交换利益的条件，如在向受灾国家提供帮助时，提出政治、经济等条件以达到自利的目的。对此，1991 年 12 月 19 日联合国大会通过的 46/182 号决议《加强联合国人道主义紧急援助的协调》中明确指出："必须按照《联合国宪章》尊重各国的主权、领土完整和国家统一。"另外，在进行灾害国际援助时，无论发达程度、种族、性别、政治、宗教、风俗等方面存在多大的差异，救援主体对灾区民众的救助都应秉承人道主义原则，坚持一视同仁，摒弃歧视思想。

3. 国际救援应坚持重点突出、持续援助的原则

灾害国际救援主体的多元性要求各援助方必须依据自身的优势，结合受灾国的实际，提供及时、高效的救援服务，这就要求各救援方必须要明确自身的优势，并据此制定救援的重点，以确保救援的高效；同时，灾害国际救援还应保持高度的连续性，使得受灾国的灾害救援及灾后重建项目能够顺利进行。近年来，对国际援助最强烈的批评之一，就是援助国包括多边援助机构频繁调整援助重点，而且经常单方面改变援助政策与援助金额，使受援国疲于应付、难以适应，这些做法直接降低了援助的效果。①

4. 真诚合作、规范管理是灾害国际救援的重要原则

灾害国际救援涉及诸多行为体，如何保证这些行为体之间的互动协调、密切合作以确保救援行动的高效，成为灾害国际救援的关键。灾害国际救援是一项双边、多边行为，其内在要求救援主体之间、救援主体与客

① 李兴乾：《国际援助规划决策的经验及其启示》，《国际经济合作》2009 年第 3 期，第 46 页。

体之间必须保证充分有效的、真诚的合作。来自世界各国不同国家和民族的工作人员在同一区域临时工作、生活，势必要互相积极配合，如在救灾物资运输所涉及的国家领空、领海及边境公路使用等问题上，各国就应该给予方便和特殊的照顾，否则就会影响救援物资的及时送达；同时灾区救援行动的指挥管理必须要规范而且高效。尤其是灾区救援物资的运送、分配、存放，灾区灾民和工作人员的临时安置、灾区交通、治安的维持等这些都需要规范而有序的管理。海地地震的灾害救援就是一个最为明显的例子，海地地震救援的低效就与海地政府的混乱管理有很大的关系。

2010 年 1 月 12 日，加勒比岛国海地发生里氏 7.0 级地震，造成 20 余万人遇难，突如其来的灾难使本来国家政局不稳、社会秩序混乱的海地（海地在 2004 年发生了政变，其领导人阿里斯蒂德流亡国外，国内政局动荡不安，联合国曾一度派出维和部队帮助海地维持其国内秩序）遭到了更大的破坏。由于海地在 2004 年政变后长期依靠联合国进行国家管理和建设，自身在行政组织方面欠缺经验，本来就很混乱的国家管理在震后几乎陷入瘫痪状态，尤其是其首都太子港，基础设施落后，人口众多，本来在地震中就遭到了重创，当大量的国际救援人员和物资进入太子港时，由于当局没有充分的协调和指挥能力，太子港救援现场无人指挥、无人组织、无人协调，救援物资无法及时到位，太子港的交通也一度陷入瘫痪，严重地影响了地震救援，使得本来可以挽回的损失却因受灾国政府的低效率而没有挽回。

（四）灾害国际救援的法律依据

当一国发生灾害时，只有在受灾国同意且发出请求的情况下，其他国家或国际政府组织及非政府组织的救援队伍才可按照《加强联合国人道主义紧急援助的协调》入境实施救援，现行国际法尚未将"保护的责任"[①] 适用于自然灾害，即作为非受灾国没有实施灾害国际救援的义务，作为受灾国亦没有接受灾害国际救援的义务。联合国大会在 46/182 号决

---

① "保护的责任"，这一概念最初由加拿大"干预与国家主权国际委员会"2001 年 12 月提出，2005 年，"保护的责任"被写进联合国成立 60 周年首脑会议公报。"保护的责任"指当一国发生严重的人道主义灾难，联合国予以确认并合法授权的情况下，国际社会有权利更有义务履行"保护的责任"，即国际社会可以在未经灾难发生国同意的情况下对灾难发生国实施人道主义救援。"保护的责任"更多的适用于一国出现严重的人道主义灾难（如种族屠杀、种族灭绝等）而本国政府无力避免之情况。有国际法作为保障，具有强制性。

议《加强联合国人道主义紧急援助的协调》中明确指出:"必须按照《联合国宪章》尊重各国的主权、领土完整和国家统一。关于这方面,必须在受灾国同意的原则上应受灾国呼吁的情况下提供人道主义援助。"① 但这并不代表灾害国际救援没有任何法律依据,2002 年 12 月 16 日联合国大会通过的关于《加强国际城市搜索和救援援助的效力和协调》的 57/150 号决议,明确指出和强调了"联合国、国际社会、援助国和受援国在应对全球重大自然灾害,尤其是地震灾害时应承担的责任和义务"。② 决议确认将城市搜救指南即《国际搜索与救援指南和方法》作为国际救援行动的范本。《国际搜索与搜救指南和方法》中涵盖了在重大灾害国际救援中受灾国和援助者的责任、其他各国的附加责任以及法律、法规和体制框架规则;另外还有一些非政府组织之间的多边公约,如国际红十字与红新月会通过的《红十字和红新月救灾原则和规则》、《红十字会对灾害中平民进行国际人道主义救济原则宣言》、《国内便利和管理国际救灾和初期恢复援助工作导则》;国际人道主义法研究所《人道主义援助权利指导原则》、《复杂紧急情况下人道主义援助问题莫洪克准则》;国际法学会2003 年在比利时布鲁日举行的会议上通过了关于人道主义援助的决议。这些多边公约和文件尽管作用范围有限,但至少确立了人道主义援助的基本原则——人道、公正、中立,并在许多国际法律文件中一再被重申,这些都为灾害国际救援提供了最基本的依据。

二 灾害国际救援制度的形成和发展

随着自然灾害的频发以及全球相互联系的日益密切,面对重大自然灾害已经不是一国所能单独应付的,来自其他国家和国际组织的灾害国际救援就显得尤为重要。自 1987 年联合国大会提出减灾议案以来,灾害国际救援制度经历了从无到有、从初步形成到确立再到进一步发展的过程。尤其是进入 21 世纪以后,全球重大自然灾害频发,给人类生产生活造成了巨大影响,这在客观上也促使了灾害国际援助制度的进一步发展。

---

① http://daccess-dds-ny.un.org/doc/RESOLUTION/GEN/NR0/580/48/IMG/NR058048.pdf OpenElement.

② http://daccess-dds-ny.un.org/doc/UNDOC/GEN/N02/548/08/PDF/N0254808.pdf Open Element.

（一）灾害国际救援的雏形

准确地说，灾害国际救援最早源于国际人道主义援助（international humanitarian assistance），虽然二者之间有着一定的区别，但国际人道主义援助为灾害国际救援的形成提供了产生的土壤。人道主义援助的基本规则最初在《1949 年日内瓦公约》中就得到体现，不过其仅针对武装冲突中的人员保护。只有在 20 世纪以后向武装冲突以外的灾难的受害者提供国际援助才成为国际社会议程上的一个重要问题。

1987 年年底，由日本、摩洛哥提议，几十个国家联名向第 42 届联合国大会提出了减灾议案。并于 1987 年 12 月 11 日被大会通过，形成第 169 号决议，确定 1990—2000 年为"国际减轻自然灾害十年"，这一决议提出后得到了国际社会的广泛认可，联合国很快就成立了"国际减轻自然灾害十年"指导委员会，并确立了明确的减灾目标，即通过各国的一致行动，以减轻自然灾害所带来的生命、财产的损失，以及由此而引发的社会、经济的停顿。中国于 1989 年 3 月 1 日也成立了"中国国际减灾十年委员会"。由此，在联合国的主持下，国际社会首次在减灾防灾方面迈出了国际合作的第一步。

在 1989 年年底的第 44 届联合国大会上，经济及社会理事会通过关于"国际减轻自然灾害十年"活动于 1990 年 1 月 1 日开始，指出每年 10 月的第二个星期三为"国际减轻自然灾害日"，并于每年以适合"十年"目标的方式来纪念国际减灾日。第 44 届联合国大会还通过了《国际减轻自然灾害十年国际行动纲领》，其主要内容有：国际减轻自然灾害十年的目标和目的。目标是：增进每一国家迅速有效地减轻自然灾害的影响的能力，特别注意帮助有此需要的发展中国家设立预警系统和抗灾结构；考虑到各国文化和经济情况不同，制定利用现有科技知识的适当方针和策略；鼓励各种科学和工艺技术致力于填补知识方面的重点空白点；传播、评价、预测与减轻自然灾害的措施有关的现有技术资料和新技术资料；透过技术援助与技术转让、示范项目、教育和培训等方案来发展评价、预测和减轻自然灾害的措施，并评价这些方案和效力。目的是：透过一致的国际行动，特别是在发展中国家，减轻由地震、风灾、海啸、水灾、土崩、火山爆发、森林大火、蚱蜢和蝗虫、旱灾和沙漠化以及其他自然灾害所造成的人命财产损失和社会经济的失调；国家一级须采取的措施；联合国系统所采取的措施；"减灾十年"间的组织和安排；财政规划和审查等。联合国的这些努力为全世界共同合作减灾奠定了基础，铺平了道路。

（二）灾害国际救援的确立

1991 年 12 月，为了有效地利用国际救援资源，联合国大会通过了 46/182 号决议《加强联合国人道主义紧急援助的协调》，要求提升联合国在应对复杂紧急情况和自然灾害方面的能力，加强联合国在该领域采取人道主义行动的有效性。联合国人道主义事务协调办公室（OCHA）负责协调人道主义救援、制定政策和宣传。联合国人道主义事务办公室通过设在日内瓦的应急响应处，设立了一套应急响应系统，以协调国际组织面对自然灾害等突发事件发生时的应急救援行动。该应急响应处下设：应急计划科、民间—军队协调科、应急准备支持科、应急救援协调科、现场协调支持科、环境应急科、后勤保障科和激增能力科八个部门。其中民间—军队协调科主要负责协调受灾地区救援部队和地方的关系，建立军民协调机制，以避免不必要的纷争，确保军队资源在救灾中发挥最大的作用；应急救援协调科主要负责应急救援队伍资源的协调；现场协调支持科主要负责建立一个有效的国际救援应急响应机制，以部署和协调国际救援力量；环境应急科主要负责动员和协调国际救援资源应对由于灾害和战乱对人类生存环境造成的破坏；后勤支持科主要负责建立和维护联合国应急救援物资储备库，一旦发生应急事件，协助将救援物资尽快发放到灾区。

"国际减轻自然灾害十年"委员会成立以来，全世界一百多个国家成立了国家减灾委员会，并针对减灾工作规划的落实与行动开展了国家间的合作与交流。1994 年 5 月在日本横滨召开的世界减灾大会上，对"国际减灾十年"的行动进行了评估，并通过了《横滨声明》和《为了一个更加安全的世界横滨战略和行动规划》，总结了"减灾十年"的头五年工作进展，提出在系统的防灾、减灾和备灾工作上还没有将工作的重点转移过来，减灾的教育、培训和国际的合作还有待进一步加强。在《为了一个更安全的世界横滨战略和行动规划》中，将行动的规划分为：社区和国家、次区域或区域、国际等三个层次来进行。在社区与国家这一级中，提出要在最高一级制定宣言、立法与政策，加强国家减灾十年委员会的建设，发挥其促进和协调减灾行动的作用；加强地方各级机构管理自然灾害的能力；制定减灾规划，将减灾纳入社会经济发展之中；采取各种措施，提高设施和生命线等建设工程的抗灾能力；进一步发挥非政府在减灾中的作用；制订减灾的教育与宣传的方案，充分利用和调动媒体在减灾工作中的力量。

（三）灾害国际救援的发展

1994 年的世界减灾大会提出了国际减灾十年活动新的宗旨和目标：将灾害的概念包括了环境和技术灾害，提出减灾与环境保护的相互关系。① 由于发展中国家多生活在灾害频发的环境中，而抗灾的能力较弱，提出了减灾与扶贫相结合，强调国际减灾救援要特别向最不发达、地处内陆和小岛屿等发展中国家倾斜；强调划分区域或区域间的减灾合作等。联合国还成立了"国际减轻自然灾害十年"科技委员会，指导和研究各国在减灾工作中面临的实际问题。"国际减轻自然灾害十年"委员会联同联合国开发计划署、救灾署等有关组织，开展了区域性的减灾培训，为进一步落实国际的减灾合作项目打下了坚实的基础。

1999 年第 54 届联合国大会做出国际减灾十年活动后续安排的 A/C. 2/54/L. 44 号决议，指出：联合国决定在"国际减灾十年"活动的基础上开展一项全球性的"国际减灾战略"（ISDR）活动，以便于推广该活动及规划出联合国的组织与体制，并强化"国际减灾十年"的各国国内委员会。联合国国际减灾战略于 2000 年成立，由联合国主管人道主义事务的副秘书长直接领导。

（四）灾害国际救援的意义

虽然目前联合国还未将"保护的责任"适用于自然灾害，灾害国际救援的法律依据仍然相对脆弱，但面对重大自然灾害实施国际救援，密切合作，共同抗灾仍具有重大的意义。

首先，对于受灾国而言，积极寻求世界各国人力、财力和物力方面的援助，是使其迅速恢复正常生产生活的重要保障；对于未受灾国尤其是邻国而言，由于地缘、经贸、人文及政治等方面的相互依赖，受灾国的灾情及衍生性"灾害"（如难民、安全、疾病、恐慌及经济衰退等问题）也会部分地影响邻国的正常生产生活。

其次，通过灾害国际救援可以加强国家之间的交流与合作，进而建立一种互信合作、和平友好的双边或多边关系；灾害国际救援虽然涉及诸多行为体，但国家仍然扮演着主要的角色，灾害国际救援能够加强国家之间的交流和沟通，有助于建立或促进国家之间友好合作关系的发展。

---

① http：//www. un. org/chinese/aboutun/prinorgs/ga/49/a49r139. pdf.

　　最后，灾害国际救援的不断实践，为人类积极参与跨国合作、全球治理提供了契机。由于自然灾害一旦发生，便具有影响广泛性、危害严重性、救援紧迫性，这些特征都使得一国无力单独应付，便需要国际社会的密切合作，国际社会成功的救援实践可以为国家之间的合作以及全球治理积累经验，从而以此为国际社会在其他领域开展广泛的合作与治理提供更广阔的平台。

附：国际减轻自然灾害十年委员会历届主题

1991 年：减灾、发展、环境——为了一个目标

1992 年：减轻自然灾害与持续发展

1993 年：减轻自然灾害的损失，要特别注意学校和医院

1994 年：确定受灾害威胁的地区和易受灾害损失的地区——为了更加安全的 21 世纪

1995 年：妇女和儿童——预防的关键

1996 年：城市化与灾害

1997 年：水：太多、太少——都会造成自然灾害

1998 年：防灾与媒体

1999 年：减灾的效益——科学技术在灾害防御中保护了生命和财产安全

2000 年："防灾、教育和青年——特别关注森林火灾"（Disaster Prevention, Education and Youth, with special focus on forestfires）

2001 年："抵御灾害，减轻易损性"（Countering Disasters; Targeting Vuherability）

2002 年："山区减灾与可持续发展"（Disaster Reduction for Sustainable Mountain Development）

2003 年：面对灾害，更加关注可持续发展

2004 年：减轻未来灾害，核心是如何"学习"

2005 年：利用小额信贷和安全网络，提高抗灾能力

2006 年：减灾始于学校

2007 年：防灾、教育和青年

2008 年：减少灾害风险确保医院安全（Hospitals Safe from Disasters）

2009 年：让灾害远离医院

2010 年：建设具有抗灾能力的城市：让我们做好准备！（Making Cities Resilient：“My city is getting ready”）①

三 以国家为主体的灾害国际救援

自 1643 年《威斯特伐利亚合约》确立国家主权这一原则以来，主权国家在国际社会事务中始终扮演着主导性角色。灾害国际救援亦不例外，由于主权国家具有丰富的可控资源、超强的动员组织力、健全的协调机构及完善的应急机制，这些都是其他非国家行为体所无法比拟的。主权国家成了灾害国际救援中主要的行为体，在灾害国际救援中发挥着最为关键的作用。

（一）主权国家灾害国际救援的行为反应模式

主权国家灾害国际救援行为反应模式是指当别国发生灾害时作为主权国家对受灾国进行救援时所作出的一系列具有稳定、普遍、常规的行为反应。其主要包括：

（1）国家元首或其他国家领导人及时向受灾国政府和人民表示同情和慰问，并说明提供救援的可能性。

（2）在得到受灾国的同意后，积极向受灾国提供人道主义援助（包括提供资金、紧急物资、救援和医疗队伍等）。

（3）就灾难的临时救助与后期的发展援助与受灾国达成政府间协议，确保援助的实效性和连续性。

（4）在联合国的倡导下积极参加与救援活动相关的各种国际会议，并针对此次灾害发起某种试图预防或解决灾害问题的国际倡议，并倡导灾害易发国积极参与。

（二）主权国家在灾害国际救援中的优势

1. 强大的社会组织、动员能力

国家基于强大的政权现实，当灾害发生时，可以利用其健全的各级、各层职能部门（如我国民政部的减灾委员会、国家地震局等）和完善的应急机制（专业的医疗和救援队伍、灾害预警机制等），来组织、动员社会各方力量进行迅速救援，并高效地筹集、运输、配给救援物资，这是其

---

① hllp：//baike. baidu. com. /link? url/ = aOBnnNRzILEowBwkGYZWlsWLiw - AR17nkokqTsMhhYBgD - nlT - W - bqfQHwxks3eJi#&.

他任何非政府行为体所无法比拟的优势。

2. 强大的财力支持与可控的社会资源

灾害国际救援一般首先最重要的工作是灾区人员搜救，但当人员搜救工作结束后，最重要的工作就是伤员的救治与受灾地区灾后的恢复与重建，这时最需要的就是资金和救援物资，而国家区别于其他行为体的一个重要方面就是在财力上能够给予强大支持，并拥有着可控的社会资源，这是其他行为体所无法企及的。如在印度洋大海啸中，几个受灾比较严重的国家接受了来自其他国家捐助的资金高达69亿美元和大量的救援物资。这为灾区的灾后重建提供了极其重要的资金保障。

3. 拥有专业和高水平的灾害救援与医疗队伍

一般而言，为了有效应对灾害，尤其是发生在本国范围内的灾害，国家都会集国家之力建设一支专业的灾害救援队伍和医疗队伍专门负责灾害发生时人员的搜救与救治工作，这些队伍一般都配有先进的救援装备和医疗技术。而其他行为体由于资金和能力所限，其专业水平和先进程度远不如国家层面的救援队伍。如日本和美国的国际紧急救援队，俄罗斯的远程大型移动医院等都是非常著名的专业救援队伍，在诸多灾害救援中均发挥了十分重要的作用。

（三）主权国家的灾害国际救援实践——以日本大地震为例

2011年3月11日，日本东北部海域发生里氏9.0级地震并引发海啸，造成死亡、失踪人数19752人，经济损失达1943亿美元，地震引发的海啸影响到太平洋沿岸的大部分地区，并造成日本福岛第一核电站1－4号机组发生核泄漏事故。[①] 地震发生后，国际社会积极响应，纷纷伸出援助之手，据统计，在此次东日本大地震后，海外的163个国家和地区及43个机构及时发布声明，将会陆陆续续对日本提供援助；28个国家、地区和机构的专业救援队参与了灾区的救援；62个国家、地区和机构直接为灾区运送了大批的救援物资；92个国家、地区和机构直接为灾区捐助了共计175亿日元的捐款。主要国家的救援行动如下：

美国：日本大地震发生后9小时，美国总统奥巴马发表声明，向遭遇大地震的日本表示哀悼，表示已做好支援日本的准备，并出动驻日美军协

---

① http: //baike. baidu. com/view/5360770. htm？ subLemmaId = 5394104&fromenter = ％ C8％ D5％ B1％ BE％ B4％ F3％ B5％ D8％ D5％ F0&redirected = alading.

助救灾。随后美国 150 人的救援队抵达灾区、正在参加美韩军演的航空母舰"里根"号和多艘美军驱逐舰以及运输舰派往灾区。福岛核电站事故后，国务卿希拉里·克林顿宣布已派出空军载着冷却剂参与救援"一个有危险的核电站"。美国还提供了无人侦察机拍摄原子炉照片和为原子炉降温的喷水车等，协助日本自卫队直升机加油并为灾民提供相应的据点。美国移民局通告，凡受日本地震及其引发的海啸影响的外国公民，可以延长在美居留期限 1 个月。此外，美国国际开发局向日本政府转交了 585 万 66 美元援助款，里根号航空母舰转运了 3 吨救援物资。

中国：地震发生后，中国国务院总理温家宝就此致电日本首相菅直人，代表中国政府向日本政府和人民致以深切慰问，表示中方愿向日方提供必要的帮助。同日，杨洁篪外长致电日本外相松本刚明表示慰问。中国外交部发言人姜瑜 11 日说，中方已向日方表示，为帮助日本抗震救灾，愿意向日本派遣救援队和医疗队。中国红十字会已经向日本红十字会捐款 100 万人民币。中国救援队于 3 月 13 日下午抵达灾区展开救援工作。3 月 14 日，中国国际救援队队员在日本岩手县大船渡市准备展开救援工作。来自中国的救援队当地时间 13 日抵达日本受灾严重的岩手县大船渡市，并于 14 日清晨 7 点从集合营地出发，与日本当地救援队一起展开搜救工作。这是地震发生后来到当地参与救援活动的第一支国际救援队。3 月 21 日凌晨 00：03 分，国航包机 CCA057 搭载 15 名完成计划任务的中国国际救援队员从日本回到北京。中国国际救援队 21 日凌晨结束对日本地震海啸灾区的救援任务回到北京。作为第一支抵达和最后一支撤出这一灾区的外国救援队伍，中国国际救援队获得了当地政府和同行的高度评价。

英国：英国首相大卫·喀麦隆声明他已"立即要求我国政府视我们所能提供帮助"，外交大臣威廉·海格表示英国已准备好提供"日本所需要的一切援助"，包括人道救援、搜索和救援队。英女王伊丽莎白二世向明仁天皇致慰问信，内中写道："我们的祈祷和思想与遭受可怕灾难的每个人同在。"

德国：德国总理安格拉·梅克尔派遣搜救队前往日本协助，并对受害者家属表示同情。她在官方声明上表示："在此悲痛时刻，德国和日本位于同一战线上，已完成援助的准备。"

俄罗斯：俄罗斯总统梅德韦杰夫愿意向日本提供援助，并表示："日本发生特大地震，还出现了遇难者。我们当然有支援邻国的准备。"

法国：3月13日法国向日本派出两支救援队。3月17日，法国救援队因担心核亏辐射，放弃救援活动，退避至青森县三泽市。同日，法国派出一架载有约100吨硼酸的包机前往日本，同时法国电力公司将派专业人员帮助日本控制核电站事故。

加拿大：加拿大政府最初派出一个由17人组成的救援队，并带有化学、生物、放射性和核去污染装备，总理史蒂芬·哈珀下令让加拿大军队进行空投。2011年3月16日，加拿大宣布再向日本提供25000份保暖毛毯。

澳大利亚：澳大利亚总理茱莉雅·吉拉德表示澳大利亚政府正密切关注着日本灾情，随时准备提供救灾所需的一切援助，帮助日本渡过最困难的日子。外交部部长陆克文在12日早些时候向传媒表示澳大利亚72人的震后救援队刚刚从新西兰地震灾区回国就将整装待发在当地时间12日晚间前往日本，利用嗅探犬展开搜救工作。3月16日，澳大利亚以及新西兰空中救援人员在福岛核亏电站上空遭到核亏泄漏辐射，紧急迫降至福岛附近并被测试为轻微辐射，这亦是海外救援人员首次被证实遭到核泄漏辐射。

韩国：韩国在地震发生后及时派出先遣队，3月12日到达日本。随后又派出102人的救援队，3月14日到达日本。

朝鲜红十字会于14日发来慰问。

新加坡派出了一个救援队。

印度：印度初步计划捐助毛毯22吨。3月24日，印度外交部宣布，将向日本派遣一支由45名人员组成的搜救队伍。

泰国政府捐款660万美元，提供15000吨大米和罐头、毛毯、衣服等生活必需品。

土耳其总理致以问候。外相阿赫迈特表示将全力支持救灾，派出救援队前往日本救援人员于19日抵达成田机场，20日到达宫城县。

伊朗外相阿里·阿克巴尔·萨利希11日发表声明称"对此次灾难表示哀悼"。

斯洛文尼亚政府决定向斯洛文尼亚红十字会捐款15万欧元。

3日9时保加利亚政府，3月14日6时芬兰政府、立陶宛政府表示愿意提供支持。

墨西哥总统费利佩·卡尔德龙表示"真诚地悼念地震灾区人民"。派出 3 名建筑专家前往日本。

委内瑞拉总统乌戈·查韦斯表示愿意派遣救援队前往日本，愿意提供救灾物资。

2011 年 2 月，新西兰第二大城市基督城发生强烈地震；日本曾向新西兰派出 66 名的搜救队员展开营救行动。时隔不到一个月，正在重建家园的新西兰政府派出 48 人的搜救队员奔赴日本参与救援，这亦达到了该国紧急搜救人员全部人数的 1/3。

巴西外交部表示，巴西政府和人民对此致以强烈的声援和慰问。

除了巴西之外，南美各国也对日本因大地震和海啸造成的巨大人员伤亡表示深切同情，并将根据各国自身情况向日本提供帮助。

13 号在厄瓜多尔首都基多举行的南美洲国家联盟外长会议上，各国外长对日本大地震造成的伤亡表示深切的同情，各国元首表示，将根据自身情况向日本提供相应的援助。阿根廷总统克里斯蒂娜在给日本外相的一封信中说道："地震和海啸给日本人民造成了重大的损失和深深的伤痛，我们向受灾民众，特别是死难者家属致以深切同情。"她随即表示阿根廷政府将向日本提供专业的救援队伍。此外，阿根廷主要媒体称这场地震为"人类的灾难"，在各大网站纷纷公布了人道组织关于日本地震捐助的联系方式等，在电视上也出现捐助电话的滚动字幕。脱口秀节目主持人也呼吁大家为日本地震捐助。

南美国家智利也是一个地震频发的国度，智利媒体对日本地震的关注自然也是非比寻常。在智利最大报《水星报》的网站上，有关日本地震的新闻几乎占了半版，报道对日本遭受的特大地震以及海啸所造成的人员财产损失表示深深同情，并且在报道中流露出对日本人在灾难后表现出的高素质的敬意。

南美各国也十分关注侨民在日本的安危，秘鲁外交部已经发布消息称，没有秘鲁侨民在地震中伤亡；智利最新消息称目前只有一名旅居日本的智利女性未被找到，截至目前，阿根廷旅居日本的 4500 名侨民也尚无伤亡报告，目前有 30 名哥伦比亚留学生滞留在震区，现在哥伦比亚政府正在设法用飞机将他们运回国内。

此外，阿富汗、巴基斯坦、巴勒斯坦、吉尔吉斯斯坦、哈萨克斯坦、塔吉克斯坦、土库曼斯坦、乌兹别克斯坦、孟加拉国、柬埔寨、东帝汶、印度尼西亚、老挝、马来西亚、马尔代夫、蒙古、萨尔瓦多、尼加拉瓜、巴拿马、洪都拉斯、危地马拉、伯利兹、哥斯达黎加古巴、格林纳达、多米尼加、牙买加、乌拉圭、阿根廷、哥伦比亚、巴拉圭、玻利维亚、苏里南、中东阿拉伯联合酋长国、约旦、阿曼、卡塔尔、伊拉克、科威特、沙特阿拉伯、巴林、叙利亚、也门、黎巴嫩等国纷纷向日本政府发来慰问并声明将提供援助。

从这次日本大地震的国际救援行动中我们可以看到，主权国家这一行为体发挥了决定性的作用，尤其是以美国、英国、法国和德国为代表的西方发达国家与以中国、巴西、沙特阿拉伯为代表的发展中国家在救援行动中表现出了最积极的一面。如果没有主权国家的参与，仅靠非政府组织和民间团体的力量是根本无法完成救援任务的。但同时，由于国际社会缺乏一个强有约束力的中央权威，使得国家这一行为体在国际救援中将国家主权至上这一原则发挥到了极致，随之也带来了一系列问题。

（四）以国家为主体的灾害国际救援存在的问题——以海地地震为例

2010年1月12日（海地当地时间12日16时53分9秒），加勒比岛国海地发生里氏7.0级地震，地震造成27万人死亡，48万人失去家园，370万人受灾，海地首都太子港遭到重创，包括海地总统府、国会大厦、太子港大教堂、医院和监狱在内的大多数建筑均遭到损毁。地震发生后，国际社会纷纷伸出援手，表示将向海地提供人道主义援助，但是部分救援国家却因自身国家利益，在救援行动中不服从联合国的统一协调与指挥，对其他救援国的救援行动亦不予配合，相互敌视，使得震后最宝贵的黄金救援72小时白白地浪费在各国互不协调的救援行动中，使得本来可以挽回的损失却被进一步地扩大。

1. 参与救援的各个主权国家相互不信任，缺乏协调，使得国际社会的合作救援很难充分展开，影响救援效率

自然灾害往往考验着世界各国的责任感和人道主义情怀，然而这次海地救援部分国家的"口水仗"和相互猜疑却完全淹没了这种本应受到重视的人道主义救援。部分救援国家各行其是，对别国的救援意图不信任，不服从联合国的统一协调与指挥，给国际社会合作救援带来了极大困难。如在海地震后10天，美国迅速派兵占领了海地首都机场，只准许美国军机及美国救援物资进入，不准其他国家的飞机停靠，给其他救援国进入海地救援带来了极大的不便，严重影响了救援的有效开展，而美国的高调救援行为也遭到了部分国家和组织质疑，认为美国是"假救灾真占领"，而

美国发言人却声称这样做是为确保安全；另外，太子港本来基础设施就较为落后，加上在地震中受到重创，当地政府又缺乏协调能力，而各救援国却互不协调，都想抢先一步进入太子港以展示自己的国家形象，致使越来越多的国际救援队伍和物资在短时间内全部进入太子港，使得整个城市的交通一度陷入瘫痪，严重影响了救援物资的运输效率。2010 年 1 月 23 日海地总统普雷瓦尔呼吁联合国设立负责人道主义干预的"红盔"部队，帮助海地政府进行人道主义救援物资的协调与分配后，这一行为更使得拉美国家担忧，建议海地政府谨慎行事。① 而针对海地的救援，联合国相关部门发言人曾指出："这是该组织在物资救援方面遇到的最严重灾难，其协调能力正受到前所未有的考验。"②

2. 恢复重建的长期性与国家主权争议问题相互交织

海地地震是联合国成立以来所协调指挥的最艰难的一次救援行动。因为海地在遭遇地震之前，就已经是世界上最贫穷和最不发达的国家，在经历 2004 年的反对派政变后，其国家政局更是长期陷于动荡，国家和社会管理混乱状态，既没有充足的应急战略储备，也没有完善的应急指挥系统，更加缺乏强大的社会救援能力，灾害发生后，海地政府几近瘫痪，显然海地的中长期重建依靠自身的力量很难完成，必须要依靠国际社会的支持。这就产生一个问题，海地需要依靠各国的援助以及联合国的临时代管进行灾后重建，那么脆弱的政府体系如何在与国际社会的合作中保证国家的主权完整和独立自主性，这是无论海地政府还是国际社会都必须充分考虑的问题。

主权国家作为灾害国际救援的主要行为体，在国际救援中发挥着无可替代的作用。国家主权始终贯穿于以国家为主体的灾害国际救援这一行动中。我们要坚持尊重和遵守国家主权原则，即基于主权国家安全之理由，应当对国际救援活动予以必要、合理的限制，以免国际救援行为本身被某些大国用来作为权力和利益交易的筹码；但同时也要对国家主权进行合理和必要的限制，不能让国家主权危及国际救援的善意、救助的实效和人道价值，重灾在前，忽视人权保护的短视措施终将导致生命援救迟延、高昂

---

① http://news.sina.com.cn/w/2010—01—25/085116988370s.shtml.

② http://news.ifeng.com/world/special/haididizhen/zuixin/detail_2010_01/21/1176901_2.shtml.

的无法弥补的创伤和代价。因此，维护国家主权的同时又明确国家主权在国际救灾中的界限对灾害国际救援至关重要。

附：中国灾害国际救援队——CISAR

中国国家地震灾害紧急救援队（对外称中国国际救援队，英文名称为 China International Search & Rescue Team，简称 CISAR），于 2001 年 4 月 27 日成立，时任国务院副总理的温家宝同志亲自授旗。中国国际救援队是在党中央、国务院和中央军委的亲切关怀下，在中国地震局、总参谋部共同领导和武警总医院紧密配合下，由部队官兵、地震专家和医疗救护人员共同组建的队伍。既是一支多重领导、多部门参与、不同行业人员共存的队伍；也是一支团结协作、训练有素、装备精良、富有成效的队伍；更是一支冲锋在抢险救援最前线的突击队和攻坚队。2003 年中国地震局震灾应急救援司成立，2004 年又成立了中国地震应急搜救中心。之后，全国有 27 个省市建立了省级地震专业救援队。2009 年 11 月中旬，中国国际救援队顺利通过联合国重型救援队的测评，成为世界上第 12 支重型救援队，也是亚洲的第 2 支。（重型救援队具有在倒塌建筑物尤其是在钢混结构中开展搜索和营救的能力，以及执行国际救援任务的能力。通过联合国组织的测评活动获得国际重型救援队资格，已经成为任何一支国际救援队实施国际救援任务的准入证明。）

主要任务：

对因地震灾害或其他突发性事件造成建（构）筑物倒塌而被压埋的人员实施紧急搜索与营救。国家地震灾害紧急救援队由中国地震局、解放军某工程部队、武警总医院有关人员组成，目前共计 230 人左右。CISAR 配有 8 大类 300 多种 20000 余件（套）装备及搜索犬 20 余条。中国国际救援队是一支达到了联合国重型救援队标准的专业地震灾害紧急救援队。

救援实践：

救援队成立以来，先后 9 次 12 批赴阿尔及利亚、伊朗、巴基斯坦和印度尼西亚、新西兰、日本等国家实施国际地震和海啸灾害紧急救援行动，7 次实施国内汶川、玉树新疆地震和青海门源雪崩、天津蓟县崩塌滑坡等其他灾害的紧急救援行动，圆满完成党和国家交给的任务，救援队的国际救援行动，体现了中国人民对受援国人民的友好情谊，展示了我国在国际人道主义事务领域所发挥的重要作用，表达了我国对构建和谐世界、维护世界和平的道义担当，彰显了我国作为一个负责任大国关心世界、关爱生命的良好形象，为国家整体外交作出了重大贡献，为祖国赢得了荣誉，也为中华民族增添了光彩。

2003 年 5 月 21 日，阿尔及利亚发生 6.9 级地震，救援队初次登上国际救援舞台，并搜索发现了 1 名幸存者，扩大了我国在国际救援事务中的影响。

2003 年 12 月 1 日新疆昭苏 6.1 级地震，12 月 26 日伊朗 7.0 级地震，救援队都及时赶赴灾区执行救援任务。2004 年 12 月 26 日印度洋地震与海啸灾难发生，中国国际救援队两批共 70 人赴印度尼西亚班达亚齐灾区，实施了为期 4 周的人道主义紧急救援行动，共医治了 1 万多名伤病灾民。

2005 年 10 月 8 日巴基斯坦 7.8 级地震后，中国国际救援队派出两批 90 人，赴巴基斯坦重灾区巴拉考特开展了 32 天的紧急搜救、医疗救治、疫病防治、灾害评估、震后趋势判定等工作，营救出 3 名幸存者，救治 2785 名伤病人，还第一次担当了现场国际救援协调人，发挥了重要的救援协调作用。

2006 年 5 月 27 日，印度尼西亚日惹特别自治区发生 6.4 级地震，救援队赴重灾区班图尔开展了历时 18 天的医疗救治、灾害评估和紧急搜救工作，我救援队承担了班图尔灾区近 1/4 伤员的救治工作，共医治 3015 名伤员。

中国国际救援队同联合国人道主义事务协调办公室（OCHA）有紧密联系，配合中国外交政策，积极参与联合国人道主义紧急救援事务，如 INSARAG（国际搜索与救援咨询组）、UNDAC（联合国灾害评估与协调队）等，同友好国家的救援队保持着良好的合作关系，如瑞士、新加坡、德国、荷兰等。

四　以国际政府组织为主体的灾害国际救援

基于国际无政府状态的现实，主权国家虽然是灾害国际救援的主要行为体，但国家之间也往往由于意识形态、历史文化、社会制度、国家利益等因素而致使在国际救援行动中很难达致精诚合作。而以国家为构成单元的国际政府组织，既具有国家在灾害国际救援中的优势，又能避免国家之间因分歧而产生的救援低效，因而在灾害国际救援中扮演了重要角色，尤其是以联合国为代表的政府间国际组织，在全球紧急人道主义救助中成了不可或缺的中坚力量。

（一）国际政府组织概述

1. 国际政府组织的界定

根据《国际组织年鉴》的界定，人们一般将国际政府组织定义为：
"由两个以上的国家组成的一种国家联盟或国家联合体，该联盟是由其成
员国政府通过符合国际法的协议而成立，并且具有常设体系或一套机构，
其宗旨是依靠成员国间的合作来谋求符合共同利益的目标。"[①] "随着经济
全球一体化趋势的增强和相互协作、依赖程度的深化，全世界政府间的国
际组织数目已增加到 300 个。"[②]

2. 主要的国际政府救援组织

（1）联合国。联合国设有许多人道救援专门机构，救灾架构完善，
这是其他任何一个国际组织都不具备的。直属联合国或与其有关联的人道
救援机构包括世界粮食署、开发计划署、世界卫生组织、难民署、儿童基
金会、粮农组织及世界气象组织等。这些组织在各自领域从事防灾、减灾
工作多年，拥有大量具有实践经验的救援工作者。当发生了必须获得国际
救助的灾害时，由联合国人道主义事务办公室日内瓦办事处提供紧急援
助。[③] 在救援行动开始后，联合国通常会根据灾情与受灾国政府及非政府
组织制订一个为期数月的行动计划，并呼吁国际社会为此提供资金及物资
援助。

（2）欧盟委员会。欧盟作为世界上一体化程度较高的地区，在灾害
合作领域建立了地区合作机制，并制定了《民防——预防警戒状态以应
对可能的紧急事件》[欧盟文件 COM（2001）707FNIAL]，为应付可能发
生的突发事件，要动员整个欧盟所有成员国的资源和力量，将各类有关政
府服务部门、工作网络和系统、专业人员与欧盟机构的协调和指挥相
统一。

（3）东北亚地区自治团体联盟与防灾分科委员会——NEAR。为了积
极和顺利地推进东北亚地区多地区间的交流和合作，以环日本海地区的自
治团体为中心，于 1996 年 9 月，在韩国庆尚北道设立了"东北亚地区自

---

① Yearbook of International Organization ［Z］1990/ 91（28th edition）：16 – 45.

② Charles W. Kegley, Jr: Eugen R. Wittkopf. World Politics: Trend and Transformation ［M］, New York: St Martin's Press, 1993, p. 155.

③ 联合国人道主义事务协调办公室—日内瓦办事处，http：//www. reliefweb. int/w/rb. nsf。

治团体联盟”，在韩国庆尚北道设置了常设事务局。东北亚地区自治团体联盟是主导东北亚地区的文化学术、经济、环境、旅游等各种领域交流合作的地区国际机构。其成员单位由 6 个国家的 69 个自治团体（中国 6，日本 10，蒙古 22，韩国 15，朝鲜 2，俄罗斯 14）组成。东北亚地区自主团体联盟下设经济、通商、文化交流、环境、防灾、一般交流 5 个分科委员会。而其中的防灾分科委员会专门负责东北亚地区灾害的预防与协调救援，有效地补充了国际及地方的地震、水灾、山林火灾、饥饿等自然灾害的种类，并缩小了各自治团体应对能力的差距。

（4）亚洲减灾中心——ADRC。1998 年 7 月 30 日亚洲减灾中心正式成立，包括 24 个成员国①及 4 个辅助国②。主要职能：a. 收集与提供防灾信息，并建立了防灾信息网；b. 调查推动防灾合作；c. 收集发生灾害时，各国紧急援助等之相关信息；d. 普及亚洲地区防灾相关知识与增强意识；e. 亚洲地区其他防灾信息之相关事业等。中心在亚洲各国开展各种活动。在菲律宾的小学进行宣传教育，在孟加拉国开展洪水早期预警研讨会，在新加坡进行模拟地震实地演习等，这些都是根据各国国情开展相关活动的。此外，还在越南开展与老挝、柬埔寨共同举行的湄公河洪水会议。ADRC 也与国际组织和志愿者一起，从全球视野出发处理减灾相关事务。

（5）美洲国家组织。美洲国家组织由美国和西班牙美洲地区的国家组成，成立于 1890 年 4 月 14 日，有 34 个成员国，其宗旨是加强美洲大陆的和平与安全，保障成员国之间和平解决争端在成员国遭到侵略时组织声援行动；谋求解决成员国间的政治、经济、法律问题，促进各国经济、社会、文化的合作；控制常规武器，加速美洲国家一体化进程。美洲国家组织是一个地区性组织，它可以帮助成员国估计对自然灾害的抗御能力和减灾效果。紧急事件资金是美洲内部国家建立的专门用于人道主义紧急救援的机制，可由美洲国家组织、美洲国家组织秘书处、泛美卫生组织调用。美洲国家组织秘书处也为地区性发展规划、项目计划及增加各种设施对灾害抗灾能力的风险评估提供技术援助。

（6）非洲联盟风险管理互助委员会——AU。非洲联盟（African U-

---

① 24 个成员国指孟加拉、柬埔寨、中国、印度、印尼、日本、哈萨克、老挝、马来西亚、蒙古、缅甸、尼泊尔、巴布亚新几内亚、菲律宾、韩国、俄罗斯、新加坡、斯里兰卡、塔吉克斯坦、泰国、乌兹别克斯坦、越南、亚美尼亚。

② 4 个辅助国指澳大利亚、法国、新西兰、瑞士。

nion）是一个包含了 54 个非洲会员国的联盟，是属于集政治、经济和军事于一体的全洲性政治实体，其主要目的是帮助发展及稳固非洲的民主、人权以及可持续发展的经济，减少非洲内部的武装战乱及创造一个有效的共同市场。在此基础上，非洲联盟成立了非洲风险管理互助委员会，互助委员会旨在加强非盟成员国的风险管理能力，使现有的行政机构能更好地应对粮食危机、干旱、洪涝以及飓风等灾害的袭击，并确保在灾害发生时能够为成员国及时地提供安全可靠的救助物资。

（7）西非国家经济共同体灾害应急体系——ECOWAS。西非国家经济共同体（Economic Community of West African States）是非洲最大的区域性国际组织，成立于 1975 年 5 月 28 日，目前成员国达到 12 个，其宗旨是促进成员国在经济、社会和文化等方面的发展与合作，提高人民生活水平，加强相互关系，为非洲的进步与发展作出贡献。为了更好地应对区域范围内频繁的干旱和洪水等灾害，西非国家经济共同体基于成员国间的密切合作，建立了灾害应急体系，这个体系主要包括水灾、旱灾应急基金，帮助成员国建立减少自然灾害特别部队或灾害应急反应机构，加强成员国在灾害预防和救援方面的密切合作和一致行动管理等。

另外，世界上还有诸多灾害相关的国际组织，既有地区性的，也有全世界性的，例如加勒比沿海国家灾害紧急救援处、中美洲自然灾害预防协调中心、南非发展共同体（SADC）等。

（二）国际政府组织在灾害国际救援中的优势

1. 具有很强的独立性

国际政府组织虽然是由主权国家组成的，但是其更强调的是国际政府组织的独立性。只要在条约和宗旨规定的范围内，国际政府组织便享有参与国际事务活动的独立地位，具有直接承受国际法权利和义务的能力，而不受其成员国国家权力的管辖与制约，这样便为国际政府组织参与国际救援带来极大的便利，这也就是为什么联合国能够在国际社会的灾害救援行动中表现高效的原因。

2. 具有很强的号召力、凝聚力

基于国际社会无政府状态的现实，单个国家一般很难具有很强的号召力和凝聚力，即使目前全球最有影响力的美国，其在处理某些国际社会事务时由于无法寻求到广泛的支持而显得力不从心。但作为政府间的国际组织，由于其成员本身就是一个国家实体，具有很强的执行和动员能力；而且，一个国家既然选择加入该政府组织，便表示对该组织的认同和认可并遵守相关的条约和规定，这样，由多个国家单元构成的国际政府组织便会在短时间内迅速得到广泛响应，起码国际政府组织内部成员之间会首先取得一致，进而再影响周围其他国家的认同。

（三）国际政府组织的灾害国际救援实践——以汶川地震为例

2008 年 5 月 12 日，中国四川发生 8.0 级特大地震，造成重大人员和经济损失。在这次自然灾害中，国际社会纷纷伸出援助之手，为中国的抗震救灾给予十分有益的帮助，其中联合国的援助更是起到了关键性的作用。联合国儿童基金会则在灾后提供了一批总价值为 89 万美元的药品、医疗设备、营养补充品和孕产妇保健用品，发往汶川、北川、平武、什邡、绵竹、青川等地。这批医疗救援物资包括 140 套急救医疗包（每套急救医疗包可满足约一万人的医疗需求）、80 套新生儿复苏包、80 套消毒包以及可为约 11 万名五岁以下儿童和 4.2 万名孕妇补充营养的维生素胶囊和多种微量元素片剂等。2008 年 11 月，联合国机构通过发起《支持中国汶川地震灾区早期恢复呼吁》，从加拿大、挪威、沙特阿拉伯、瑞典、比利时、芬兰、欧盟和卢森堡募集了超过 1800 万美元的资金，援助地震幸存者；联合国儿童基金会为甘肃省边远地区的 39 所小学修建了 72 间活动教室，以确保 5000 名在校儿童可以继续学习；在四川建立了 40 个儿童友好空间，为一万名失去家园的儿童提供心理社会支持，以及教育、娱乐、生活技能培养、儿童保护等方面的服务；联合国儿童基金会为 140 万人口提供了 84 吨的急救和生殖健康包，并为学校和灾民安置区提供净水和卫生设备；联合国开发计划署展开了早期恢复重建项目，将为四川、甘肃等 9 个最贫穷村的重建工作提供援助，以期尽快恢复当地的生产生活；国际劳工组织帮助重建 1000 家被地震摧毁的小型企业，并新建 700 家新的小型企业。

世界卫生组织为重建受灾地区的医疗系统提供技术咨询。联合国人口基金为灾区的育龄妇女提供了 48500 份卫生用具包。它还协助卫生部为最弱势人群，包括老年人提供心理社会支持。它将与政府一道举办有关危机中生育健康援助最低标准的讨论会。联合国粮食及农业组织通过提供种子、设备和技术培训为四川省什邡县两个村的农民提供帮助，旨在恢复 1000 家农户的粮食生产能力，粮农组织还为失去家畜的农户提供帮助。联合国教科文组织为四川的记者提供培训，分析当地媒体在报道地震方面的经验，并探寻报道灾后长期恢复重建工作的最佳方法。教科文组织还帮助少数民族人口密集地区的小型电视媒体恢复其广播报道。

2009 年 6 月 9 日，联合国儿童基金会正式发布《为汶川地震灾区提供援助周年报告》，详细介绍联合国儿童基金会与中国政府合作为灾区儿童提供教育、卫生和营养、清洁水、环境卫生、社会心理支持、儿童保护、预防艾滋病和社会政策等方面的援助工作。联合国儿童基金会已经向受灾地区提供了价值约 2000 万美元的紧急援助物资以及在灾后恢复重建阶段所需的物资和服务。联合国儿童基金会援助地震灾区的资金中，大约 50% 用于支持卫生和营养、水和环境卫生方面的干预措施；约 1/3 的可支配资金用于让灾区孩子们重返安全的、具备良好教学设施的"爱生"学校中；其他资金用于支持儿童保护、社会心理支持以及安置物资的提供等方面。截至 2009 年 6 月 9 日，在与中国中央和地方各级政府以及合作伙伴的紧密合作下，联合国儿童基金会在受灾严重的四川、甘肃和陕西三个省份的 29 个区、县开展了援助项目，覆盖了约 250 万名儿童和 400 万名妇女。联合国儿童基金会的项目资金完全来自于自愿捐助，用于满足儿童的需求。截至 2009 年年底，联合国儿童基金会已经收到了共计约 3700 万美元的资金捐助，并计划继续开展筹资工作，努力达到 4500 万美元的总预算目标，用以支持在汶川地震灾区开展中长期的援助项目。①

从联合国儿童基金会、世界卫生组织、联合国人口基金等诸多国际政府组织在汶川地震中救援实践就可以看出，没有国际政府组织的参与，汶川地震的灾后救援、恢复与重建短时间内是无法做到的。国际政府组织这种既不同于国家又区别于非政府组织的独特属性，天然的决定了其在灾害国际救援中势必会扮演着重要的角色。从某种程度上来说，国际政府组织的灾害国际救援兼具了国家与非政府组织的优势。只要在条约和规范的允许范围内，它的行动不会受到国家主权的削弱与限制，同时它又具备了非政府组织的非营利性、志愿性、公益心，不会以灾害救援作为交易的筹码。但是我们同时也应该看到，国际政府组织虽然由主权国家所构成，但其仍然不是一个超级的世界政府，与在一国内部的有效管辖范围不同，它缺乏绝对的中央权威，这也是国际政府组织有时会在国际救援中表现出低效甚至无能为力的原因。

---

① http：//news. xinhuanet. com/newscenter/2009—05/11/content_ 11353168. htm.

附1：联合国国际减灾战略署

联合国国际减灾战略署（UNISDR）是联合国下属的一个减灾机构，成立于2000年，由联合国主管人道主义事务的副秘书长直接领导，它是一个由168个国家、联合国机构、金融机构、民间社会组织、科学学术领域以及普通大众共同参与的全球性机构，为增强联合国系统促进和协调减灾战略、方案和举措的能力，成立了减灾战略机构间秘书处和机构间工作队，作为执行减灾战略的主要体制和机制，秘书处由14名核心工作人员（2001年）组成，秘书处主任直接向主管人道主义事务副秘书长负责。联合国国际减灾战略署的主要目标为减少由于自然致灾因子引发的灾害所造成的伤亡；主要使命是要成为一个有效的协调者，指导所有全球和区域国际减灾战略合作伙伴。联合国国际减灾战略管理联合国减灾信托基金，是世界银行在全球减灾和灾后恢复机制的合作伙伴。它还支持灾后恢复（神户）和早期预警（波恩）专题平台。2007年3月1日，国际减灾战略公布了一套名为"阻止灾难"的电子游戏。"阻止灾难"游戏分为三个难度等级，适合9—16岁的儿童参与。游戏的主要内容是在一个特定的地点拯救生命，这让孩子们觉得很有趣，因此很喜欢这个游戏，目的让儿童从小就有防灾减灾意识。联合国国际减灾战略署秘书处设在日内瓦，在非洲、美洲、亚洲和太平洋地区、欧洲设区域办事处和分区域办事处，纽约设有一个联络办公室。

联合国国际减灾战略署的核心职能：

发展和维持一个强大的、照顾多方利益的系统；

提供相关的知识和指导；

在区域和全球层面，就减少灾害风险的政策制定、报告、信息共享和国家行动的支持等问题，在机构间和利益相关者中进行协调；

监测《兵库行动框架》的实施，通过核心指标，包括通过两年一次的《全球减轻灾害风险评估报告》，报告实施进度。组织区域平台，并管理全球减少灾害风险平台；

协调《兵库行动框架》优先领域的政策指导方针的准备工作，特别是将减少灾害风险同适应和减缓气候变化相结合；

提高人们对活动的认识，倡导媒体推广活动；

提供信息服务和实用工具，如虚拟图书馆，汇集最佳实践例子、国家概况、大事纪要和电子工作空间的数据库；

完善减少灾害风险（国家平台）的国家多部门协调机制，并为联合国驻地协调员和国际减灾战略系统的合作伙伴提供建议。

附 2：中国积极参与以国际政府组织为平台的灾害国际救援①

1996 年，中国参与东盟地区论坛，与东盟各国进行联合搜救和抢险救灾合作，并多次进行联合演练和实践配合。2002 年，上海合作组织成员国成立了上海合作组织紧急救灾部门领导人会议机制，签署了《上海合作织成员国政府紧急救灾互助协定》。2003 年，中国与东盟、日本、韩国进行了抗击非典的合作。2004 年 5 月，中国和联合国在北京召开国际减灾会议，18 个国家和国际组织代表出席，形成了《北京宣言》。同年，中国和东盟在抗击禽流感方面进行了成功合作。印度洋海啸发生后，中国政府向联合国提交了《联合国人道主义援助机构及程序》等一系列调研建议，为国际救援行动提供了有益借鉴。2005 年 9 月由中国政府主办，在北京召开了第一次部长级亚洲区域减灾会议，形成了《亚洲减少灾害风险北京行动计划》，初步确定了中国在亚洲区域减灾领域的重要地位。特别是 2005 年 5 月，中国政府专门为印度洋海啸受灾国举办了一期减灾救灾国际培训班，受到 11 个受灾国政府的高度评价。

中国军队与美国军队已成功进行 5 次人道主义救援减灾研讨交流，并与东盟国家、上海合作组织成员国武装力量进行联合救援行动演练，与美国军队共同进行海上联合搜救演练，强化了与各国军队在减灾救援行动中的合作。在"5·12"地震中中国与联合国等组织密切合作，加强联系，在抗震救灾中发挥了重要的作用。

五 以非政府组织为主体的灾害国际救援

在全球化日益深入的当下，全球性问题越来越突出，使得单一政府处理复杂国际问题的能力逐渐有所减弱。在这种背景下，以专业领域为研究或处置对象的各种非政府组织（NGO），得到了迅速的发展，在国际社会的大舞台上有了施展才能的机会和空间。据不完全统计，单就国际援助这

---

① 转引自石楚敬《国际人道主义救援——国际政治的重要议题》，《新远见》2007 年第 7 期，第 76—77 页。

一领域，世界范围内就有上千个涉及国际人道主义援助的非政府组织，他们在国际救援中能够及时有效地提供物资、资金尤其是技术等方面的援助，解决了政府未能或者不能及时解决的问题，成了灾害国际救援行队伍中一支不可或缺的重要力量。

（一）非政府组织概述

1. 非政府组织的界定

非政府组织并不是一个具有明确内涵和外延的术语。《国际组织年鉴》将其定义为：非政府组织，是指那些非政府的、非营利的、志愿性的、致力于志愿性和公益性事业的社会中介组织，是存在于政府组织和企业组织之外的一种社会组织形式。① 各类志愿者组织、慈善协会、社会团体、行业协会、社区组织等社会组织，都被看作是比较典型的非政府组织。非政府组织有自己独特的属性和质的规定性。非政府组织具有以下特征：

（1）组织性。非政府组织是根据国家法律注册登记的独立法人，有合法的社会身份和法律地位，有固定的组织机构和人员，有成文的组织章程和制度。这是非政府组织能够成为公共管理主体，能够参与公共事务管理的法律依据和组织构成依据。

（2）非营利性。非政府组织不以营利为目的，也不进行利润分配和分红。非政府组织也可以创利和盈利，比如通过提供技术和咨询服务、募捐得到资金，但是这些资金必须用于本组织规定的目标和使命，不能作为资本进行投资，不能被个人和小团体私分。

（3）民间性。非政府组织虽然是经过法律允许和认可的正规性的社会组织形式，但它的本质属性却是民间性的，亦即非政府性的、非政党性的。它在体制上独立于政府之外，不受当政者的支配，不介入政治权力之争。

（4）志愿性。非政府组织是基于某种共同的理想信念和奋斗目标，在完全自愿的基础上形成的社会组织。成员的参与和资金的捐助完全是自愿的，没有任何外在的强制性，特别是在形成由志愿者组成的董事会以及广泛使用志愿者方面，非政府组织的志愿性表现得更为突出。

（5）自治性。非政府组织是一种民间的自治组织，有依照自己的宗

① Yearbook of International Organization ［Z］1990/91（28th edition）：16－45.

旨独立决策和独立行动的能力，有不受外部控制的内部管理制度和运行机制，是能进行自我管理、自我约束的社会组织。

（6）公益性。公益性是非政府组织最本质的规定性。非政府组织以服务于某些公共利益为目的，以实现社会和民众的利益为宗旨，具有利他主义、服务社会和牺牲奉献精神。"公益性是非政府组织能够成为公共管理主体的重要伦理依据。非政府组织以自己的这种伦理精神和价值追求赢得了民心，成为政府组织的助手和可信赖的合作伙伴。"①

2. 主要的非政府国际救援组织

（1）红十字国际委员会——ICRC。红十字国际委员会（International Committee of the Red Cross）是总部设于瑞士日内瓦的人道主义机构。根据《日内瓦公约》以及习惯国际法的规定，国际社会赋予红十字国际委员会独一无二的地位，保护国内和国际性武装冲突的受难者。这些受难者包括战伤者、战俘、难民、平民和其他非战斗员。红十字国际委员会与红十字会与红新月会国际联合会（下文简称"联合会"）以及188个国家红十字会共同组成国际红十字与红新月运动。红十字国际委员会是运动中历史最为悠久且最负盛誉的组织，它也是世界上获得最广泛认可的组织之一，并在1917年、1944年和1963年三次荣获诺贝尔和平奖。而红十字会的创办人亨利·杜南则于1901年荣获首届诺贝尔和平奖。

（2）伊斯兰国际救援组织——IRW。伊斯兰国际救援组织，于1984年在英国创立，是一个独立的非政府国际救援慈善机构，其宗旨是帮助全球最贫穷人口摆脱贫困和苦难。伊斯兰国际救援组织是联合国社会经济理事会（特别部门）成员，英国海外非政府组织发展部（简称BOND）成员，是国际红十字会、红星月会及救灾非政府组织行为规范的签署方，也是救助管理与支持守则中"救援者"行为规范的签署方。伊斯兰国际救援组织已在全球20多个国家开展了人道主义救援活动，其实施项目的范围从应急、救灾和扶贫逐步拓展到长期的地区可持续发展规划。2002年6月陕西省宁山县发生洪灾，造成数百人丧生和数千人无家可归，IRW及时采取应急救灾措施，出资为灾民兴建了数百间抗震房屋，为灾区灾后重建作出重要贡献。由此揭开了IRW在中国开展人道主义救援活动的序幕，中国也正式被纳入IRW全球计划中。

---

① 安云凤：《非政府组织及其伦理功能》，《中国人民大学学报》2006年第5期，第61页。

（3）心连心国际组织——HHI。心连心国际组织（Heart to Heart International）是一家总部设在美国的赈灾和发展机构，成立于 1992 年，积极发动个人服务社区内以及世界上其他地方的穷人的需要，自成立以来，已在全世界 100 多个国家开展救援和服务工作，共计分发了总价值超过 3 亿美元的药品、急救物资、食品和其他物品。在中国大陆开展工作始于 1997 年，它在四川新设立了办公室。当年心连心国际组织即发放了总价值超过 1500 万美元的医疗援助，主要是药品和医疗设备，还有美国的一些医疗工作者志愿到中国为病人做外科手术，并为中国同行提供培训。

（4）安泽国际救援协会——ADRA。安泽国际救援协会（Adventist Development Relief Agency）是一家国际性发展与救援机构，成立于 1998 年，在世界 120 多个国家设有分支机构。其宗旨是通过帮助消除贫困的人类发展活动反映上帝爱的品行。安泽国际网络目前每年筹集资金 1.5 亿美元用于它在全球 120 个国家开展的多个项目。安泽在中国开展工作始于 1988 年，主要从事可持续的环境发展项目。

（5）国际援助组织。国际行动援助是一个以消除全球贫困为宗旨的公益性国际联盟组织，1972 年成立于英国，成立 30 多年来，在全球 40 多个国家开展工作，通过与 2000 多家当地扶贫和民间组织密切合作，帮助了上千万最贫穷的人口和弱势群体，改善了他们生存和发展的状况。国际行动援助主要从事与反贫困相关的社区综合发展和政策研究以及倡导工作，以妇女权益保护、教育、公共卫生和艾滋病、粮食权、人类安全和治理等为主题领域。国际行动援助中国办公室于 2001 年成立，中国顺利成为全球国际行动援助联盟中的一员。

（6）乐施会。乐施会（Oxfam），1942 年成立于英国牛津郡，原名 Oxford Committee for Famine Relief，是一个具有国际影响力的发展和救援组织的联盟，它由 13 个独立运作的乐施会成员组成。乐施会跨越种族、性别、宗教和政治的界限，与政府部门、社会各界及贫穷人群合作，一起努力解决贫穷问题，并让贫穷人群得到尊重和关怀。各国乐施会目标一致，以"助人自助，对抗贫穷"为本，虽互不统属，但互相合作。乐施会在中国的项目由香港负责统筹，确保符合国情、社情以有效推行。自 1987 年开始，香港乐施会便致力在中国大陆推行扶贫发展及防灾救灾工作，项目内容包括：社区发展、农村综合发展、增收活动、小型基本建设、卫生服务、教育、能力建设及政策倡议等。1991—2005 年，乐施会在国内 27 个省市开展赈灾与扶贫发展工作，资金总额投入近 3 亿人民币。受益群体主要是边远山区的贫困农户、少数民族、妇女和儿童；农民工及艾滋病感染者等。

此外，部分国际宗教组织在灾害国际救援中也发挥着一定的积极作用，尤其是宗教利用自身特殊的信仰取向、教义等，帮助灾民摆脱灾害带来的巨大痛苦。如基督国际宗教非政府组织、佛教性质的世界创价学会、世界穆斯林大会和美国犹太教全球服务组织、世界祆教徒组织等。①

（二）非政府组织在国际救援中的优势

在灾害国际救援中，政府专业应急管理部门与专业人员是最主要的力量。但政府不能，也不可能包揽所有的应急事务，这就需要与各种社会力量相互配合和协作，共同开展抗震救灾工作。在这方面，非政府组织的作用和优势在于：

（1）国际救援物资的筹集功能。非政府组织在国际救援方面具有政府组织所不具备的特殊功能。非政府组织关心发展中国家和落后地区的人口、贫困、妇女儿童、医疗卫生、粮食灾荒等问题。各种慈善机构和基金会以救困济危为己任，其成员奔波于世界各地，访问考察，捐资捐物，建立各种援助项目，给予受灾地区的人民以人道主义的关怀。例如，1987年发达国家非政府组织向发展中国家提供捐款达 55 亿美元；2000 年，有1000 万名志愿者为 5.5 亿名儿童注射了脊髓炎疫苗，节约开支 100 亿美元。

（2）补充专业应急力量的不足。国际救援除了需要大量的专业救援队、医疗工作人员外，还需要大量的志愿者、义工，参与食品、物资运输，调查灾情、统计人口、物资分配、医疗护理、交通指挥等工作。非政府组织可以协助政府开展抢险救灾工作，补充专业应急力量的不足。非政府组织的大量参与无疑使得灾害救援更加具体、细致，为一线救灾工作提供了人力资源保障。

（3）提供灾后心理疏导。面对巨大的灾害，灾区民众在心理上会产生巨大的震动和恐惧，需要专业的心理辅导救援队伍，而政府间的灾害国际救援一般首先提供的是物资、技术和医疗方面的援助，对专业的心理医疗救援很少涉及，而非政府组织在心理救援领域内具有专业的技能和经

---

① 李峰：《全球治理中的国际宗教非政府组织》，《求索》2006 年第 8 期，第 97 页。

验。非政府组织大多是依托基层社区或特定群体组成，对所在区域内的具体情况较为熟悉，可以为赶来的专业应急救援人员提供救援必备的相关信息，并组织现场引导、人员疏散，为灾民提供心理抚慰、宣传解释等帮助。

（4）舆情信息宣传功能。防震减灾知识的传播普及，是提高社会应急能力、减轻灾害损失的关键因素。在这方面，非政府组织有自己的渠道和优势。一是非政府组织作为跨部门、跨行业的组织，都有自己的联系网络和信息通道，通过各自的社会活动可以迅速将有关的知识和灾害信息传播到各自的成员。二是非政府组织扎根于社会基层、扎根于某些特定人群、扎根于所在社区，其所组织的防灾宣传教育大多简便易行、因地制宜、贴近实际。

（5）协调功能。在国际事务中，各国政府由于经济、政治、文化以及意识形态等方面的原因，容易引起利益矛盾和冲突，因此，有时很难精诚合作。在这种情况下，非政府组织可以利用其民间身份从中斡旋，促进沟通和理解，从而化解矛盾，缓和冲突，打破僵局，推动问题的解决。

（三）非政府组织的灾害国际救援实践——以澳大利亚国际非政府组织在印度洋海啸中的救援为例

2004 年 12 月 26 日，印度洋发生了大海啸，这场突如其来的灾难给印尼、斯里兰卡、泰国、印度，马尔代夫等国造成巨大的人员伤亡和财产损失。截至 2005 年 1 月 10 日的统计数据显示，印度洋大地震和海啸已经造成 292206 人死亡，这可能是世界近 200 多年来死伤最惨重的海啸灾难。在这次印度洋海啸救援中，澳大利亚的非政府组织发挥了巨大的作用。据澳大利亚非政府组织的联合协会澳洲国际发展委员会统计，参与印度洋海啸救灾的澳大利亚国际非政府组织有近 30 家之多，包括澳大利亚红十字会、澳大利亚凯尔、明爱协会、关心难民会以及澳大利亚基督国际复明会等。其参与方式主要有三种。

1. 以澳大利亚国际发展署为平台，与政府密切合作。隶属于澳大利亚外交外贸部的澳大利亚国际发展署是沟通澳大利亚国际非政府组织同政府官方发展援助的桥梁，专门负责管理澳大利亚政府对外援助项目。在澳发署看来，与有着丰富紧急人道主义救助经验、信誉良好的非政府组织合作能够最大限度地提高救灾效率并确保基本生活物资的全面发放。在印度洋海啸救援中，澳大利亚国际非政府组织获得来自澳发署的善款总计达

1200 万美元，全部用于灾区的紧急救助和灾后重建。获得拨款最多的是澳大利亚红十字会，共获得 500 万美元，全部用食品救济、医疗服务、公共卫生用品，掩埋遗体，心理支持等灾区救济行动。①

2. 与政府间国际组织紧密协作。以联合国为代表的政府间国际组织历来是全球紧急人道主义救助的中坚力量，印度洋海啸发生后，澳大利亚国际非政府组织同参与救援的联合国及其附属机构也进行了广泛合作。例如，澳大利亚救助工程师注册协会作为联合国的待命合作伙伴，向联合国粮食计划署、联合国联合后勤中心、联合国难民事务高级专署等 3 个联合国附属机构提供了 8 名后勤人员和 7 名工程师。澳大利亚穆斯林救助与世界银行合作，通过世行的资助整修 8 个抽水站和 90 多个单向流量控制阀。

3. 联合受灾国的分支机构和非政府组织进行救援。在参与印度洋海啸紧急救援的澳大利亚国际非政府组织中，有相当数量的组织原本在当地就建有分支机构，对受灾地区的地形和灾民的情况十分了解；还有一些通过特定的援助计划早就同当地的某些本土非政府组织建立了良好的合作关系。② 这些活跃于当地的机构成为澳大利亚国际非政府组织成功实施灾区紧急救助的重要的本土资源。例如，澳大利亚凯尔就将筹措的所有善款汇入其在印度、印尼、斯里兰卡和泰国的分支机构，其在灾区的紧急救助行动由澳大利亚凯尔和位于各国的凯尔办事处通力合作，项目实施由凯尔位于受灾各国办事处的成员负责，项目监督和审计则由澳大利亚凯尔负责。再如阿希思救助这个小型的慈善机构，从 1974 年开始就与它位于印度坎亚库马瑞的阿希思农业培训中心关系密切。当海啸来袭时，双方能够迅速高效地判别出当地社区的基本需要，立即筹资购买了 15 艘替代渔船和相关设备，使周边区域的居民很快能重新就业。

澳大利亚国际非政府组织由于历史悠久、运作成熟、行动规范，其行为具有典型性和代表性。③ 在印度洋海啸救援行动中，澳大利亚国际非政府组织发挥了十分重要的作用，成了国际非政府组织参与国际救援的典型代表，其在国际救援中所表现出的与本国政府、政府间国际组织、受灾国

---

① 转引自徐莹《国际非政府组织参与人道主义救援的基本路径》，《今日中国论坛》2007年第 7 期，第 79 页。

② 同上。

③ 徐莹：《国际非政府组织参与人道主义救援的基本路径》，《今日中国论坛》2007 年第 7 期。

政府以及当地的非政府组织几者之间的合作，不仅高效地完成了救援任务，也反映出了国际非政府组织参与人道救援的基本路径。

附1：《红十字与红新月灾害救济原则与条例》

第二十一届红十字国际大会（1969年，伊斯坦布尔）通过；后经第二十二届（1973年，德黑兰），第二十三届（1977年，布加勒斯特），第二十四届（1981年，马尼拉），第二十五届（1986年，日内瓦），第二十六届（1995年，日内瓦）历届大会修改。

总则

第一条 适用范围

一、本原则与条例适用于由于自然或其他灾难所引发的各灾害。

二、在有战争、内战或内部骚乱的国家里开展的各种灾害救援活动，应遵守1989年红十字国际委员会同联合会所达成的协议有关规定，或以后达成的类似规定进行。

三、本原则与条例之第二十四条二十九条依然适用于上述第一条第二节所述之情况。

第二条 援助的义务

一、红十字会与红新月会致力于防止和减轻人类的痛苦，并认定提供和接受人道援助是所有人民的基本权利，向全体灾民提供救济并救助最易受损人群是其基本义务。

二、我们认识到，在帮助灾民生存时，救济工作应具有前瞻意识以确保减低灾民再遇灾害时的易损程度。只要可能，救济活动应致力于增强受援者的抗灾能力，鼓励他们参与救灾的管理与实施，本着对受益人负责的精神开展工作。

第三条 红十字会与红新月会的作用

灾害的预防、赈济灾民和重建工作首先并主要是政府部门的职责。红十字会与红新月会国际联合会（以下简称"联合会"）应通过各国红会本着与政府部门合作的精神积极向灾民提供救助。原则上，红十字会与红新月会的援助是辅助和补充性质的。基本上是在紧急和重建阶段开展的工作。但是，如果条件许可，并具有必要的资源与手段，也可承担长期灾害援助工作。此类援助工作应以提高抗灾、备灾能力为目的。

第四条　协调

一、考虑到对灾民的救济工作需要国内和国际的协调，红十字会与红新月会在坚持其原则的条件下，在实施工作时，应当充分考虑到其他国家和国际组织提供的援助。

二、考虑到联合会作为一个具有主导作用的灾害救济组织，各国红会在灾害发生时应向政府提供服务以帮助协调非政府组织的赈济工作。联合会应给予支持。

第五条　联合会的作用

一、联合会作为提供灾情并为各国红会服务的信息中心，在国际上协调由各国红会、联合会或通过这些组织提供的援助。

二、联合会应支持国家红会与其政府联系以确立并发展其在救灾备灾工作中的地位和作用。

第六条　准备与互助

一、在灾害发生时提供援助是各国红会的任务。

二、鉴于各国红会之间的团结，当救济需求已超出他们各自的资源能力时，他们应当互助。

三、在尊重各自独立和受灾国主权的同时，各国红会为此而开展的互助，旨在加强各国人民之间的友谊与和平。

第七条　援助的途径及方法

一、红十字会与红新月会对灾民的援助是不分性别、国籍、种族、宗教、社会状况或政治见解的。援助是完全根据每项需求的重要性和它们的轻重缓急而进行的。

二、红十字会与红新月会救济工作的实施应注重经济、效率和效益。其实施情况需进行通报，包括审计收支账目，以求反映真实合理的情况。

灾害准备

第八条　全国救济计划

一、为应付灾害的后果，各国应制定一项全国性的计划，有效地组织好救济工作。如果尚没有这样的计划，该国红会应敦促制定这项计划。

二、该计划应明确社会各个方面——公共服务部门、红十字会与红新月会、志愿性质的机构、社会福利组织与有资质的人员——在灾害预防、救济和重建方面的具体任务。

三、为了保证迅速动员和充分、有效地使用人员与物资资源，该计划应设想通过建立中央指挥体系进行协调工作。中央指挥体系应就灾害的后果及其发展和各种需求等情况，提供权威性的信息。

第九条　国家红会的准备

一、红十字会与红新月会的赈济工作的范围，取决于灾害的规模，已被解决的需求，本国政府或全国救济计划所授予的职权。

二、各国红会必须准备在灾害发生时承担自己应负的责任；必须建立起自己的行动计划和与此相适应的组织；征募、教育和培训必要的人员；必须保证拥有在救济活动的紧急阶段所需要的现金和物资储备。行动计划应定期检查，总结经验，以求进一步完善。

三、各国红会都可能遇到救灾需求超过自身能力需要国际上给予援助的情况。国家红会应做好准备以接受和管理由联合会提供的国际援助。

四、为迅速运输救济灾民的物资，包括中转货物，各国红会应尽一切努力从政府或本国私营运输单位争取便利，如可能，应争取免费或减价运输。

五、为了使救济灾民用的资金和物资顺利进入国内或经本国中转，各国红会应努力争取本国政府免除各种税收及关税。

六、此外，还应为参与救济活动的红十字与红新月人员寻求旅行方便和帮助尽快获得签证。

第十条　联合会的准备

联合会将尽力帮助各国红会做好开展救济活动的组织与准备工作，特别是向他们提供合格的技术人员（代表），帮助培训他们的工作人员。联合会鼓励各国红会之间交流情况，并为此提供便利，使一部分国家红会的经验能为另一部分国家红会所用。联合会鼓励其成员在最易受灾国家进行备灾方面的投资。

第十一条　互助协议

一、作为备灾战略的一部分，各国红会应设法与其相邻国家红会签订救灾互助协议。并将有关情况通报联合会。

二、联合会应设法与最易受灾国家的红会协商在受灾前达成协议，以加强其备灾活动，并提高联合会对重大灾情做出反应的时效。协议可由三方签署，吸收捐助国红会参加。

国际救灾援助

第十二条　最初的信息

为使联合会成为灾害信息中心，各国红会在本国发生各种重大灾害时，应迅速向其通报，包括灾害的程度和国家为赈济灾民所采取的措施等情况。即使该国红会不打算呼吁外部援助，联合会依照团结的精神，仍可以派代表前往灾区收集所需的资料，并协助该国红会处理灾害中有关国际方面的工作。

第十三条　救灾紧急基金的使用

根据 1991 年联合会大会修订过的救灾紧急基金规则，联合会可使用该基金资助灾前紧急活动或灾害初期的紧急救援行动。

第十四条　援助请求与呼吁

一、一个受灾国的红会，对国际援助的任何请求均应向联合会提出。请求中务必提供受灾地区的综合灾情，该会计划援助之人数及所需的救济物资种类及数量等信息，并按重点顺序排列。

二、联合会收到请求后，如符合条件，将向所有国家红会或根据具体情况向部分国家红会发出呼吁。没有受灾国红会的请求或允许，联合会不发布呼吁。

三、但是，联合会可以主动地提供援助，即使该国红会没有要求援助。发生这种情况时，该国红会应理解这种援助的紧迫性与善意感，并考虑到灾民的需求以及提供这种援助所体现的精神。

第十五条　与国际新闻媒体的关系

一、鉴于新闻媒体能对募集资金和动员公众支持救灾活动产生重要影响，受灾国红会应依照政府制定的有关法规，为赈济工作的有效运作，尽力协助新闻界报道紧急灾情。

二、如灾情引起国际媒体的广泛兴趣，联合会可指派一名或数名代表协助国家红会工作，以便满足各新闻媒体、捐助国红会和联合会在日内瓦的秘书处对信息的需求。

第十六条　经常性的信息联络

受灾国的红会应经常向联合会通报灾情的发展情况、提供援助的情况和还需满足的需求情况。联合会也要向收到呼吁的各国红会通报这些情况。

第十七条　通报援助

当一国红会根据联合会的呼吁，或按照双方的协议，或其他的特殊情况向受灾国的红会提供援助时，应立即向联合会通报。通报中应包括捐款的数额和捐赠物资的数量、价值和运输方法等一切资料。

第十八条　联合会援助的执行

一、一个国家红会在接受国际援助时，联合会将派往该会一名代表或一组代表，并将姓名尽快通知该会，代表名额视灾害程度决定。

二、提供技术援助人员时，由联合会代表团团长负责组织和领导专家组，帮助该国红会做好国外救济物资的接收、储存及分发工作；做好信息通报、通信和其他工作，推动该国红会的救济活动和姐妹红会援助的有效开展。

三、所有由联合会指派的工作人员的任务是帮助该国红会，而不是接替其基本职责。

四、该国红会应向联合会的代表或代表团团长提供各种通信便利，使其能向联合会迅速通报各种信息，支持联合会向各国红会发布的呼吁，并尽可能地向他们提供有关灾害所引起的各种需求和接收救济捐赠的详细使用情况。联合会代表应向该国红会通报联合会和其他国家红会提供援助或打算采取一些援助措施的情况。

第十九条　委托联合会执行

当受灾国红会的行政组织无法应付所面临的局面时，联合会在该国红会的请求和配合下，可以承担指挥和执行在当地开展的救济活动。

第二十条　捐助国红会的代表

一、捐助国红会希望派代表赴灾区了解情况，收集有关宣传资料，以便赢得本国公众对救济活动的支持时，应事先取得受灾国红会的同意，并应向联合会通报。

二、捐助国红会代表到灾区活动时，应遵守《联合会外派代表行为守则》，并向联合会代表或代表团团长报告其工作活动情况。

第二十一条　外国人员

当联合会被委托指挥和执行救济活动时，所有捐助国红会为协助执行救济工作而提供的人员都应接受联合会的指挥。

第二十二条　救济品的转运和发送

一、一国红会在向受灾国提供援助时，应始终通过红十字和红新月的渠道或直接给受援国红会，或通过联合会转送。汇给联合会的资金要特别指明其用途，可以转给受灾国的红会，也可以经其同意由联合会根据救济活动的需要进行使用。

二、各国红会和联合会可以同意将非红会渠道的救济品转给受灾国。但是，应由受灾国红会使用这批救济品，或经其同意由联合会依照本条例使用。

第二十三条　国外募捐

除非事先达成协议，否则受灾国红会不应直接或间接地在另一个红会的国家里寻求资金或其他形式的援助，也不允许为此使用其名义。

联合会和红十字国际委员会联合或独立开展的救济活动的财会和审计工作。

第二十四条　责任原则

在联合会和红十字国际委员会联合或独立开展的活动或工作中，接受姐妹国红会、联合会、红十字国际委员会或其他途径的捐赠的国家红会，必须遵守下面的各项财会和审计规定。

一　现金援助

（一）银行账户

受援国红会应用本会的名义在银行开设特别账号，只用于接收各种捐款并支付救济活动或工作的开支；该账户不得用于其他财务事务。每一项救济活动或工作应有自己的账号，如因不可预见的原因不能设立单独银行账号，也应为每项救济活动或工作设立专项科目。

（二）财务报告

受援国红会应定期提供其所掌握的用于救济活动或工作的资金账目情况：前阶段资金的结余情况；本阶段的各项收入情况；本阶段的实际支出情况以及本阶段的最终结余情况。提供此类报告的时期应在协议中规定，但无论何种情况都不应少于每季度报告一次。需要通报有关下一阶段的情况包括：预计收入、预计支出及需要资金的情况。联合会或红十字国际委员会将据此考虑准备提供适量的补充预付款项。

（1）每月应将救济活动或工作开支的详细报表及款项使用收据的复本和银行账单迅速送交联合会与红十字国际委员会在当地的代表团，最迟不得超过下一个月的月底。如未能按时交送此类报告，当地代表团应采取适当措施协助受援国红会准备必要的报告。在特殊情况下，当未收到每月报告时，联合会与红十字国际委员会可中断资金援助。

（2）鉴于财务报告的重要性，联合会与红十字国际委员会将设法向受援国红会提供技术帮助，以确保能按时提供完整的财务报告。财务报告不仅是向联合会提供的通报服务，同时也是受援国红会的一种管理手段。

（三）审计

在任何专业化管理的救济活动中，审计都是正常和必不可少的一项。为完善财务管理，国家红会与救济活动或工作有关的账目应由联合会或红十字国际委员会指定的审计者至少每年审计一次。审计费用由救济活动或工作的现有资金中支付。审计情况应记录在审计报告和管理报告书上，审计结果应通知该国红会，如有必要，应对改正措施提出明确建议，在拒不采取改正措施的特殊情况下，联合会或红十字国际委员会将考虑中断其财务援助。

二 物资捐赠

对于物资捐赠，应记录物资来源及使用情况，并于每月及救济活动或工作完成后呈报。

第二十五条 特殊程序规则

一、在某些特殊情况下，捐助国红会或受援国红会对联合会或红十字国际委员会的活动或工作资源的管理及责信体系可能不足以满足联合会或红十字国际委员会的要求。

二、在这种情况下，联合会或红十字国际委员会有权委托一名合格的联合会或红十字国际委员会的代表进行调查。

三、被调查的国家红会，无论其为捐助方或受援方，均应保证联合会或红十字国际委员会的代表有权在其认为必要时接触有关记录和文件，以便完成其任务。

第二十六条 捐赠的利用

受益于姐妹国家红会援助的国家红会，应为联合会或红十字国际委员会的代表或代表团团长提供机会，以便其能到现场视察捐赠的利用情况。

第二十七条 未经要求的救济物资

一、如果一国红会要提供联合会呼吁以外的救济物资，应首先征得受灾国红会或联合会的同意。在联合会没有发布呼吁的情况下，一国红会仍愿意向受灾国红会捐赠物资时，也应事先征得该国红会的同意并向联合会或红十字国际委员会通报。

二、在未取得上述之同意的情况下，接收国红会可以自行处置未经要求的救济物资，而不受第二十九条第三节的规定约束。

第二十八条 接受援助的同时又捐赠物资

一国红会在接受国际援助时，如事先未得到联合会或红十字国际委员会的授权，不应向另一个姐妹国家红会提供类似性质的援助。

第二十九条 捐赠的使用

一、一国红会接收的各类捐赠仅可用于指定的目的，先作为向灾民提供的直接援助。

二、受援国的红会无论何种情况，均不可用所接收的捐款支付本会正常预算中的行政开支；受援国的红会也不能将所接收的捐款转交给其他组织或团体使用。

三、在一项救济活动的过程中，如有必要拍卖或交换部分接收的物资时，应通过联合会或红十字国际委员会征询捐赠人的意见。由此而获得的资金或物资只能用于该项救济活动。

第三十条 救济的剩余部分

救济活动结束后所剩余的物资或资金，可用于灾后继续进行的恢复工作，或用于该红会的备灾工作，或转用于其他重点项目，或返还捐助国红会。不论何种处理方法，均须在受灾国红会和联合会同意并经联合会协商有关捐助国红会同意后进行。

最后条款

第三十一条 义务

一国红会在接收一般性或专项援助时，无论其是否根据第十二条第一节的内容提出要求援助，都要遵守本"原则与条例"中所规定的各项义务。

附2：中国主要的非政府救援组织

1. 中国红十字会

中国红十字会是中华人民共和国统一的红十字组织，是从事人道主义工作的社会救助团体，是国际红十字运动的成员。中国红十字会成立于1904年，建会以后从事救助难民、救护伤兵和赈济灾民活动，为减轻遭受战乱和自然灾害侵袭的民众的痛苦积极工作，并参加国际人道主义救援活动。以发扬人道、博爱、奉献精神，保护人的生命和健康，以促进人类和平进步事业为宗旨。1993年10月，中华人民共和国第八届全国人民代表大会常务委员会第四次会议通过了《中华人民共和国红十字会法》，使中国红十字事业有了法律保障。截至 2011 年年底，中国红十字会有 31 个省（自治区、直辖市）红十字会、334 个地（市）级红十字会、2848 个县级红十字会和新疆生产建设兵团红十字会、铁路系统红十字会、香港特别行政区红十字会、澳门特别行政区红十字会；有 9.8 万个基层组织，215.6 万名志愿者，11 万个团体会员，2658 万名会员，其中 1775 万名青少年会员。

中国红会的具体职责有：（1）开展救灾的准备工作；在自然灾害和突发事件中，对伤病人员和其他受害者进行救助；（2）普及卫生救护和防病知识，进行初级卫生救护培训，组织群众参加现场救护；参与输血献血工作，推动无偿献血；开展其他人道主义服务活动；（3）开展红十字青少年活动；（4）参加国际人道主义救援工作；（5）宣传国际红十字和红新月运动的基本原则和日内瓦公约及其附加议定书；（6）依照国际红十字和红新月运动的基本原则，完成人民政府委托事宜；（7）依照日内瓦公约及其附加议定书的有关规定开展工作。

中国红会的主要机构由办公室（人事部）、赈济救护部（应急工作办公室）、筹资与财务部、组织宣传部、联络部（中国国际人道法国家委员会秘书处）、直属机关党委、直属机关纪委等部门组成。

2. 中华慈善总会

中华慈善总会成立于 1994 年，是经中国政府批准依法注册登记，由热心慈善事业的公民、法人及其他社会组织志愿参加的全国性非营利公益社会团体，目前在全国拥有 333 个会员单位。其宗旨是发扬人道主义精神，弘扬中华民族扶贫济困的传统美德，帮助社会上不幸的个人和困难群体，开展多种形式的社会救助工作。中华慈善总会自成立至今，始终坚持恪守总会宗旨，积极倡导慈善意识，努力开拓慈善工作的服务领域，广泛动员社会力量，多方筹措慈善资金，配合政府有关部门在紧急救援、扶贫济困、安老助孤、医疗救助、助学支教等方面做了大量工作，取得了显著成绩。

近几年来，中华慈善总会特别注意发挥其本身所特有的涵盖面较为宽泛的特点，开展了救灾、扶贫、安老、助孤、支教、助学、扶残、助医等八大方面几十个慈善项目，逐步形成了遍布全国、规模巨大的慈善援助体系。截至目前，中华慈善总会直接募集慈善款物共折合人民币 300 多亿元，数以千万计的困难群众得到了不同形式的救助。

中华慈善总会实行严格的财务制度和审计制度，聘请了知名会计师事务所进行年度财务审计，重大募捐活动接受国家审计署的审计，并随时接受社会监督。中华慈善总会始终坚持公开、公正、依法、自律的财务理念，社会公信力稳步提高。

中华慈善总会不断加强对外联络工作，与港澳台和海外的许多公益慈善机构建立了良好的合作关系，并共同实施了多项合作项目，得到了国际慈善组织的普遍认同。1998 年，中华慈善总会加入了国际联合劝募协会（现更名为"全球联合之路"），成为该组织中在中国大陆的唯一会员。可以说，中华慈善总会作为中国最大、最有影响力的慈善组织之一，已经开始成为联系海内外华人和国际友人，共同促进中国慈善事业稳步发展的一条重要枢纽。

3. 壹基金

2007 年，李连杰创立启动了壹基金。2010 年 12 月 3 日，深圳壹基金公益基金会在深圳注册成立，这是我国第一家民间公募基金会，拥有独立从事公募活动的法律资格，深圳壹基金公益基金会注册原始基金为 5000 万元，发起机构为上海李连杰壹基金公益基金会、老牛基金会、腾讯公益慈善基金会、万通公益基金会及万科公益基金会，每家发起机构出资 1000 万元。深圳壹基金公益基金会以"尽我所能，人人公益"为愿景，致力于搭建专业透明的壹基金公益平台，专注于灾害救助、儿童关怀、公益人才培养三大公益领域。

灾害救助：壹基金关注受灾群体的需求，及时对重大灾害做出反应，向灾区提供救援，减少灾害带来的冲击和影响。

儿童关怀：壹基金关注处于困境中的儿童的需求，改善他们在教育、卫生和营养方面的条件，营造健康成长的环境。

六 灾害国际救援与国家外交

国家，既是灾害国际救援的主要行为体，也是灾害国际救援的客体，因此，以国家为主导的灾害国际救援在性质上便属于国家外交行为。这种以突发的重大灾害为媒介的国家外交称为灾害外交，灾害外交作为一种特殊的外交手段，日益成为各国表达本国意志、调整国家关系、平衡国际格局、建构国际秩序、实现国家发展战略目标的重要选择。某种程度上，国家灾害国际救援实践的过程便是国家灾害外交实施的过程，灾害国际救援开辟了国家外交的新领域，丰富和发展了国家的外交理论，有益补充和完善了国家外交选择的方式和内容。但同时，与灾害有关的活动可以但不能总对外交产生影响，灾害外交在实践中面临着诸多困境。

（一）灾害国际救援——灾害外交产生的现实基础

危机和重大灾害往往成为一国国家形象建构的"关节点"。源起于救灾的国家必须对发生于其疆域内的重大灾害进行持续性救援，这是保持国家政权正当性和合法性存续的基本前提。[①] 当本国发生重大灾害并超出本国应急能力范围时，运用外交寻求国际救援成为国家应对重大自然灾害的重要选择。灾害分布的全球性和灾害危害的严重性促使了国际社会特别是主权国家在救灾领域的广泛合作，灾害国际救援的不断实践，为特殊的外交方式灾害外交的产生提供了现实基础。

灾害外交与传统意义的外交其主客体一样，均为国家，其载体为突发的重大自然灾害。因此，对于灾害外交，可以进行如下界定，灾害外交指国家或者政府以突如其来的灾害为媒介，通过积极参与救灾与援助的过程从而实现国家间关系的改善或者深化，以此来增强国家间互信和认同的过程。[②] 救灾外交具有时效性、扩溢性、交互性、公共性等特点。

（二）灾害外交的两种反应模式

1. 受灾国的救援外交反应模式

一般来讲，受灾国的灾害外交反应模式主要包括：（1）第一时间向国际社会通报灾情；（2）呼吁国际援助；（3）积极组织自救；（4）国家领导人或外交部门发表感谢声明，对相关国家提供的援助表示感谢或回应，实现国家间的外交互动。

2. 救援国的救援外交反应模式

救援国的灾害外交反应模式主要包括：（1）国家元首或其他国家领导人及时向受灾国政府和人民表示慰问；（2）积极向受灾国提供援助，塑造本国在受灾国民众心中富有爱心和责任心的国家形象；（3）就灾难的临时救助与后期的发展援助达成政府间协议；（4）针对灾难发起预防

---

① 王勇：《国家起源及其规模的灾害政治学新解》，《甘肃社会科学》2012 年第 5 期，第 233 页。

② 张清敏：《援助外交》，《国际论坛》2007 年第 9 卷第 6 期，第 17 页。

或解决灾难的国际倡议。

（三）灾害外交的具体实践——以印尼海啸救援为例

在印尼海啸救援行动中，各个救援国充分发挥了灾害外交的作用，一方面，这是一次普遍意义上的国际社会救援行动，各个救援国均对印尼进行了积极的救援，极大地减少了灾害损失；但另一方面，各个救援国基于自身国家利益的需要，将各自的救援意图和政治考量掺杂于印度洋海啸的救援实践中，使得救援效果大打折扣，在一定程度上又影响了灾害国际救援的效率与质量。

第一，是美国与欧盟，美国由于发动了伊拉克战争而得到了伊斯兰世界人民的强烈谴责，为了改善同伊斯兰世界的关系，在救援行动中，美国派遣军队积极参与救援，并力图主导救援进程，与日本、澳大利亚和印度一度联合成立"国际联盟"，但却遭到国际社会尤其是欧盟的坚决反对，由于欧洲是此次海啸救灾的最大区外受害方，因此欧盟表示在这次赈灾中发挥主导作用的不应是美国而是欧盟。而且欧盟也不想在此次广泛的灾害国际救援行动中失去欧盟的声音，而是想借此机会极力扩大欧盟的影响力。

第二，出于国家形象的考虑，部分国家将救援视为展示国力的平台，救援过程中相互竞争，特别是援助款额互相不断攀升。日本、德国和印度、澳大利亚在救援中极其活跃，意在表现自己负责任大国的形象，扩大国际影响力，争取获得联合国常任理事国。日本灾后立即调动在印度洋活动的3艘战舰前往泰国执行救援行动，积极向外界证明自己作为大国在为世界作贡献，为争取成为联合国安理会常任理事国加分；同时借这种人道主义使命实现自己向海外派兵的制度化，马六甲海峡对日本的资源运输具有非常重要的意义，参与国际救援有助于保护日本的国家利益。澳大利亚积极参与大规模救援行动，先是积极响应美国倡议，加入由美、澳、日、印（度）组成的"国际救援联盟"，后又在国际上率先发出建立印度洋海啸预警系统的倡议，并指定澳地球科学署牵头落实。澳大利亚队救援工作如此积极无疑也想改善因东帝汶问题而与近邻印尼的紧张关系并极力扩大其国际影响。印度作为受灾最严重的国家，一方面婉拒外援，表示自己有能力处理国内善后工作；另一方面迅速派出装备了救援物资的船只到斯里兰卡、马尔代夫和印尼，同时派出军人到灾区救援，突出显示了自己的大国形象与责任。

第三，以英、法为代表，极力发挥世界大国的主导作用。印尼海啸中与受灾国最利益相关的是英国。在印度洋的 7 个英联邦成员中，多数都在受灾国名单上。此外，英国本土还有上百万印度人和斯里兰卡人。海啸发生时，有 1 万英国人在现场，其中 6000 人是私人旅游。因此，英国努力抓住机会发挥榜样作用，而且注意同欧盟保持一致；同时，英国是 2004 年八国集团的主席国，为了让美国听到它的声音，英利用这一身份，竭力主张"立即延缓"受灾国的债务，力图推动西方国家加大援助力度。法国是欧盟国家中反应最快和最早参与救助的国家，先是希拉克提议建立人道主义快速反应部队，能够在全球多个地区执行任务，后又将其具体化，主张建立"欧洲紧急救援部队"以便于开展救援，随后将其军舰调往灾区进行救援，竭力发挥其欧洲大国作用。

第四，以中国为代表的发展中国家积极反应，迅速救援。中国在印尼海啸就援中反应迅速。当印度洋地震海啸发生后，国家主席胡锦涛、总理温家宝等领导人就相继向相关国家领导人致电慰问；同时，中国红十字会、全国妇联等团体发起了救灾募捐动员；香港同胞也积极参与捐献，仅李嘉诚基金会就捐献 2400 万港元。12 月 26 日，国家商务部宣布：为体现中国政府和人民对受灾地区国家政府和人民的友好情谊，中国政府决定根据灾情向印度、印尼、斯里兰卡、马尔代夫和泰国五国提供人道主义紧急救灾援助；12 月 29 日，根据灾难的最新情况，外交部部长李肇星紧急召开财政部、商务部、卫生部、地震局和军队有关部门负责人联席会议，决定大幅增加中国政府对受灾国的物资和现金援助，从原定的 2000 多万元人民币增加到 5 亿元人民币；12 月 30 日，中国第一批价值为 500 万元的食品、药品和帐篷等救援物资抵达印尼；12 月 31 日，中国国际救援队和 10 支卫生救援队抵达印尼北苏门答腊省进行救灾，成为第一支赴印尼的国际救援队；随后在 31 日下午，广东卫生厅派出第二救援队奔赴泰国……

从国家利益的角度，就中国对东南亚国家受灾地区的援助行为也可以进行分析。首先，从地缘战略的角度讲，印度洋是连接太平洋与大西洋的交通与石油输送纽带，南亚与东南亚都是重要的战略要地和西方国家对外援助争夺的中心。我国有广阔的海疆与东南亚、南亚国家相连，其中又有一系列问题悬而未决，特别是钓鱼岛问题、南海问题形成一条多米诺骨牌链，环环相扣威胁着我国的东南海上安全。这一地区对于我国现在以及将来的和平崛起具有重要的战略意义，对东南亚国家的援助有利于促使中国与东南亚国家双边和多边关系的发展。

其次，通过灾害国际救援，体现了中国负责任的大国形象，为中国树立了良好的国家声誉。国家的声誉，是国际体系中的其他行为体对于这个国家的持久特征或特性的一种信念与判断。这种判断不是凭空而生的，而是利用国家过去的行为来预测、解释其未来的行为。因此从国家声誉的角度来考虑，中国的这次灾害外交是极为必要而且是成功的。

最后，通过灾害国际救援，标志着发展中国家特别是中国开始摆脱作为穷国和只是被动接受援助的客体形象，有助于增强中国的国际地位，特别是在一定程度上削弱了西方发达国家在亚洲的影响力。中国为灾区提供的总额接近 9 亿人民币的资金在一定程度上向其他国家尤其是邻国表明了，实力快速增长的中国会成为一个友善的全球公民。

（四）灾害外交的思考

从上述各国的灾害外交实践中我们可以得出，灾害国际救援从来不是一种单纯的、单向的、毫无目的经济活动或者慈善活动，一国的灾害国际救援可以折射出援助国的对外政策取向、战略意图以及价值观念。若从政治的角度来考量，灾害国际救援作为一种带有政治目的和长远战略意图的国家外交行为，成为各国政府表达本国意志、调整国家关系、平衡国际格局、建构国际秩序、实现国家发展战略目标的重要手段和方式。

但同时，灾害外交又面临着诸多困境，与灾害有关的活动可以但不能总对外交产生影响，从长远来看，非灾害因素比灾害因素对外交具有更大的影响，灾害既可以导致外交合作，也可能加剧冲突，灾害为潜在的外交合作提供了机会，但在很大程度上灾害外交又仅仅只是一种外交选择。

1. 承担灾害国际救援任务这种带有外事性质的机构在国家外交、外事部门中缺位，导致灾害国际救援的低效率

在灾害国际救援中，主要的行为体（国家、国际政府组织）在实施救援行为前，只有征得受灾国的同意才能入境实施救援。因此，在这种情况下，第一时间与灾害国际救援行为体接触的乃受灾国的外交部门。这就涉及一个问题，在目前国际社会通行的惯例中，国家的外交部门只负责纯粹意义上的外交事务（就灾害国际救援而言，外交部门的作用是通过外交发布会宣布是否接受来自国际社会的援助以及以何种方式、何种路线进入受灾国境内），却并不负责灾害救援这种专业性救援行动本身（具体如

何实施救援，由谁负责协调灾区救援行动等这些工作都是一国专司灾害国际救援的部门来负责）；换句话说，灾害国际救援行为的属性已经发生了变化，不再是简简单单的人道主义救援行为，它更多的时候是一种外交行为，具有外交属性，但一国专门负责灾害国际救援的机构在一国外交机构中是缺位的，灾害国际救援行为没有随着其属性的变化而在一国外交机构中获得其应有的机构设置。这样一来，当一国发生灾害时，外交机构与负责灾害国际救援的构之间的脱节便会给灾害国际救援行动本身带来极大的不便，因为这首先会延缓救援时间，巨灾面前，时间就是生命，多争一秒或许就会多挽回几条生命，但现实却是职能机构设置落后于实践的需要。

以我国为例来说明，我国负责减灾防灾和灾害救援的国家机构是国家减灾委员会，其主要职能是研究制定国家减灾工作的方针、政策和规划，协调开展重大减灾活动，指导地方开展减灾工作，推进减灾国际交流与合作。国家减灾委员会由 34 个会员单位组成，如下页图所示。

国家减灾委员会的具体工作由民政部承担，主要是民政部国家减灾中心。换句话说，我国具体负责防灾减灾和灾害国际救援工作的机构是民政部国家减灾中心，民政部国家减灾中心内设 15 个机构，其中负责灾害国际救援的是国际合作部，但国际合作部不具有外事性质，所有与外交有关的事宜都必须首先得经过外交部门的协调，当协调成功后，国际合作部才会负责具体的救援工作。

外交部虽是国家减灾委员会的会员单位，但外交部下设的 29 个司级单位中却没有一个机构是与灾害国际救援工作有关的，涉及一些相似职能的唯有国际司和涉外安全事务司（国际司有一项职能是办理多边领域政治、人权、社会、难民等外交事务；涉外安全事务司有一项职能是协调境外非政府组织在华活动管理工作）。但严格地说，这根本不能完全承担灾害国际救援的所有工作。

由此可知，外交部门虽然具有外事性质，却没有设置专门负责灾害国际救援工作的机构，而负责灾害国际救援工作的机构却不具有外事性质，这种相互之间的脱节便在一定程度上降低了灾害国际救援的效率。因此，基于此，应在外交部门中设立灾害国际救援司，将民政部减灾中心的国际合作部的所有职能归入灾害国际救援司。这样一来，凡涉及灾害国际救援工作时，可直接由外交部的灾害国际救援司直接与救援国进行协调，并迅速展开救援。

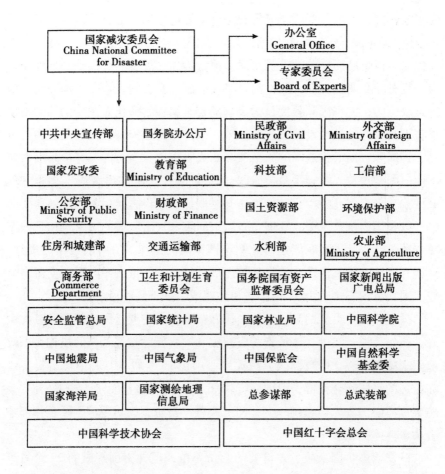

2. 灾害外交仍是大多数西方发达资本主义国家所独有的自立"权力"

虽然灾害的发生具有不确定性，不分发达国家与发展中国家，但在国际社会中，成为国际社会救援对象的大多数是贫穷落后的发展中国家。由于西方发达国家自身经济社会发展水平比较高，拥有完善的灾害预防与救援机制，并具有较强灾害救援输出能力，其不仅可以很好地应对本国的重大自然灾害，更重要的是当其他国家发生灾害时，西方发达国家也能提供强大的救援能力。（当然，这种援助多数是根据自身的国家利益所作出的自利选择）而大多数贫穷落后的发展中国家（当然，像中国、印度、巴西这样的发展中国家除外，这些发展中国家基本具有灾害国际救援的能力）则由于国家经济发展水平较低，对国内的灾害救援都可能力不从心，更无法做到像西方发达国家那样对他国实施强大的国际救援。这样一来，以灾害国际救援为载体的救援外交便成了西方发达国家手中所"独有"的"权力"，而贫穷落后的发展中国家则不可避免地成了救援外交的实施客体，并在这种由西方发达国家所主导的灾害国际救援中其国家利益常常成为西方发达国家提供援助的交换条件。在这种情况下，受灾国往往会在接受他国救援所带来的益处与为此而接受西方国家的附加条件而带来的损失之间进行权衡，一旦附加条件超出受灾国的承受能力便会拒绝西方国家的援助。

为此，贫穷落后的发展中国家应迅速地发展本国经济，并积极参与到灾害国际救援实践中，充分利用灾害外交这种新型的外交方式发挥一国在国际社会中的影响力，虽说其经济发展水平不高，这种参与度将会有限，但如果一味地被动参与，发展中国家将会进一步被边缘化，更加无法发挥其在国际社会的影响力。

附：印度洋海啸各国政府捐助情况统计

美国：政府捐助 8.57 亿美元，民间捐助 14.80 亿美元

澳大利亚：政府捐助 7.39 亿美元，民间捐助 2.43 亿美元

德国：政府捐助 6.43 亿美元，民间捐助 1.61 亿美元

欧盟：政府捐助 6.09 亿美元

日本：政府捐助 5.40 亿美元，民间捐助 1.24 亿美元

加拿大：政府捐助 3.41 亿美元，民间捐助 2.12 亿美元

英国：政府捐助 4.65 亿美元，民间捐助 6.63 亿美元

荷兰：政府捐助 3.09 亿美元，民间捐助 2.57 亿美元

挪威：政府捐助 1.757 亿美元，民间捐助 9570 万美元

意大利：政府捐助 2.04 亿美元，民间捐助 1.03 亿美元

科威特：政府捐助 1 亿美元

西班牙：政府捐助 9020 万美元

中国：政府捐助 8300 万美元，民间捐助 120 万美元

丹麦：政府捐助 7360 万美元，民间捐助 3820 万美元

瑞典：政府捐助 8700 万美元，民间捐助 1.31 亿美元

西班牙：政府捐助 6870 万美元

芬兰：政府捐助 6530 万美元，民间捐助 3800 万美元

法国：政府捐助 6520 万美元，民间捐助 3.22 亿美元

比利时：政府捐助 5060 万美元，民间捐助 5190 万美元

韩国：政府捐助 5000 万美元，民间捐助 4770 万美元

奥地利：政府捐助 5000 万美元，民间捐助 4140 万美元

新西兰：政府捐助 4700 万美元，民间捐助 700 万美元

沙特：政府捐助 3000 万美元，民间捐助 1.01 亿美元

爱尔兰：政府捐助 2400 万美元，民间捐助 9800 万美元

瑞士：政府捐助 2380 万美元，民间捐助 1.10 亿美元

卡塔尔：政府捐助 2500 万美元

新加坡：政府捐助 4310 万美元

阿拉伯联合酋长国：政府捐助 2000 万美元

葡萄牙：政府捐助 1060 万美元，民间捐助 500 万美元

捷克：政府捐助 930 万美元，民间捐助 800 万美元

卢森堡：政府捐助 680 万美元

阿尔及利亚：政府捐助 200 万美元

巴林：政府捐助 200 万美元

利比亚：政府捐助 200 万美元

委内瑞拉：政府捐助 200 万美元

希腊：政府捐助 130 万美元，民间捐助 2250 万美元

土耳其：政府捐助 130 万美元

匈牙利：政府捐助 120 万美元

波兰：政府捐助 100 万美元，民间捐助 130 万美元

其他：政府捐助 150 万美元，民间捐助 320 万美元

总计：政府捐助 69 亿 510 万美元，民间捐助 44 亿 6610 万美元

参考文献

一 专著

1. 郑功成：《灾害经济学》，湖南人民出版社 1998 年版。

2. 刘波、姚清林、卢振恒：《灾害管理学》，湖南人民出版社 1998 年版。

3. 郑功成：《灾害经济学》，湖南人民出版社 1998 年版。

4. 马宗晋、高庆华、张业成、高建国：《灾害学导论》，湖南人民出版社 1998 年版。

5. 胡百精：《中国危机管理报告 2008—2009》，中国人民大学出版社 2009 年版。

6. 胡百精：《危机传播管理》，中国传媒大学出版社 2005 年版。

7. 詹颂生：《科技时代的反思》，中山大学出版社 2002 年版。

8. 于梅英：《中国救灾工作概论》，北京大学出版社 2008 年版。

9. 祁国明：《灾害事故医疗卫生救援指南》，华夏出版社 2003 年版。

10. 岳茂兴：《灾害事故现场急救》，化学工业出版社 2006 年版。

11. 祁国明：《灾害事故医疗卫生救援指南》，华夏出版社 2003 年版。

12. 尚春明、翟宝辉：《城市综合防灾理论与实践》，中国建筑工业出版社 2006 年版。

13. 玉梅英：《中国救灾工作概论》，北京大学出版社 2008 年版。

14. 莫于川：《中华人民共和国突发事件应对法释义》，中国法制出版社 2007 年版。

15. 李立国、陈伟兰主编：《灾害应急处置与综合减灾》，北京大学出版社 2007 年版。

16. ［美］哈罗德·D. 拉斯韦尔：《政治学：谁得到什么？何时和如何得到?》，商务印书馆 1992 年版。

二 报刊论文

1. 罗祖德：《要十分重视灾害学的研究》，《城市规划》1990 年第 3 期。

2. 于光远：《应当加强对灾害经济学的研究》，《光明日报》1999 年 4 月 5 日。

3. 夏明方：《中国灾害史研究的非人文化倾向》，《史学月刊》2004 年第 3 期。

4. 蒋涵箴：《中国灾害学的创始人——谢礼立》，《瞭望》1991 年第 27 期。

5. 章蓬、杨九龙、卜风贤：《中国灾害学研究的兴起与发展》，《西北农业大学学报》

1998 年第 6 期。

6. 李贵鲜：《灾害理论研究的现实意义》，《光明日报》1999 年 4 月 5 日。

7. 童大焕：《自然灾害管理中政府部门应承担什么责任》，《法制日报》2005 年 6 月 30 日。

8. 王锡锌：《面对自然灾害的个体与国家》，《南方周末》2008 年 2 月 14 日。

9. 曲彦斌：《自然灾害研究的人文社会科学探索视点》，《文化学刊》2008 年第 4 期。

10. 金磊、李沉：《研究灾害就是关心未来——记著名经济学家、灾害经济学的创立者于光远先生》，《劳动安全与健康》2000 年第 1 期。

11. 许甫林：《要高度重视灾害经济学研究》，《长江日报》2008 年 5 月 23 日。

12. 黄育馥：《社会学与灾害研究》，《国外社会科学》1996 年第 6 期。

13. 王涛、蔡德军、黄世祥：《农村学校灾害教育探析》，《沈阳大学学报》（社会科学版）2012 年第 5 期。

14. 贤武：《灾害管理的 7 大方式》，《新东方》2003 年第 Z2 期。

15. 李吉伟、张志彪：《中美灾害应急救援指挥体系探析》，《武警学院学报》2007 年第 6 期。

16. 史培军、李长安、邹民生、乐嘉春：《构建预防救助综合体系应对巨灾风险》，《财会研究》2008 年第 10 期。

17. 万晓榆、孙三山、卢安文：《我国特大自然灾害下的应急通信管理探讨》，《重庆邮电大学学报》（社会科学版）2009 年第 1 期。

18. 潘墨涛：《日本政府灾害应急体系的借鉴意义》，《中国社会科学报》2011 年 6 月 23 日。

19. 王振耀、田小红：《中国自然灾害应急救助管理的基本体系》，《经济社会体制比较》2005 年第 6 期。

20. 王权典：《论环境安全视角下的我国灾害防治法制建设》，《自然灾害学报》2003 年第 3 期。

21. 张维平：《完善中国突发公共事件应急法律制度体系》，《新时代论坛》2006 年第 2 期。

22. 谷传军：《论我国突发事件应急法律体系的完善》，《大众科学》2007 年第 7 期。

23. 张维平：《完善中国突发公共事件应急法律制度体系》，《中共四川省委省级机关党校学报》2006 年第 2 期。

24. 莫纪宏：《完善我国应急管理的立法工作迫在眉睫》，《中国减灾》2008 年第 5 期。

25. 门福录：《关于灾害、灾害学和灾害研究方法若干问题的浅见》，《自然灾害学报》2002 年第 4 期。

26. 刘秉镰、韩晶：《区域经济与社会发展规划的理论与方法研究》，经济科学出版社 2007 年版。

27. 高庆华：《中国区域减灾基本能力初步研究》，气象出版社 2006 年版。

28. 史培军、郭卫平等：《减灾与可持续发展模式——从第二次世界减灾大会看中国减灾战略的调整》，《自然灾害学报》2005 年第 3 期。

29. 郑力鹏：《为什么要研究传统建筑防灾》，《南方建筑》2008 年第 6 期。

30. 季相林：《关于"人—科学技术—环境契合关系的伦理思考"》，《软科学》2003 年第 2 期。

31. 林坚、黄婷：《科学技术的价值负载与社会责任》，《中国人民大学学报》2006 年第 2 期。

32. 文心：《"两院"院士谈减灾》，《中国减灾》2008 年第 7 期。

33. 刘限、李建珊：《环境伦理与科学技术》，《中国科技论坛》2003 年第 1 期。

34. 林坚、黄婷：《科学技术的价值负载与社会责任》，《中国人民大学学报》2006 年第 2 期。

35. 时殷弘、陈潇：《现代政治制度与国家动员：历史概观和比较》，《世界经济与政治》2008 年第 7 期。

36. 王宝杰、陈莉、李建良：《中国减灾领域的非政府组织》，《自然灾害学报》2007 年第 12 期。

37. 梁志全：《青年志愿者：抗震救灾的组织类型和功能分析》，《中国青年研究》2008 年第 10 期。

38. 钟开斌：《志愿者行动观察》，《决策》2008 年第 6 期。

39. 梁志全：《青年志愿者：抗震救灾的组织类型和功能分析》，《中国青年研究》2008 年第 10 期。

40. 杨凯：《联合国框架下的国际人道救援协调机制初探——以海地地震灾害中的国际救援为个案》，《国际展望》2010 年第 3 期。

41. 丁仁杰：《组织协调理论在地震系统管理工作中的运用》，《地震学刊》1996 年第 1 期。

42. 张世奇：《城市灾害应急管理与资源整合》，《城市与减灾》2003 年第 4 期。

43. 赵延勤：《从汶川地震看自然灾害应急物流配送》，《经济研究导刊》2009 年第 9 期。

44. 李滢棠：《汶川地震引发的构建应急物流系统的思考》，《物流技术》2008 年第 8 期。

45. 舒忠安、苏贵影、孔鲁晋：《浅论灾害应急物流》，《机械管理开发》2009 年第 2 期。

46. 张俭：《国外应急物流管理掠影》，《中国物流与采购》2008 年第 11 期。

47. 施国庆、郑瑞强、周建：《汶川大地震反思灾害移民权益保障与政府责任——以 5·12 汶川大地震为例》，《社会科学研究》2008 年第 6 期。

48. 尹智、王东明、卢杰：《震后灾难心理及其救援对策研究》，《防灾科技学院学报》2007 年第 3 期。

49. 王建康：《如何完善赈灾及灾后重建资金的筹措、使用与监管机制》，《西部论丛》2008 年第 8 期。

50. 施惠斌、减树立、郭冬宁：《抗震救灾中卫生应急防疫管理的思考》，《海军医学杂志》2009 年第 30 卷第 1 期。

51. 李锋、张辉、张明华、蔡勃燕、冷冰、袁正泉：《映秀镇抗震救灾卫生防疫工作的筹划与思考》，《首都公共卫生》2009 年第 3 卷第 1 期。

52. 杨亚清、李玉桃：《从汶川地震看国际援助》，《中共山西省委党校学报》2009 年第 1 期。

53. 李兴乾：《国际援助规划决策的经验及其启示》，《国际经济合作》2009 年第 3 期。

54. 安云凤：《非政府组织及其伦理功能》，《中国人民大学学报》2006 年第 5 期。

55. 李峰：《全球治理中的国际宗教非政府组织》，《求索》2006 年第 8 期。

56. 徐莹：《国际非政府组织参与人道主义救援的基本路径》，《今日中国论坛》2007 年第 7 期。

57. 王勇：《国家起源及其规模的灾害政治学新解》，《甘肃社会科学》2012 年第 5 期。

58. 张清敏：《援助外交》，《国际论坛》2007 年第 9 卷第 6 期。

后　记

灾害政治学不是作者心血来潮之作。2008 年四川 "5·12" 大地震造成的灾难，每个中国人面对电视直播画面都流下了痛心的泪水。当时，作为一介书生，我就想：面对如此惨烈的天灾，人类怎么办？中国怎么办？我又能做点什么？看到党和政府、人民子弟兵全力抗灾救灾的感人场面，我就深刻感到如果没有国家和政府的抗灾救灾，面对如此重大的自然灾害，真是叫天天不应，叫地地不灵，灾区百姓只能坐以待毙。于是基于政治学的学科背景，我就冒出一个想法：应当有一门中国的灾害政治学。于是，一边从电视上看 "5·12" 大地震抗灾救灾的场面，一边提笔写下《建立新兴交叉学科：灾害政治学》的短文，并于 2008 年 7 月 17 日发表于上海《社会科学报》。此文后来进一步扩展为《灾害政治学：灾害中的国家》，发表于《甘肃社会科学》2009 年第 5 期上。此后多年，我一边给研究生讲这方面的理论问题，一边不断收集资料，撰写《灾害政治学》的初稿。但是由于种种原因，历时五六年之久，才最终成稿。当时准备写作灾害政治学时，有一种创建政治学分支学科——灾害政治学的雄心壮志，哪能想到具体研究时却困难重重。最大的困难是涉及的一些问题专业性和技术性很强，这些问题不是政治学乃至社会科学所能解决的问题，但从研究对象、研究内容上还必须要攻克。于是，只能抽时间翻阅大量相关专业文献，并用灾害政治学的理论框架要求进行加工改造。说实话，现在付梓的文本，与我当初的设想和期望相差甚远，只希望它能起到抛砖引玉的作用，希望我国政治学界的后来者，能够构建起更加科学完善的灾害政治学理论，使其在我国人文社会科学研究中占有一席之地。因为迄今我依然坚定地认为，在重大的自然灾害面前，国家、政府仍然是最有力的行动者，灾害政治学研究的理论意义和现实意义是毋庸置疑的。

在几近放弃的情况下，书稿最后能完成，首先要感谢我的研究生们，自从 2008 年我提出灾害政治学这一研究领域后，他们前后几届从硕士生到博士生，都在关注我的这项研究工作，并帮助我收集了许多资料，参与了一些章节的讨论和反复修改。另外，书中一些专业性、技术性强的部分，吸收、借鉴了相关领域专家学者的研究成果，借此对他们表示感谢。

我相信，较之灾害经济学、灾害社会学、灾害管理学、灾害法学等分支学科而言，灾害政治学理当在社会科学中占有一席之地，灾害政治学作为政治学的分支学科，也一定有自己的位置。

作者谨识

2014 年 1 月 1 日